肉用山鸡的养殖与繁殖技术

董晓光　李　欣　编著

· 北 京 ·

图书在版编目(CIP)数据

肉用山鸡的养殖与繁殖技术/董晓光,李欣编著.—北京:科学技术文献出版社,2013.7

ISBN 978-7-5023-7982-7

Ⅰ.①肉…　Ⅱ.①董…　②李…　Ⅲ.①肉鸡-野鸡-饲养管理　②肉鸡-野鸡-繁育　Ⅳ.①S839

中国版本图书馆 CIP 数据核字(2013)第 124183 号

肉用山鸡的养殖与繁殖技术

策划编辑:孙江莉　责任编辑:孙江莉　责任校对:唐　炜　责任出版:张志平

出 版 者　科学技术文献出版社
地　　址　北京市复兴路 15 号　　邮编 100038
编 务 部　(010)58882938,58882087(传真)
发 行 部　(010)58882868,58882874(传真)
邮 购 部　(010)58882873
官方网址　http://www.stdp.com.cn
发 行 者　科学技术文献出版社发行　全国各地新华书店经销
印 刷 者　北京金其乐彩色印刷有限公司
版　　次　2013 年 7 月第 1 版　2013 年 7 月第 1 次印刷
开　　本　850×1168　1/32
字　　数　208 千
印　　张　10
书　　号　ISBN 978-7-5023-7982-7
定　　价　26.00 元

《肉用山鸡的养殖与繁殖技术》

编　委　会

主　编　董晓光　李　欣

副主编　张　杰　陈宗刚

编　委　马永昌　王凤芝　袁丽敏
刘玉霞　张红杰　张春香
曹　昆　庞春明　张志新
王　凤　王天江　杨　红
李文洪　张殿祥　张瑞清
王天运

前　言

山鸡原是名贵野味珍禽，我国自20世纪80年代初开始进行野生山鸡的驯化和选育工作以来，由于人工养殖山鸡具有投资少、见效快、技术简单、饲料来源广、费用低、销售市场广阔等优势，已被国家林业局定为特种畜禽养殖产业化经营项目，成为目前国内开发最成功的著名珍禽之一。

山鸡易于饲养、抗病力较强、生长快、饲料报酬高、商品率高，而且单位产品的售价较肉用家禽高得多，既可以家庭养殖，又能集约化大规模养殖。但人工养殖的数量远远不能满足市场的需求，因此，人工养殖山鸡具有巨大的市场空间和经济效益，是解决供需矛盾的唯一途径。

调查中发现，山鸡的人工养殖存在跟风现象，看到一些人在养殖山鸡过程中赚了钱，有很多从来都没有接触过山鸡的人，或者从来都没有养殖过鸡的人也加入了山鸡养殖的大军。山鸡能够赚钱是大家公认的，但并不是每个养殖山鸡的人都可以赚到钱的，在这里告诫有意养殖山鸡的养殖者，养殖行业是高风险行业，销路最重要，其次是养殖技术，二者缺一不可。

因此养殖者在决定养殖山鸡之前，必须进行科学的市场调查研究，认真分析和考证山鸡养殖的前景、技术、销路、价格等，购买和收集有关书籍和资料，从理论上了解山鸡养殖技术。购种、引种要到手续健全的正规单位，根据当地实际情况考虑养殖规模。学习养殖经验，也要因时、因地而异，不能全盘照搬。

养殖山鸡要到当地林业部门办理《野生动物驯养繁殖许可证》，然后再养殖，出售其产品及其制品，还必须办理《野生动物经营许可证》。

养殖前要充分计算场地、购置饲料、机械设备、药品、水电费等资金投资。饲料费一般占养殖生产成本的大部分，降低饲料费最有效措施是根据当地条件，开发和研究各种饲料资源。经济动物的产品价格是随着市场需求量与生产规模的变化而变化的，作为投资者，应抓住时机，占领市场，以赚取高额利润。只有准备充分，技术先进，管理得当，山鸡养殖才能成功。

本书在编写过程中，编写者们走访了多家养殖场，并得到了动物养殖方面学者的大力支持和帮助，在此表示由衷的感谢。同时，由于养殖科学是不断发展的科学，书中疏漏和不当之处欢迎广大同行和专家批评指正，我们将虚心接受，加以更正。

编者

目　　录

第一章　山鸡养殖概述

山鸡又称野鸡、雉鸡、环颈雉等，在动物学分类上属于鸟纲、鸡形目、雉科、雉属。

据调查，全世界的野生山鸡共有 30 个品种，分布在我国境内的有 19 个，东北、西南、华中、华南皆有分布，品种资源十分丰富。

我国自 20 世纪 80 年代初开始进行野生山鸡的驯化和选育并推广养殖的实践证明，山鸡不仅生长发育快、抗病力强，且能耐 45℃高温和零下 35℃严寒，很适合我国南北方养殖。

第一节　人工养殖山鸡的价值

山鸡虽经过人工驯化饲养，但并未改变其野性。与肉用家禽相比，其肉质细嫩、瘦肉多、蛋白质和人体必需的氨基酸含量高，脂肪少，野味浓，风味独特，具有较高的营养和滋补保健作用，不仅国外市场需求剧增，国内许多城市的饭店、宾馆已把山鸡列入佳肴菜单，成为餐桌、宴席上不可缺少的美味佳肴，因此，山鸡的消费具有十分广阔的市场前景。

1. 食用价值

山鸡肉质鲜嫩，清香可口，风味独特，营养丰富，含有人体必需的 18 种氨基酸，富含锗、硒、铁、钙、锌、铜、锰等微量元素和多种维生素，被誉为“野味之王”、“动物人参”。据有关部门检测，山鸡肉含粗蛋白质30%，是普通鸡肉、猪肉的2倍，含热量比肉鸡高17.75%，胆固醇含量却比肉鸡低29.12%。另外脂肪含量仅为0.9%，是猪肉的1/39、牛肉的1/8、鸡肉的1/10，正因为山鸡肉具有高蛋白、高热量和低胆固醇的营养特点，因此也被誉为优质保健和美容肉。

2. 药用价值

山鸡肉不仅风味甚佳，而且还具有医疗保健的作用。根据中医资料记载，山鸡性甘、温，具有滋阴补肾、养肝明目、强筋健骨和补血等保健功效。

现代医学也证明，山鸡的肉、肝、蛋中氨基酸种类齐全，含有21种人体所必需的氨基酸，其中有多种是人体自身所无法合成的，符合世界卫生组织规定的氨基酸模式。并富含锗、硒、锌、铁、钙等多种人体必需的微量元素，对儿童营养不良、妇女贫血、产后体虚、子宫下垂和胃痛、神经衰弱、冠心病、肺心病等，都有很好的疗效，对人体的滋补功能远远高于甲鱼、鳗鱼等。山鸡中锶和钼的含量比普通鸡高10%，经常食用对高血压、脑血栓均有一定的预防和治疗作用。

3. 观赏价值

山鸡羽毛光彩鲜艳，观赏性强，节日送山鸡是我国自古就有的传统，有表达吉祥如意和美好前程之意。

用公山鸡皮毛制成的标本，光彩鲜艳、栩栩如生、高贵典雅，可以提供给教学、科研和展览用，还可以作为高雅贵重的装饰品。

另外，山鸡的彩色羽毛，特别是公山鸡的尾羽可以作为装饰品，或作为饰羽工艺品，还可以制成羽毛扇、羽毛画、玩具等

工艺品等。

4. 经济价值

与其他行业相比，养殖山鸡投资少，周期短，利润却较高。山鸡具有很强的生命力，耐高温、抗严寒，能耐 45℃的高温和零下 35℃的严寒，抗病力特强，风险低，比家鸡容易饲养，人工饲养不受地域的限制，养殖技术与家鸡相似；山鸡群集性强，组成相对稳定的“婚配群”，适合人工大群饲养；山鸡主食五谷杂粮，尤喜食嫩树叶、嫩草、瓜果皮、青菜，具有食量小、食性广、生长快、易饲养、成本低的优点，成鸡日粮仅需 50 克，出壳养至 100 天可达 150 克，肉料比为 1∶3.6。如果饲养种雉，出售雏雉，其经济效益更加可观。

随着人民生活水平的不断提高，营养保健食品越来越被更多的人所重视，消费将日益增加。因此，山鸡养殖是一种很有发展前途的特种养殖业。

第二节 山鸡的生物学特性

目前我国各地饲养的山鸡均是野生山鸡驯养繁殖的后代，除具有禽类的一般特性外，还具有其本身的特性。

一、生活习性

1. 环境适应性强

野生山鸡的环境适应性较强，能耐受 45℃的高温和零下 35℃的严寒，在海拔 300～3000 米的平原、山区、河流、峡谷都有其栖息的踪影，并随季节变化而作不规范的垂直迁徙。夏季栖于气候凉爽、通风、食物较丰富的区域，秋季迁转到低海拔的避风向阳处，冬季可在厚厚的积雪上采食和正常活动，也可在积雪上趴卧过夜。

山鸡这种适应性强的特性使其在我国南、北地区人工饲养都易于成功。

2. 食性杂，食量小

山鸡的食物很杂，是以植物性饲料为主的杂食性禽类。

野生状态下，山鸡多以各种昆虫、螺、农作物（高粱、稻谷和豆类等）、杂草、树籽、嫩叶等为食。刚孵出的雏雉主要以昆虫、幼虫和虫卵为食，然后逐步过渡到植物性饲料，因此人工育雏时，必须注意日粮中动物性饲料的添加。

人工养殖的山鸡则以玉米、高粱、大麦、小麦、饼粕类和糠麸类等植物性饲料为主，配以鱼粉等动物性饲料和骨粉、磷酸氢钙、碳酸钙等矿物质饲料，并添加微量元素和多种维生素而成的全价配合饲料。

山鸡嗉囊较小，容纳食物量少，需少吃多餐，一只成年山鸡每天约采食 70 克左右。

据观察，养殖山鸡上午比下午采食多，早晨天刚亮和下午5～6 时，是全天 2 次采食高峰时期，夜间一般不吃食。

3. 攻击争斗性强

山鸡有集群习性。冬季，野生山鸡组群越冬，但在每年的 4 月初开始分群。在繁殖季节，公山鸡会通过争斗确立出“王子鸡”，形成以“王子鸡”为核心相对稳定的群体，即“婚配群”，其活动范围较固定，规模通常不大。人工养殖时，“王子鸡”常控制其他公鸡参与交尾，所以在网舍内应该设置隔板，以遮挡“王子鸡”的视线，使其他公山鸡有交配的机会，从而提高种蛋的受精率。孵卵期，母山鸡常在隐蔽处营巢孵卵。雏雉出生

后，母山鸡带领雏雉成群活动，谓之“血亲群”。雏雉长大后，能独立活动时，又重新组成新的群而到处觅食，谓之“觅食群”。

此外，山鸡也具有较强的地域行为。当在一个稳定的山鸡群体中放入几只其他群中的山鸡或新引入的山鸡时，就会招致该群山鸡对其进行啄斗，造成伤残甚至死亡。在交尾繁殖期，山鸡的这种地域行为表现得更加明显和严重，故在繁殖群体中，种公山鸡应按比例一次投足，配种过程中发现体弱或无配种能力者随时挑出去，而不再补充新的公山鸡，这样既保持了公山鸡的相对稳定性，也可减少因调群造成的斗架伤亡现象。

4. 胆怯机警

山鸡性胆怯，怕人，但在繁殖季节公山鸡有主动攻击人的行为。若遇敌害野生成年母山鸡常佯装跛行或拍打翅膀引开敌害，以保护雏雉。

山鸡在平时觅食过程中，时常抬起头机警地向四周观望，如有动静，迅速逃窜，尤其在人工养殖情况下，看到身着艳丽服装的生人或听到敌害飞禽的叫声以及噪音，则易受惊吓而乱飞乱撞，发生撞伤造成死亡。

因此，人工饲养山鸡，一要保持安静，避免噪声干扰，尤其是杂乱、无规律的响声；二是饲养人员衣着不宜太艳丽和经常更换，最好着固定的白布或蓝布工作服；三是谢绝参观，以免山鸡惊飞。

5. 性情活泼，善于奔走，不善飞行

山鸡脚强健，善于奔走，平时喜欢到处游走，行走时常常左顾右盼，并不时跳跃。山鸡的飞翔力不强，只能短距离飞行。

6. 喜沙浴

山鸡喜欢沙浴，因此人工养殖时，网舍内应铺上一层保健砂或单独设置沙池，供山鸡沙浴。

7. 登高性

山鸡有登高习性，喜欢在树木的横枝上栖宿。因此，用于饲养山鸡的禽舍和网室，应设有栖架。

8. 早成性

山鸡为早成鸟。刚出壳的雏雉就有绒毛，待绒毛干后，就在母山鸡的带领下成群活动，这时雏雉就能自己捕食小昆虫，约 10 天之后便开始啄食嫩青草、树叶等。

9. 就巢性

野生状态下的山鸡就巢性强，通常在树丛、草丛等隐蔽处用爪扒出浅窝，垫上枯草、落叶和少量的羽毛，即成为简陋的巢窝。母山鸡在窝内产蛋、孵化，在此期间，母山鸡会躲避公山鸡，因为公山鸡找到巢窝，会捣毁巢窝或吃掉蛋。当第一窝卵被破坏后，母山鸡可产第二窝。野生母山鸡孵卵后期很恋巢，即使人到巢边也不飞跑。

在人工饲养的条件下，大多数母山鸡已失去了就巢性，这对于提高山鸡的产卵量是极为有利的。但如果拣蛋不及时或产卵处极其隐蔽，也可发现母山鸡有坐巢孵卵的行为。

10. 叫声特殊

山鸡在相互联系、呼唤时常发出悦耳的叫声，就像“柯—哆—啰”或“咯—克—咯”。当突然受惊时，则爆发出一个或系列尖锐的“咯咯”声。繁殖季节，公山鸡在天刚亮时，发出“克—多—多”欢喜清脆的啼鸣声。日间炎热时，公母山鸡不叫或很少鸣叫。

二、繁殖习性

1. 性成熟

公山鸡第一次成功地交尾，母山鸡产第一枚蛋，即被视为性成熟。

山鸡的繁殖具有明显的季节性。中国环颈雉多在 3 月中、下旬达到性成熟，河北亚种山鸡要相对晚半个月左右。山鸡的性成熟受性别、光照、气温、纬度、季节及营养因素等制约，一般公山鸡比母山鸡要早 1 个月左右达到性成熟，南方与北方约相差 1 个月左右。

性成熟后公山鸡的鸣声较为频繁，脸部皮肤绯红，充血变大，同性间的争斗增加，追赶母山鸡并伴有颈羽竖起，翅羽下垂等行为；母山鸡则性情变得温顺，常喜欢接近产蛋场所，时常发出“咯—咯”的叫声，当公山鸡追赶时，由原来的惊恐变为顺从随意。耻骨端变得松软而富有弹性，耻骨间距也较平时增大 1 倍左右。

2. 交配

山鸡的交配在性成熟后开始，一直持续到产蛋期结束。每次成功的交配，可保证母山鸡在 7～12 天内产出正常的受精卵。每天交配的时间多集中在清晨，交配时，公山鸡颈部羽毛蓬松，首先抬头挺胸，尾羽竖立，迅速追赶母山鸡，从侧面靠近母山鸡，并将内侧翅膀下垂，外侧翅膀不住地扇动，围着母山鸡转圈。如果母山鸡站立不动或蹲伏，则公山鸡跳到母山鸡背上，叼住母山鸡头顶的羽毛，尾上举，尾羽偏向一侧，公山鸡尾部下降，母山鸡身体伏卧，尾羽张开，待公、母山鸡泄殖腔口吻合即行交配，10 秒钟内公山鸡射精，完成交配。完成交配后，母山鸡抖动羽毛，公山鸡走开。

3. 产卵

山鸡的产卵量与其驯化选育时间长短、品种、年龄、饲养管理水平和温度等因素有关。刚从野外采种及捉回的山鸡，一年内的产卵很少；饲养管理水平低，产卵量就低；不同山鸡品种的产卵量是不同的。

山鸡在人工饲养条件下，河北亚种山鸡 4 月中旬开始产蛋，5、6、7 月份是产蛋旺期，占年产蛋量的 80%～85%，8 月初后产蛋量逐渐下降，9 月份产蛋基本结束，每只年可产蛋平均为 26～30 枚。中国环颈雉用灯光控制的方法饲养，一般多在每年的 3 月中旬开始产蛋，每年有 2 个产蛋期，每期产蛋 30～40 枚，一只母山鸡全年可产蛋 70～80 枚，甚至高达 100 枚以上。在产蛋期内，母山鸡产蛋无规律性，一般连产 2 天休息 1 天，个别连产 3 天休息 1 天，初产母山鸡隔天产 1 枚蛋的较多，产蛋时间多集中在上午 10 点至下午 3 点之间。

野生状态下的山鸡在筑巢窝产蛋。在人工养殖条件下，由于网舍内山鸡密度大，互相干扰，因而没有各自固定的产卵地点。当另一只山鸡占用了它习惯的产卵巢位以后，它就要另找地方产卵，这时往往把卵产在室内地面或运动场上，甚至还可发生在走动中产卵的现象。如果在网舍内设置产卵巢箱（要求出入的门小和尽量黑暗），仍有 70%～80%的卵产在其中，这样既可减少种卵的污染，又可降低种卵的破损率。

叼卵是人工养殖山鸡的一种恶癖，对于裸露或产在地面上的卵，山鸡总想去叼啄它，啄破后食掉卵内容物。一般情况下，公山鸡啄卵比母山鸡更甚，但产在巢中或隐蔽处的卵不易被叼坏。如果山鸡出现叼卵的恶习，应尽快设法控制，否则会

不断地叼下去。

4. 孵化

山鸡的孵化期为23～24天。

野生状态下母山鸡每窝产8～12枚卵就开始孵化，当第一窝卵被天敌或人类破坏后，母山鸡可产第二窝卵。山鸡卵孵化通常由母山鸡承担，从筑巢开始到产卵、再到孵化结束的整个用巢时间为40天左右，除暂短（每天约1小时）的取食时间及产卵期的夜间外，几乎都在巢内直接保护自己的卵。

人工饲养条件下，母山鸡已失去了就巢性，因此要及时拣蛋，进行人工孵化。及时拣蛋也能让母山鸡多产蛋。

第三节　主要的山鸡品种

人工饲养的山鸡，其原种多数是从我国引进的山鸡原种，进行驯养杂交选育而成。我国目前饲养的山鸡品种主要有河北亚种山鸡、中国环颈雉（美国七彩山鸡）、左家改良山鸡、黑化山鸡、特大型山鸡、白山鸡和浅金黄色山鸡。养殖者可根据实际情况决定选择的品种。

1. 河北亚种山鸡

河北亚种山鸡（见彩图1）也称地产山鸡，由中国农业科学院特产研究所于1978—1985年在东北野生山鸡的基础上驯化培育而成。

（1）外貌特征：公山鸡前额和上嘴基部的羽毛呈黑色；头顶呈青铜褐色，两侧有明显的白色眉纹；眼周和颊部的皮肤裸出，呈绯红色；颈部下方有一白色颈环；上背羽毛轴部黑褐，外面呈“V”形黑纹；下背及腰浅蓝灰色，靠近中央的羽毛具有黄、黑和深蓝相间排列的短小横斑；胸部呈带紫的铜红色，有金属反光，羽端具有倒置的锚状黑斑；母山鸡不如公山鸡艳丽，上体为黑、栗及沙褐色相混杂的羽色；头顶和后颈均黑，各羽均具沙黄色羽端；背的上部栗色，杂以黑纹；上体余部转为黑色，羽缘棕黄，至腰及尾上覆羽则黑色部分缩小，各羽主要为沙黄色。

(2)生产性能：成年公山鸡全长 80～95 厘米，尾长约 50 厘米，体重 1.2～1.5 千克。成年母山鸡全长 53～63 厘米，尾长 22～29 厘米，体重 0.9～1.1 千克，每年有一个产蛋期，每只年平均产蛋量 26～30 枚，蛋壳颜色较杂，有浅橄榄色、灰色、浅褐、黄褐和蓝色，蛋重 25～30 克，种蛋受精率 87%以上，受精蛋孵化率 89%左右。河北亚种山鸡体重和产蛋性能比中国环颈山鸡要低，但肉质较优，特别是氨基酸含量高。

2. 中国环颈雉(美国七彩山鸡)

该山鸡品种的祖先是分布于黄河流域和山东北部的华东亚种山鸡，被美国引入后经过精心培育而形成的新品种，我国称之为美国七彩山鸡，而美国称之为中国环颈雉(见彩图 2)。于 1986 年前后引入后已推广到全国各地。

(1)外貌特征：公山鸡头羽青铜褐色，眼睑上有白色眉纹，头顶两侧有青铜色的耳羽簇；脸部皮肤红色并有红色毛状肉柱突起；颈部有白色颈环，胸部羽毛黄铜色；上背部黄褐色，羽毛边缘带黑色斑纹；下背部灰白色，羽毛边缘有白色条纹；背腰两侧及翅膀黄褐色，羽毛中间带有蓝黑点；尾羽黄褐色；喙灰白，脚、胫、趾灰黄色。母山鸡腹部灰白色，上体颜色较河北亚种山鸡浅。

(2)生产性能：成年公山鸡全长 72～87 厘米，其中尾长

42～50 厘米，体重 1.5～2.0 千克，羽色华丽、五彩斑斓。成年母山鸡全长 49～57 厘米，其中尾长 22～26 厘米，体重 1.0～1.5 千克。用灯光控制的方法饲养，一般多在每年的 3 月中旬开始产蛋，每年有 2 个产蛋期，每期产蛋 30～40 枚，一只母山鸡全年可产蛋 70～80 枚，甚至高达 100 枚以上。蛋壳颜色多为橄榄黄色，少量蓝色，蛋重 29～38 克，种蛋受精率达 85％，受精蛋孵化率达 86％。

中国环颈雉的生产性能高，繁殖力强，驯化程度高，野性小，所以目前饲养场选用较普遍，但是它的肉质较粗糙，口感不及河北亚种山鸡。

3. 左家改良山鸡

左家改良山鸡由中国农业科学院特产研究所于 1991—1996 年通过高繁殖力的中国环颈雉级进两代杂交培育的新品种。

(1)外貌特征：公山鸡眼眶上方有一对清晰的白眉；白色颈环较宽且不太完整，在颈腹部有间断；胸部红铜色，上体棕色，腰部蓝灰色。母山鸡上体呈棕黄色或沙黄色，下体呈灰白色。左家改良山鸡的毛色介于中国环颈雉和河北亚种山鸡之间。

(2)生产性能：成年公山鸡体重为 1.7 千克左右，母山鸡体重 1.26 千克左右；母山鸡年平均产蛋量达 62 枚，种蛋受精率平均为 88.5％，受精蛋孵化率平均为 87.6％。

左家改良山鸡的肉质白嫩，肌纤维细，香味浓而持久，口感好，优于河北亚种山鸡和中国环颈雉，深受国内外客户的欢迎。

4. 黑化山鸡

该种山鸡是中国农业科学院特产研究所于 1990 年从美

国威斯康星州麦克法伦山鸡公司引进的品种，国内称之为蓝山鸡。

(1)外貌特征：公山鸡全身羽毛呈黑色，头顶部、背部、体侧部和肩羽、覆翼羽带有金属绿光泽，颈部带有紫蓝色光泽；初级飞羽和次级飞羽呈暗黑橄榄色，尾羽为带有黑色条纹和青铜色边缘的灰橄榄棕色；腹部为潮黑色，眼睛为暗棕色，喙为灰色。母山鸡全身羽毛呈黑橄榄棕色。

(2)生产性能：其生产性能指标和肉质风味与中国环颈雉相近。

5. 特大型山鸡

该品种是中国农业科学院特产研究所于 1994 年由美国威斯康星州麦克法伦山鸡公司引进的品种。该品种是由蒙古环颈雉选育而形成的，故也称蒙古山鸡。

(1)外貌特征：公山鸡头顶眶上无白眉；白色颈环窄且不完全，在颈腹部有断开，有的甚至没有颈环；垂肉为鲜红色；胸部为深红色；头顶和后颈呈墨绿色；喉和前颈呈酱紫色；背、尾、翅、肩胛等部位均呈现金属绿光泽；初级飞羽为棕色，大腿部位羽毛呈黑棕色。母山鸡腹部灰白色，身体羽色较中国环颈雉为浅。

(2)生产性能：成年公山鸡平均体重 1.9～2.2 千克，成年母山鸡平均体重 1.5～1.8 千克，年平均产蛋量可达 50 枚，种蛋受精率达 84%，受精蛋孵化率达 84.5%。

6. 白山鸡

白山鸡是中国农业科学院特产研究所于 1994 年从美国威斯康星州麦克法伦山鸡公司引进，1997 年开始饲养推广。

(1)外貌特征：白山鸡全身羽毛纯白色，体形较大，体态紧

凑，风韵多姿，面部皮肤和两边的垂肉呈鲜红色，耳羽两侧后面的两簇白色羽毛向后延伸。母山鸡面部无鲜红色。

(2)生产性能：成年公山鸡体长65～75厘米，体重1.3～1.6千克，9～10月龄性成熟。成年母山鸡体长45～55厘米，体重1.1～1.4千克，10～11月龄开产，年产蛋80～120枚，蛋呈椭圆形，蛋壳呈橄榄黄色或棕绿色，蛋重30克左右，种蛋受精率为80%～86%。

7. 浅金黄色山鸡

该种山鸡是中国农业科学院特产研究所于1994年从美国威斯康星州麦克法伦山鸡公司引进。

(1)外貌特征：公山鸡头顶和额为灰黄色，光秃的面部皮肤和垂肉为鲜红色，眼睛为棕色，瞳孔为黑色，上背、肩胛为浅金黄色，下背、前胸为酱黄色，尾羽为棕色且带有暗黑色条纹，颈部白色颈环不太明显，颈部可见到亮金属光泽。雌雉头顶和额面的羽毛较身体的羽毛颜色稍暗，虹膜为棕色，瞳孔为黑色，整体颜色为浅黄色，但背的上部和中部为红黄色，胸、肩胛、尾羽的颜色较深，没有颈环，颈部不呈现金属光泽。

(2)生产性能：成龄公、母山鸡平均体重分别为1.4千克和1.0千克，种母山鸡平均年产蛋量为40～50枚，种蛋受精率可达86%，受精蛋孵化率达86.5%。

浅金黄色山鸡飞翔力较强，肉质细嫩。

第四节 养殖山鸡应做的准备工作

从当前的趋势来看，经营山鸡养殖的人越来越多，建场和投资的规模也越来越大。要想成功地养殖山鸡，并获得盈利，在批量生产或投资建场之前，必须做好必要的准备工作。

1. 环境条件的选择

饲养山鸡，应尽量提供良好的环境条件。环境条件是否适宜于山鸡的生长发育，这在许多情况下是决定山鸡养殖成功与否以及生产效率高低的关键环节。山鸡养殖场的场址选择要符合科学要求，鸡舍的布局和建筑要合理，设备力求完善。

2. 资金

资金是创办养殖场的重要条件，资金的多少决定了养殖场的规模。建场前必须对养殖场、房舍、设备、种苗、饲料、水和电等方面所需要的投资做出估算。如果养殖场规模较大，为确保有稳定的种苗来源，最好附设一个种山鸡场，种山鸡场的投资也要估算在内。此外，还要留足生产资金。

为了减少资金投入、少花钱多办事，在符合科学和技术要求的前提下，在建设饲养场、置办有关设施和选用饲料等方面，可以因地、因材制宜，尽量利用现有条件和当地资源。

3. 饲养技术

山鸡养殖技术相对比较复杂，需要掌握孵化、雏期保温、啄癖、配群、饲养等多方面技术。这就要山鸡养殖者必须学习有关知识，掌握先进的饲养管理技术和经验。在此基础上，在实践中不断学习，汲取他人成功的饲养管理技术和经验，以提高自己的饲养管理技术水平。同时注意总结，积累自己成功的饲养管理经验。

4. 销路

对于准备或刚开始经营山鸡养殖的人来说，仅仅了解养殖对象的基本情况和养殖技术是远远不够的，必须事先把产、

供、销等各个环节的情况都摸清楚，然后通过综合分析，做出正确的决定。切忌一哄而起，盲目上马。

5. 纯正可靠的种源

由于山鸡养殖经济效益十分诱人，但种源相对较紧张。少数饲养场将一些退化、杂种山鸡做种出售，这样会给引种者带来很严重的经济损失。因此，养殖者要到有《种畜禽生产经营许可证》、《野生动物驯养繁殖许可证》和《野生动物经营许可证》的种鸡场或专业孵化场购买种源。

6. 饲料

饲料是养好山鸡的物质基础，通常饲料占成本的65%～75%。山鸡饲料基本与家鸡相似，饲料调配主要是粒料、动物性饲料和青绿饲料的配搭。

7. 掌握一种适于自己的孵化方法

养殖山鸡经济效益好坏，直接受孵化这一环节的影响，如养殖场不能自我解决孵化问题，在商品销售竞争中很难有利可图。因此，养殖者可根据各自的经济条件和技术的掌握程度选择不同的孵化方式。从电褥子孵化、火炕孵化、塑料薄膜热水袋孵化，到自动孵化器孵化各有各的优缺点，但无论哪一种方式，只要操作得当，都可以达到令人满意的效果。

8. 须到林业部门办理相关证件

养殖山鸡要到当地林业部门办理《野生动物驯养繁殖许可证》，然后再养殖，出售其产品及其制品，还必须办理《野生动物经营许可证》。有关部门在办理手续方面，对依法进行养殖的业户是非常支持的，具体办证方法可到当地林业部门咨询。

第五节　提高山鸡养殖效益的措施

饲养山鸡的大部分固定费用是不能压缩的。因此，探讨提高山鸡的经济效益，必须从提高劳动效率、充分发挥山鸡的生产潜力、减少无效饲养、降低成本、提高产值等方面做工作。

1. 把好市场脉搏

广大养殖户应善于通过报刊、广播、网络等有效手段，及时掌握种山鸡、雏雉、商品山鸡、饲料价格波动情况，把握好每一个增收节支的机会，为更好地调整生产奠定基础。

2. 适度规模饲养

山鸡养殖要注意由小到大，逐步发展。在实践经验不足的情况下，开始时规模不宜太大，应先作一些小规模的养殖，待取得一定实践经验、对山鸡饲养技术心中有数之后，逐步扩大规模。这样看来似乎发展速度很慢，但可以避免一些不必要的损失。

3. 提倡科学喂养

在山鸡饲养成本中最大限度地降低饲料浪费和提高饲料的有效利用率，是山鸡养殖盈利的重要措施。另外，人工费用在山鸡饲养成本中仅次于饲料费用，若采用自动供料和给水系统，会极大地提高劳动效率，降低其成本。

4. 加强疫病控制

(1)把好鸡舍建设关：避免人鸡混居，尽量远离污染源，减少疫病的发生和传染。

(2)把好严格消毒关：建立定期消毒制度，既要保证鸡只饲养安全，也要保证消毒质量。

(3)把好科学防疫关:结合实际建立合理的防疫计划,增强鸡体的免疫力,降低发病率,提高成活率。

(4)把好无害化处理关:要严格按照防疫要求,对染疫或疑似染疫鸡只进行火化、深埋等无害化处理,避免疫情传播。

5. 注重技术合作与革新,提高技术含量

随着市场竞争日趋激烈,只有技术领先才能立于不败之地。山鸡生产者应注意利用书刊、上网、参加产品交易会和技术交流会等各种机会,不断学习采用新技术、新工艺,并在养殖实践中加以发展创新,尽量与同行、专家保持密切联系,加强技术信息交流,不断丰富自己的养殖技术。

6. 实施产业化经营,规避市场风险

有条件的地区和养殖场(户),可以尝试走山鸡产业化开发的路子,不仅仅局限于卖商品山鸡、蛋,而是要从孵化育雏、销售种鸡、生产资料供应、技术服务、特色餐饮、旅游开发等不同环节进行专业化分工和协作,以利于延伸产业化链条,实现挖潜增效,分摊市场风险。

7. 及时销售

商品山鸡育成饲养期一般是20周龄,此时肉味鲜美,可以销售,继续饲养体重不再增加。因此,山鸡育成后应及时销售,可降低饲养成本。

为促进山鸡的销售,应积极主动地与动物园或旅游区、鸡贩、企事业单位、农贸市场、宾馆饭店联系,订立销售合同,确定一个长期或季节性的山鸡销售网点,并根据市场需求情况,出售活山鸡、白条山鸡或分割肉。

8. 合理的价格

合理的价格是打开市场必须条件,山鸡虽然是珍禽,但也不能把价格定得太高，把消费者拒之千里。合理的价格也是提高市场竞争力的一个方面，所以必须控制好山鸡的养殖成本，把成本降到最低，在制定出合理价格的同时也能够取得最高的利润回报，这样既能获得更多的消费者，又能获得不错的利润。

9. 发名片

养殖者可以自己印一些名片，到市场把名片发给经销商们，请他们帮忙销售，这样做利润可能会有所下降，但可以提高销售量。

10. 送山鸡菜谱

如果购买者把山鸡买回家后按家鸡的做法制做，既不新颖，还可能做得不好吃，下次就可能不买了。所以养殖者可以把山鸡的菜谱印成小册子，在上面印上自己养殖场的信息，这样即可增加销售渠道，还可为自己的养殖场做广告。

11. 实行多种经营增收

从生产实际上看，放养山鸡用于狩猎的养殖者极少，有条件或有此愿望的养殖可在山鸡 90 日龄时放养。

山鸡屠宰后除正羽可加工成精美的工艺装饰品外，其他的羽毛也可制成羽扇、羽掸、羽毛画、羽毛花、羽毛笔、各种装饰品及羽毛垫，不宜做装饰的羽毛，还可加工成羽毛粉作饲料用。

12. 成立养殖合作社

各地可根据当地情况，成立山鸡养殖合作社。

第二章 养殖场舍及其设备

养殖场的网舍以及孵化、育雏、饲养等设备是养殖山鸡的基本条件。因此，只有科学合理地规划山鸡场，搞好网舍建设，严格防疫，才能降低劳动成本，提高劳动效率，取得好的经济效益。

第一节 场址选择

一、养殖场场址的选择

合理的选择场址，全面地规划建筑，科学地设计雉舍，是搞好规模化饲养山鸡的首要条件。合格的场舍建设有利于提高劳动效率，创造防疫保健条件和节省成本。因此，根据当地的自然条件和经济条件等按普通鸡的选址要求，按养殖山鸡的数量，建造雉舍。前期投入资金不足的，可以利用现有空房、仓库、屋前屋后空地等加以一定的改装。

1. 自然环境

山鸡性胆怯，当突然受到人或动物的惊吓或有噪音刺激时，山鸡群会惊飞乱撞，发生撞伤造成死亡。因此，山鸡养殖场应建在僻静的地方，如远离噪音比较大的工厂、居民区、学校、公路和铁路干线等的距离不少于 2 千米。

为了预防山鸡发病，山鸡养殖场最好选择在没有养过牲畜和家禽的新地，与河流、市场、屠宰厂、家禽仓库等易于传播疫病的地方尽可能隔离得远一些。

2. 地势

地势高相对就比较干燥，有利于山鸡的生长和繁殖。同时地势高，排水比较方便。平原地区，以地势干燥、易排水、向阳通风的平坦或稍有坡度的平地为宜，方向为南向或东南向，地下水位要低于1米以下，切勿选用低洼积水地。山区应选择稍平缓坡上，坡面向阳，可选择在树多荫大、地势稍倾斜、半沙半土的半山坡上建场。如果湿度较大，会造成各种有害菌孳生，影响到山鸡的正常生理活动。同时场地面积要与山鸡场养殖规模相当，并有发展余地。

3. 土质

土壤以砂质土或壤土为好，这类土壤透水、透气性好，微生物不宜繁殖，保温性能好；而黏土透水、透气性差，雨天易积水，寄生虫、微生物容易大量繁殖。

4. 水源充足

用水要考虑水量与水质，要求水源充足，水质良好，符合饮用水标准，如果没有自来水水源，则应考虑打深井取水。如有条件，应提取水样，对水的物理、化学和生物污染程度等进行化验分析，经过检查符合饮水卫生。如果必须使用地表水，则要考虑水的质量，一般要经严格消毒以后才能使用。

5. 电源可靠

饲料加工、孵化、育雏、照明等都需要用电，特别是孵化，停电对其影响很大。因此，电源必须有可靠保证，为严防突然停电，宜备有发电机。

6. 交通便利

交通便利主要是考虑运输的方便，如饲料的运输、场舍设备材料的运输、山鸡的运输等。

7. 足够的面积

与一般蛋、肉鸡场相比，雉舍建筑占地面积大，且场内需留有一定的空地，用以种植青绿饲料，以便一年四季都有新鲜的青绿饲料供应。

8. 排污能力

一个具有相当规模的养殖场，每天排出的粪便和污水数量是相当大的。建场前一定要考虑污水的排放和粪便集散的问题。养殖场污水的排水方式、污水去向、距其他人畜饮水源的距离远近和纳污能力，是相当重要的。养殖场的污水和粪便处理最好能结合农田灌溉和养殖业的综合利用，以免造成公害。

此外，养殖场的场址选择还要根据生产性质而有所侧重，如种场对防疫的要求更为严格。生产规模和生产方式决定了场址大小，这些也是选择场址的重要依据。

二、场地规划

在计划养殖场布局时要着重解决风向(特别是夏、冬季的主导风向)、地形与各建筑物的朝向及距离的问题。养殖场布局应进行全面考虑，不能只顾一方面，而忽视了其他方面。除着重考虑风向、地形与建筑物的朝向外，还要考虑生产作业的流程，以便提高劳动生产率，节省投资费用；同时要考虑卫生防疫条件，防止疫病传播，还要照顾各区间的相互联系，便于管理。

一般山鸡养殖场，都应设有非生产区和生产区。

1. 非生产区

非生产区包括贮蛋室、病雉隔离区、粪便处理场、行政用房及生活用房，其中饲料仓库、饲料加工车间安排在山鸡场中部，病雉隔离区、兽医室、粪便处理场安置在低处；行政用房包括办公室、更衣室、兽医室、进场消毒室等，一般都建在生产区外；而生活用房包括宿舍、食堂、休息室，需建在场外。青绿饲料种植区可介于生活区与生产区之间，或位于生产区的另一端，并与生产区保持一定的距离。

非生产区是担负养殖场经营管理和对外联系的场区，应设在与外界联系方便的位置，养殖场大门前应设车辆消毒池。

养殖场的供销运输与社会的联系十分频繁，极易造成疾病的传播，故场外运输应严格与场内运输分开。负责场外运输的车辆严禁进入生产区，其车棚、车库也应设在非生产区。外来人员只能在非生产区活动，不得随意进入生产区。

2. 生产区

生产区是养殖场的核心。无论是专业性还是综合性养殖场，为保证防疫安全，雉舍的布局应根据主风方向与地势，按照孵化室、育雏室、中雉舍、成雉舍等顺序来设置，这样能减少发病机会，同时也能避免由成年雉舍排出的污浊空气造成疫病传播。为便于通风、防疫，各种雉舍间要保持一定的距离，孵化室与育雏舍要在 150 米以上，育雏室与中雉舍距离以 30 米为宜，中雉舍与种雉舍距离 20 米为宜。生产区的入口应有消毒间或者消毒池，每幢雉舍都应有一间饲养员操作间，其内应设有消毒设备。

总之，对养殖场进行总平面布置时，主要考虑卫生防疫和

工艺流程两大因素。有条件的地方，场内各个小区可以拉大距离，形成各个专业性的分场，便于控制疫病。专业性养殖场（如种鸡场、商品鸡场、育雏育成鸡场）由于任务单一，鸡舍类型不多，容易做好卫生防疫工作，总平面布置遇到的问题较少，安排布置也较简单。只要根据卫生防疫和尽可能地提高劳动生产率的要求把分区规划搞好即可。

3. 场内道路

场内一般设两条道路，一条为清洁道，用于运输饲料、种蛋、雏雉；另一条为脏道，用于运输粪便、病雉等，两条道路不能交叉重复。

此外，场址的周围应设有围墙，并在山鸡场周围应多种树或种草以保证全场空气清新。为考虑将来的发展，还要留有余地，按合理的布局进行规划，逐步扩展。

第二节　场舍建筑

1. 山鸡舍的类型

目前，养殖山鸡的房舍一般多用密闭式鸡舍和开放式山鸡舍。密闭式鸡舍用于养殖雏雉，开放式鸡舍全部或大部分靠自然通风，自然光照，用于养殖育成年山鸡、育肥山鸡和种山鸡。由于各地气候条件差异很大，开放式鸡舍可分为全敞开式山鸡舍、半敞开式山鸡舍。开放式山鸡舍要设置运动场，运动场与山鸡舍等宽，长度约为山鸡舍跨度的 2 倍或更大。

（1）全敞开式山鸡舍（图 2-1）：这种山鸡舍只有屋顶，四周用网眼为 1.5 厘米×1.5 厘米的尼龙网围成，以防止兽害。围网的一侧留有一个供管理人员出入的小门。这种山鸡舍，不适于在气候寒冷的地区使用。

图 2-1　全敞开式山鸡舍

(2)半敞开式山鸡舍(图 2-2):这种山鸡舍除了具有屋顶外,还有三面墙,鸡舍南面向阳的一侧是运动场,用铅丝网或尼龙网等围封,供管理人员出入的门开在前围网或后墙上。

图 2-2　半敞开式山鸡舍

这种山鸡舍适用范围较广。

2. 屋顶的式样

可根据养殖场的性质、要求和建设者的爱好等因素，选择适宜于自己的式样，目前养殖户多采用单坡式、双坡式。

(1)单坡式：单坡式结构的雉舍，跨度小，用材较少，经济适用，阳光充足，雨水后流，容易保持运动场干燥。

(2)双坡式：双坡式的跨度较单坡式大，但因建筑材料的限制，又不能造得过大，是目前应用较广的一种雉舍，适于大规模养殖。

3. 各类雉舍的建设

调查中发现，在生产中应用较多的雉舍有分段式和终生制两种，无论采用何种养殖方式，都可根据最后的养殖密度设计雉舍。

(1)分段式雉舍：分段式就是育雏期、育成期、种山鸡采用分段式的饲养方法，因此雉舍也分为育雏舍、育成舍、育肥舍和种山鸡舍。

①育雏舍：育雏舍是用来饲养从出壳至 4 周龄雏雉的封闭式房舍。育雏舍要求阳光充足、通风良好，有良好的保暖性能和相应的设施。

育雏方式可分为平面式育雏和立体式育雏两种，两种育雏方式各自需要的育雏舍面积不同。

Ⅰ. 平面式育雏舍：平面式育雏分为网床育雏和地面垫料育雏两种，两种育雏方式只是离地高度不同，需要的地面面积没有太大的区别，因此，要求育雏舍高度 2.5～3 米，地面垫料育雏按第 6 周每平方米 13 只设计育雏舍的长和宽(网床育雏按第 6 周每平方米 15 只计算)。如一幢长 20 米，宽 5 米的育雏舍，可用纤维板或砖分为4间，每间的一边留1米走廊。如用地面垫料育雏第1周按每平方米50只计算，每间可育雏1000只，每幢可育4000只，以后根据养殖要求进行分群，直至第6周的养殖密度。

Ⅱ. 笼养育雏舍：笼养育雏舍分为单层笼和立体笼两种，单层笼养可按照第6周每平方米15只进行设计需要多少个养殖笼和育雏舍面积。立体笼养一般多采用四层的立体养殖笼，笼体总高一般1.8米(笼体加承粪板的单层笼高45厘米)，要求最上一层与顶棚应至少有1米的距离，根据每个单笼的笼长为100厘米，宽50厘米，按照第6周每只笼装15只计算，每列立体笼的单笼个数、育雏舍立体笼的摆放行数来设计育雏舍面积。如每组笼有4个单笼组成，按第6周每只笼装15只计算，每行摆放2个笼组(即8个单笼)，每行笼组之间需要1米过道，摆放4行(中间两行背对背)，则1920只雏雉至少需要8米×4米＝32平方米的育雏舍。

无论采用何种育雏方式，雏雉舍一般采用双坡式，四周用红砖或空心砖砌成，顶部设保温隔热板。门最好开在一头，南北开窗，窗与舍内面积之比为1∶(6～8)，寒冷地区窗的比例宜适当小些，北窗一般为南窗的1/2，南窗离地60厘米，北窗离地100厘米，墙面、门和窗要无缝，严防隙风。墙面最好抹灰，门和窗上应加网眼0.5厘米×0.5厘米的防护网，并设置布帘，既便于遮光，也可避免冷风直入山鸡舍。

②育成舍：育成舍用于饲养4～20周龄的山鸡，一般采用开放式的单坡单列式或双坡单列式鸡舍。

育成舍一般由房舍和露天运动场(网室)两部分组成。一般房舍每幢长25米，宽5米，高1.8米，用网眼为2厘米×2

厘米的尼龙网分为与鸡舍同高的5间网室(基部1米高以下用铁网,上部及顶部用尼龙网),每个网室的运动场面积为房舍面积的1～1.5倍,每间可饲养150～200只育成雉。房舍和网室间设有供山鸡自由出入的门。房舍前面安有窗户,后面设有小窗户,窗户面积占鸡舍面积的1/8,门、窗要装上1.5厘米×1.5厘米的铁丝网,既防山鸡外逃,又防鸟兽进入。运动场设沙池或沙地面,并按每50～70只设一栖架,每只鸡所占栖架的长度为18～25厘米设栖架。网室地面要有一定的坡度,以利于排水。

③育肥舍:育肥舍基本同育成舍,也由室内舍和运动场两部分组成,只是饲养密度按每平方米3～4只设计大小即可。

④种山鸡舍:种山鸡舍也基本与育成舍相似,但要在光线适宜、比较安静且通风良好的地方配放产蛋箱。一般每间网室40米,宽8米,高2～2.5米,运动场是鸡舍面积的2倍,用网孔3厘米×3厘米尼龙网分成10间,每间饲养32～64只,窗户面积占鸡舍面积的1/6以上。舍内和运动场同样设置栖架,网室内地面铺一层保健砂,同样要求有能排水的坡度。

(2)终生制雉舍:为了减少山鸡养殖过程中的转群次数,调查中发现不少山鸡场采用了终生制雉鸡舍进行饲养。终生制雉舍由房舍和运动场(网室)两部分组成,网室面积为房舍面积的10～20倍,在山鸡生长发育的不同阶段,间隔出所需要的活动面积。房舍可建成单坡单列式或双坡单列式,内部阳面根据需要间隔成若干小室,以供饲养雏雉和大雏时使用。小室靠运动场的一侧设有大小适宜的小门,此门育雏时封闭,利于育雏室保温,雏雉离温后开起,供雏雉自由出入运动场,以满足雏雉的生长发育需求。雉舍靠北墙的一侧留出宽度适宜的走廊，以便工作人员出入各小室，又有利于房舍保温。

(3)孵化舍(室)：如果养殖者始终以购买形式获得雏雉可不用建造孵化舍(室)。若自行孵化就要建造孵化室，孵化室应与外界隔离，工作人员和一切物品的进入，均须遵循消毒规定，杜绝外来传染源侵入。所需的建筑材料要保温性能好，以确保小气候的稳定。孵化室室内要尽量做到冬暖夏凉，空气流通。对于大型养殖场还应具备种蛋检验间、消毒间、储蛋间、出雏间、洗涤间、雏雉存放间等。

孵化室房舍一般在 3～3.5 米，顶部及墙壁应便于清扫和消毒。舍内地面要平坦、防滑，排水良好，便于消毒。

规模较大的山鸡场，孵化室应按顺序设置种蛋消毒间、检验间、贮蛋间、孵化间、出雏间、洗涤间及雏雉存放间等，各间不得交叉和逆返，避免交叉感染。

(4)饲料加工间：饲料加工间的大小应根据山鸡场的规模大小和山鸡不同生长时期的饲料需要量以及当地的饲料种类、价格等因素而设计建造。

(5)饲料储藏库：要求至少能够储存种山鸡时期 1 周所需要饲料量的面积，而且室内应保持清洁干燥、通风良好、温度、湿度适宜，防止饲料发霉变质。

(6)兽医室：应分设病理解剖室、化验室、病雉处理室、药品室等，而且兽医室设备、药品要齐全，以便定期进行疫苗注射，及时控制疫情。

另外，进场消毒室应根据需要设有更衣室、消毒室(淋浴或紫外线灯消毒)、临时休息室等。山鸡场的大门出入口，一定要设汽车消毒池，防止车辆出入带入病菌。

第三节　养殖设备和用具

养殖山鸡的设备应根据养殖山鸡的规模、投资情况等来确定。大型养殖场应力求设备完善，而小型的养殖场或养殖户要根据资金周转状况，购置一些必需的设备，力求成本低，周转快。

一、孵化设备

如果养殖者始终以购买形式获得雏雉可不用购买孵化设备，若想购买种鸡后将来自行孵化则需要考虑孵化环节。

自行孵化主要应考虑的因素有养殖的规模、场地空间的大小、物质条件、经济实力和人员的素质等，进行综合考虑。规模较小、经济条件有限的，采用抱窝母鸡孵化、电褥子孵化、火炕孵化、塑料薄膜热水袋孵化等方式的可根据选用的孵化法自行准备相关用品。规模较大的孵化从种蛋进入到雏雉发送，需要各种配套设备，设备的种类和数量随孵化规模等而定，其中最重要的设备为孵化器，目前多为模糊电脑孵化器，其他一些孵化器也相继并存。总之，只要孵化器工作稳定性好，密闭性能好，装满蛋后温差小，检修和清洗等方便，控温系统灵敏，省电就可。

1. 孵化机类型

山鸡种蛋的机器孵化可选用家鸡的孵化器。孵化器按供热方式可分为电热式、水电热式、水热式等；按箱体结构可分为箱式（有拼装式和整装式两种）和巷道式；按放蛋层次可分为平面式和立体式；按通风方式可分为自然通风和强力通风式，按大小可分为大型孵化器、中型孵化器、小型孵化器（图2-3）和微型孵化器（图2-4）。

图 2-3　小型孵化器

图 2-4　微型孵化器（孵鸡蛋 60 枚）

孵化机类型的选择主要应根据生产条件来决定，在电源充足稳定的地区以选择电热箱式或巷道式孵化机为最理想。

拼装式、箱式孵化机安装拆卸方便；整装箱式孵化机箱体牢固，保温性能较好；巷道式孵化机孵化量大，多为大型孵化厂采用。

2. 孵化机型

(1)孵化机的容量：应根据孵化的规模来选择孵化机的型号和规格，当前国内外孵化机制造厂商均有系列产品。每台孵化机的容蛋量从数千枚到数万枚，巷道式孵化机可达到6万枚以上。

(2)孵化机的结构及性能：综合孵化设备现状来看，国内外生产的孵化器的结构基本大同小异，箱体一般都选用彩塑钢或玻璃钢板为里外板，中间用泡沫夹层保温，再用专用铝型材组合连接，箱体内部采用大直径混流式风扇对孵化设备内的温度、湿度进行搅拌，装蛋架均用角铁焊接固定后，利用涡轮蜗杆型减速机驱动传动，翻蛋动作缓慢平稳无颤抖，配选鸡蛋的专用蛋盘，装蛋后一层一层地放入装蛋铁架，根据操作人员设定的技术参数，使孵化设备具备自动恒温，自动控湿，自动翻蛋与合理通风换气的全套自动功能，保证了受精禽蛋的孵化出雏率。

目前，优良的孵化设备当数模糊电脑控制系统了，它的主要特点是温度、湿度、风门联控，减少了温度场的波动，合理的负压进气、正压排气方式，使进风口形成负压，吸入新鲜空气，经加热后均匀搅拌吹入孵化蛋区，最后由出气口排出。孵化厅环境温度偏高时，冷却系统会自动打开，实施风冷，风门也会自动开到最大，加快空气的交换。全新的加热控制方式，能根据环境温度、机器散热和胚胎发育周期自动调节加热功率，既节能又控温精确。控温系统有两套，第一套系统工作时，第二套系统监视第一套系统，一旦出现超温现象时，第二套系统自动切断加热信号，并发出声光报警，提高了设备的可靠性。第二套控温系统能独立控制加温工作。该系统还特加了加热补偿功能，最大限度地保证了温度的稳定。加热、加湿、冷却、翻蛋、风门、风机均有指示灯进行工作状态指示；高低温、高低湿、风门故障、翻蛋故障、风扇断带停转、电源停电、缺相、电流过载等均可以不同的声讯报警；面板设计简单明了，操作使用方便。

(3)孵化机自控系统：有模拟分立元件控制系统、集成电路控制系统和电脑控制系统三种。集成电路控制系统可预设温度和湿度，并能自动跟踪设定数据。电脑控制系统可单机编制多套孵化程序，也可建立中心控制系统，一个中心控制系统可控制数十台以上的孵化单机。孵化机可以数字显示温度、湿度、翻蛋次数和孵化天数，并设有超高、低温报警系统，还能自动切断电源。

(4)孵化机技术指标：孵化机技术指标的精度不应低于一定的标准。温度显示精度 0.1～0.01℃，控温精度 0.2～0.1℃，箱内温度场标准差 0.2～0.1℃，湿度显示精度 2%～1%RH，控湿精度 3%～2%RH。

(5)出雏器：与孵化机相同。如采用分批入孵，分批出雏制，一般出雏机的容蛋量按 1/4～1/3 与孵化机配套。

3. 挑选

养殖场和专业户在选购孵化器时，应考虑以下几个方面：

(1)孵化率的高低是衡量设备好坏的最主要指标，也是许多孵化场不惜重金更换先进孵化设备的主要原因。机内的温度场应该均匀，没有温度死角，否则会降低出雏率；控温精度，汉显智能要好于模糊电脑，模糊电脑要好于集成电路。

(2)机器使用成本，如电费及维修保养费用等。

(3)售后服务好。一是服务的速度快；二是服务的长期性。应尽可能选择规模较大、能提供长期服务的厂家。

(4)使用寿命长。使用寿命主要取决于材料的材质、用料的厚薄及电器元件的质量，选购时应详加比较。

4. 孵化配套设备

(1)发电机：用于停电时的发电。

(2)水处理设备：孵化场用水量大，水质要求高，水中含矿物质等沉淀物易堵塞加湿器，须有过滤或软化水的设备。

(3)运输设备：用于孵化场内运输蛋箱、雏雉盒、蛋盘、种蛋和雏雉。

(4)照蛋器：是用来检查种蛋受精与否及鸡胚发育进度的用具。目前生产的手持式照蛋器，采用轻便式的电吹风外壳改装而成。灯光照射方向与手把垂直，控制开关在手把上。操作方便，工作效率高。

(5)冲洗消毒设备：一般采用高压水枪清洗地面、墙壁及设备。目前有多种型号的国产冲洗设备，如喷射式清洗机很适于孵化场的冲洗作业。它可转换成3种不同压力的水柱："硬雾"用于冲洗地面、墙壁、出雏盘和架车式蛋盘车、出雏车及其他车辆；"中雾"用于冲洗孵化器外壳、出雏盘和孵化蛋盘；"软雾"冲洗入孵器和出雏器内部。

(6)其他设备：移盘设备；连续注射器等。

二、育雏设备

1. 育雏设施

(1)笼育雏：如果育雏舍面积大或者育雏数量较少，可采用单层笼(图 2-5)育雏。

图 2-5　单层育雏笼

如果育雏舍面积有限或育雏数量较多,可采用立体育雏笼(图 2-6)。立体育雏是将雏雉饲养在分层的育雏笼内,一般为四层,热源可用电热丝、热水管、电灯泡等,也可以采用热风

图 2-6　立体育雏笼

炉或地下烟道等设施来提高室温。

设计时按6周龄时每平方米养15只计算，笼体总高1.8米左右，笼架脚高30厘米，每个单笼的笼长为100厘米，笼高45厘米（笼高＋承粪板高），宽50厘米。底网孔径为1厘米×1厘米圆形网眼的塑料网片，两层间有一承粪板，侧网与顶网的孔径为2厘米×1厘米。笼门设在前面，笼门间隙可调范围为2～3厘米，料槽、饮水器置于笼内。生产中一般两层中间笼先育雏，随着日龄增长再分至上、下两层。

育雏笼的热源可直接提高室温来供温，也可用热水管或电热丝供温。这种育雏方式可有效地利用育雏室的空间，增加育雏数量，充分利用热源，但设备投资费用较多。

(2)网床：采用网床养殖者，根据鸡舍的大小，一般每栋鸡舍靠房舍两边摆放2个网床，网床离地面1～1.2米，中间留1～1.2米的过道。网上平养一般都用手工操作，有条件的可配备自动供水、给料等机械设备。

网上平养设备一般由竹板、塑料绳（市场有售）或铁丝搭建。

竹竿（板）网上平养网床的搭建（图2-7）是选用2厘米左右粗的圆竹竿（板）平排钉在木条上，竹竿间距2厘米左右（条板的宽为2.5～5厘米，间隙为2.5厘米），制成竹竿（板）网床，然后在架床上面铺塑料网，鸡群就可生活在竹竿（板）网床上。

用塑料绳搭建（图2-8）时，采用6号塑料绳者绳间距4厘米、8号塑料绳绳间距5厘米，地锚深1米，用紧线器锁紧。

塑料网片宽度有2、2.5、3米等规格，长度可根据养殖房舍长度选择，网眼可直接采用直径是1.25厘米圆形网眼的，

图 2-7　竹竿(板)网床

图 2-8　塑料绳网床(左:搭好的网床;右:地锚部分)

这样能保证雏雉在最小的时候也能在网床上站稳,不会掉下去,也不会刮伤鸡爪,并且省去了以前在育雏时采用大直径网眼上增加小直径网片的麻烦。网床外缘要建 40～50 厘米高的围栏,防止鸡从网床上掉下来或者跑掉。

(3)垫料育雏(图 2-9):采用地面平养育雏要用垫料(垫料的用量可按每平方米地面 4～6 千克准备,以满足日常铺垫和

更换时用），垫料的选择要求是干燥清洁，吸湿性好，无毒，无刺激，无霉变，质地柔软。常用的垫料有稻壳、铡碎的稻草及干杂草、秸秆碎段（10 厘米左右）、锯末等。

图 2-9　垫料育雏

2. 加温保温设备

雏雉自我调节温度的能力都较差，人工育雏，不论采用何种方式，都要求较高而且稳定的温度，不论是哪个季节，都要十分注意育雏舍的保温。

供暖设备主要有红外线灯、热风炉、烟道供温、煤炉供温、热水供温等，通过电热、水暖、气暖、煤炉或火炕加热等方式来达到加温保暖目的。采用电热、水暖、气暖，干净卫生，但成本较高。用煤炉加热比较脏，容易发生煤气中毒事故。火炕耗燃料和劳动力较多，但温度比较平稳。因此，养殖者应当因地制宜的选用经济实惠的供暖设备和方式，以保证达到所需温度。

（1）红外线灯（图 2-10）：红外线灯能散发出较大的热量。

在春季温暖的地区，或者选择在比较温暖的季节育雏，需要补充的热量不是很大，可采用红外线灯取暖。为了增强红外线灯的取暖效果，应制作一个大小适宜的保温灯伞，其伞部与保温伞相似。一般红外线灯泡的悬吊高度，炎热的夏季离地面40～50厘米，寒冷的冬季离地面约35厘米。随着鸡日龄的增加和季节的变化，应逐渐提高灯泡高度或逐渐减少灯泡数量，以逐渐降低温度。一盏275瓦红外线灯泡可供100～250只雏雉保温。

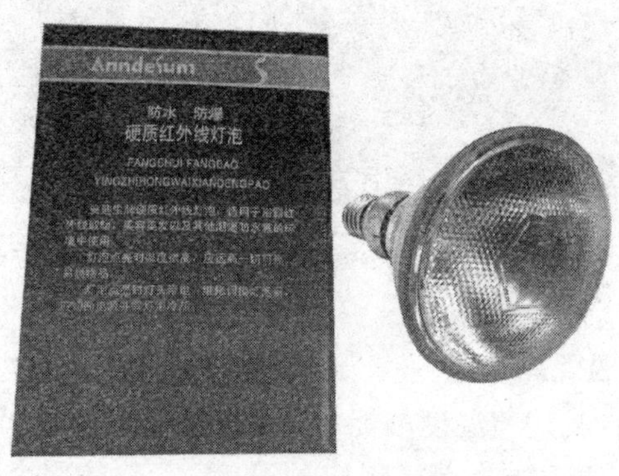

图 2-10　红外线灯

此法的优点是舍内清洁，垫料干燥，但耗电多，供电不稳定的地区不宜采用，若与火炉或地下烟道供热结合使用效果较好。

(2)保温伞取暖：保温伞由热源和伞部组成，它的工作原理是热源散发的热量通过保温伞反射到笼底，伞内保持一定的温度。热源一般使用电阻丝，包埋在瓷盘上，挂于保温伞内。伞是用镀锌薄铁皮制作的。伞可以吊起或垫起，使伞保

持适当的高度。伞的直径一般是1米，也可根据房舍和雏雉群大小，有所变化。通常直径为1米的保温伞，用1.6千瓦电阻丝作热源，用伞位置高低来调节温度，可供250～300只雏雉取暖。它的优点是干净卫生，雏雉可以在伞下自由进出，寻找适当温度。

(3)热风炉(图2-11)：热风炉是集中式采暖的一种，近年来采用较多，多安装在鸡舍内，蒸汽或预热后的空气，通过管道输送到舍内各处。鸡舍采用热风炉采暖，应根据饲养规模确定不同型号，如210兆焦热风炉的供暖面积可达500平方米，420兆焦热风炉供暖面积可达800～1000平方米。

图2-11　热风炉

(4)烟道供温：烟道供温有地上水平烟道和地下烟道两种。

地上水平烟道是在育雏室墙外建一个炉灶，根据育雏室面积的大小在室内用砖砌成一个或两个烟道，一端与炉灶相通。烟道排列形式因房舍而定。烟道另一端穿出对侧墙后，沿墙外侧建一个较高的烟囱，烟囱应高出鸡舍 1～2 米，通过烟道对地面和育雏室空间加温。

地下烟道与地上烟道相比差异不大，只不过室内烟道建在地下，与地面齐平。烟道供温应注意烟道不能漏气，以防煤气中毒。烟道供温时室内空气新鲜，粪便干燥，可减少疾病感染，适用于广大农户养鸡和中小型鸡场。

(5)煤炉供温(图 2-12)：煤炉是我国广大农村，特别是北方常用的供暖方式。可用铸铁或铁皮火炉，燃料用煤块、煤球或煤饼均可，用管道将煤烟排出舍外，以免舍内有害气体积聚。保温良好的房舍，每 20～30 平方米设 1 个煤炉即可。

图 2-12　煤炉

此法适合于各种育雏方式，但若管理不善，舍内空气中烟雾、粉尘较多，在冬季易诱发呼吸道疾病。因此，应注意适当通风，防止煤气中毒。

(6)热水供温：利用锅炉和供热管道将热水送到鸡舍的散热器中，然后提高舍内温度。

此法温度稳定，舍内卫生，但一次投入大，运行成本高，适用于大型鸡场。

3. 喂料设备

(1)食盘和料桶：雏雉最初 2～3 天内采用开食盘(图 2-13)，第 3 天后改用塑料料桶(图 2-14)，料桶由上小下大的圆形盛料桶和中央锥形的圆盘状料盘及栅格等组成，可通过吊索调节高度或直接放在地面或网床上，一般小型料桶容量为 2.5 千克，可供雉雏使用；中型料桶容量为 6 千克，可供中雏使用；大型料桶容量为 8 千克，可供种山鸡使用。

图 2-13　开食盘

需要注意的是，料桶容量小，供料次数和供料点多，可刺激食欲，有利于鸡的采食和增重；料桶容量大，可以减少喂料次数和对鸡群的干扰，但由于供料点少，造成采食不均匀，将会影响鸡群的整齐度。无论何种食盘和食槽都必须干净、卫生。

(2)料槽：料槽一般用于饲养育成、育肥和种山鸡。食槽

图 2-14　料桶

要求平整光滑，便于山鸡采食又不浪费饲料，同时便于清洗消毒。食槽可选用木板、竹子、镀锌板、硬塑料板等材料制成，也可制成固定式的水泥槽。料槽边缘应向内卷，防止饲料浪费，同时将料槽设计成适宜的形状，防止山鸡踩入槽内。料槽长度一般为 1～1.5 米，每只鸡占有 3 厘米左右的槽位。不论采用何种食槽，都必须据日龄来设计，使食槽高度与山鸡的胸部平齐。

(3)现代化给料设备：如果饲养的规模较大，可以考虑采用现代化的给料系统，既能节省大量人力，又能使山鸡均匀采食，防止出现生长不均匀的现象。

4. 饮水设备

和饲养家禽类似，供山鸡饮水的设备，其形式和花样多种多样，只要是清洁卫生、便于清洗的瓷盆、瓦钵、竹筒、塑料盆等均可用于山鸡饮水。目前，生产中常使用的饮水器主要有塔形真空饮水器、吊式自动饮水器、乳头式饮水器等。

(1)塔形真空饮水器(图 2-15)：塔形真空饮水器多由尖顶圆桶和直径比圆桶略大的底盘构成。

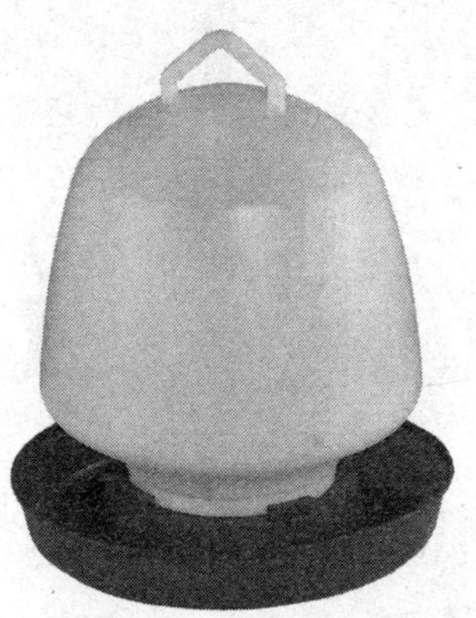

图 2-15　塔形真空饮水器

圆桶顶部和侧壁不漏气，基部离底盘高 2.5 厘米处开有 1～2 个小圆孔。利用真空原理使盘内保持一定的水位直至桶内水用完为止。这种饮水器构造简单、使用方便，清洗消毒容易。

塔形真空饮水器的容量 1～3 升，盘的直径为 160～220 毫米，槽深 25～30 毫米，可供鸡只数量 70～100 只。

(2)吊式自动饮水器(图 2-16)：吊式自动饮水器具有节约饮水、调节灵活、清洁卫生的优点，但投资较大，水箱、限压阀、过滤器等部件必须配好，并严格管理，否则容易漏水。吊式自动饮水器饮水盘直径 260 毫米，饮水盘高度 53 毫米，饮水盘容水量为 1 千克，每个饮水器可供 50～80 只鸡用，饮水器的高度应根据鸡的不同周龄的体高进行调整。

(3)乳头式饮水器(图 2-17)：乳头式饮水器清洁卫生，节

图 2-16　吊式自动饮水器

约饮水，不要清洗，节省劳力。但是使用这种饮水设备需要一定的水压，投资大，近几年乳头饮水器有了很大的改进，由原来的 2 层密封发展为 3 层密封，乳头漏水现象大为减少，有利于鸡舍内地面的干燥，使舍内环境得到很大改善。

图 2-17　乳头式饮水器

(4)长条饮水器：长条饮水器即长条形水槽，断面一般呈"V"字形、"U"字形，其大小可随山鸡的饲养阶段(即日龄)而异。一般为5厘米×5厘米，可用镀锌铁皮和无毒塑料管制成，农家也可用竹子为材料。用塑料管或竹子为材料，截成长约20～30厘米，一剖为二，将两头堵死不致漏水即可。利用镀锌铁皮作水槽，不仅要焊严，还要注意防锈防腐。条形饮水器结构简单，供水可靠，但耗水量大。

5. 光照设备

雏雉育雏室最好用暗红色光、绿色或白光(黄光、青光易导致山鸡发生恶癖，而橙黄、红、绿光则不易使山鸡发生恶癖)，市场上出售的照明用具有灯泡、日光灯、节能灯、调光灯。一般要求每平方米3瓦，灯泡安装的位置应靠近雏雉的活动区，高度一般距地面2.0～2.5米，灯泡间距离应等于其高度的1～1.5倍，按照制定的光照方案，必须固定开关灯的时间，另外，光照强度与是否有灯罩和灯泡的清洁度有关，如有反光罩，比不用反光罩的光照强度大45%，即25瓦灯泡加反光罩后光照效果相当于36瓦灯泡，目前一般使用直径25～30厘米的伞形反光罩，脏灯泡发出的光比干净灯泡少1/3。最好用变阻器控制灯的开关，使开灯时由弱变强，关灯时由强变弱，避免鸡产生应激。

6. 通风换气设备

鸡舍通风可用自然通风和机械通风，机械通风需安装排气扇、换气扇等。

7. 清粪设备

人工清粪多用刮板或铁锹，工具简单，实际中应用较多。另外，也有利用水枪的冲力来清粪的，这种方法比较简单而且干净，但需较多量的水，且冲出舍外的鸡粪不便于作有机肥料使用，易造成对环境的污染。

8. 断喙工具或鸡眼镜

为了防止各种啄癖的发生和减少饲料浪费，可对种鸡采取断喙或戴眼镜方式。断喙专用工具市售的有电热脚踏式和电热电动式断喙器（图 2-18），此外还有电热断喙剪、电烙铁等。

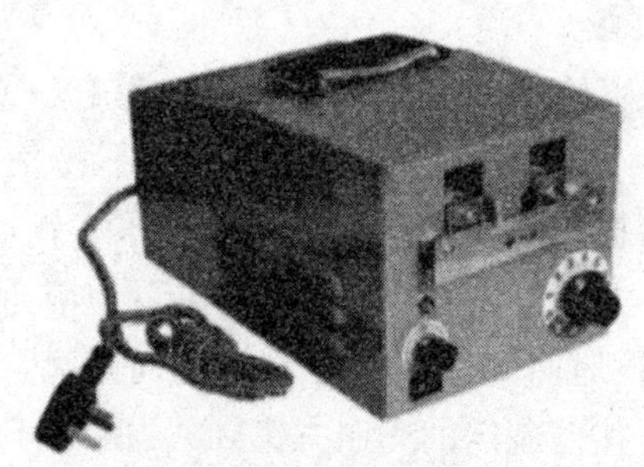

图 2-18　电热电动式断喙器

鸡眼镜（图 2-19）是近几年在生产中应用的新技术，分为有栓和无栓两种。鸡戴上眼镜后，不能正常平视，只能斜视和看下方，能有效防止饲养在一起的种鸡相互打架，相互啄毛，能大大降低死亡率，减少饲料浪费。

采用给鸡戴眼镜方式的，要购买相应日龄的眼镜。

9. 其他用具

（1）围网：平面育雏时，育雏器周围用铁丝网、护板或席子围成高 50～60 厘米的围栏，为防止雏雉远离育雏伞而受凉。围栏至伞罩边缘的距离，根据季节而异，冬季为 75 厘米，夏季为 90 厘米，待雏雉习惯在热源周围取暖后，围栏应逐渐向外

图 2-19　鸡眼镜

移，以扩大雏雉的活动范围，育雏 8～10 天后可将围栏撤除。

(2)护板：用木板、厚纸或席子制成。保温伞周围护板用于防止雏雉远离热源而受凉。护板高 45～50 厘米，与保温伞边缘距离 70～90 厘米，随日龄的增加可逐渐拆除。

(3)雏雉转运箱：可用纸箱或塑料筐代替，一般高度不低于 25 厘米，如果一个箱的面积较大，可分隔成若干小方块。也可以用木板自己制作，一般长 40 厘米，宽 30 厘米，高 25 厘米。在转运箱的四周钻上通风孔，以增加箱内的空气流通。

另外，还要配置注射器、称重器、铁锹、扫帚、粪车、秤、喂料器、喂料车、普通温度计、干湿球温度计等。

三、成年山鸡养殖设备

成年山鸡除需要准备大规格的喂料设备和给水设备外，还要准备围网、栖架、产蛋箱、捕鸡设备、运输设备等。

1. 围网

山鸡必须设置全封闭围网(图 2-20)，围网可用塑料网、尼龙网等，育成舍和育肥舍用网眼 2 厘米×2 厘米的围网，种山鸡舍用网眼 3 厘米×3 厘米的围网。

图 2-20 围网

围栏高度一般与房舍等高，打入地下 0.4～0.6 米，每隔 2～3 米打入一根桩柱，然后用铁丝以 2 米宽度纵横交叉固定在支架上，在支持线上罩上网罩，运动场的四周基部 1 米高以下用铁网，上部及顶部用尼龙网围成，四周围网的下缘埋入地下 0.5 米左右或在金属网壁下缘围以 0.2～0.3 米高的铁皮或木板做成护栏，以防山鸡扒土逃走及敌害动物等进入网室。

2. 产蛋箱

在种鸡舍内四周隐蔽的地方设产蛋箱或草窝，用木质箱、竹篓均可，每 3～4 只母山鸡设 1 个，在箱内放置稻草等作垫料，以减少产蛋的破损。

3. 栖架

栖架是山鸡蹲栖休息的木架，育成舍、育肥舍和种山鸡舍必须设置。目前常用的栖架有立架（图 2-21）和平架（图 2-22）两种。栖架的大小、长短依场舍面积及饲养量而定。一般每

根栖木宽 5～8 厘米，厚 4～5 厘米，要求表面光滑，以免挂伤山鸡脚。立架要求最基部一根栖木离地面高 60 厘米，最上面一根栖木距离墙 30 厘米，栖木间距应不小于 30 厘米为宜。平架整个栖架前高后低，栖架离地面高 60～80 厘米，栖木间距以不小于 30 厘米为宜。

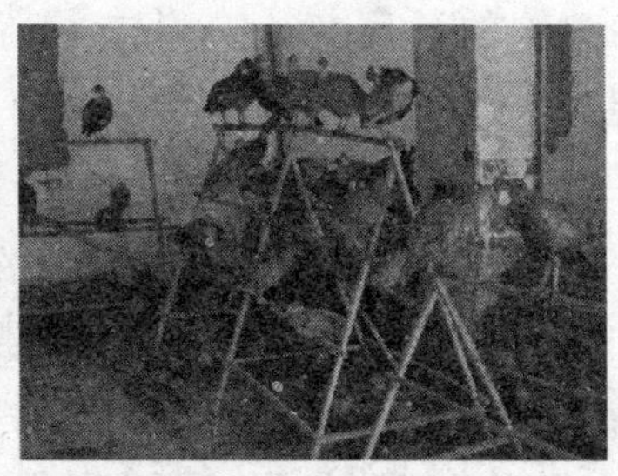

图 2-21　立架

图 2-22　平架

4. 捕鸡设备

由于山鸡野性尚存，而且能短距离低平飞翔，因此在山鸡分群或注射疫苗时，一定要小心捕捉鸡只，否则容易造成伤亡。常用的捕鸡设备有捕鸡网和捉鸡钩。

(1)捕鸡网:是用8号或10号铅丝做成直径为50厘米的圆圈,然后用旧渔网或用线自编成网固定在铅丝上,线圈一端用木柄固定。

(2)捉鸡钩:用8号钢丝制成,一端弯成钩,一端弯成把。捉山鸡钩的长度与人高基本相等,过长或过短钩山鸡都不方便。

5. 保健砂

要养好山鸡保健砂是必不可少的,保健砂就是给山鸡用来洗澡的。生产实践证明,在保健砂中掺入红土、黄土(含有铁、锌、硒等微量元素)、贝壳粉(含有丰富的钙、磷元素)、木炭灰(有很强的吸附作用),可有效预防山鸡体外寄生虫病,有清热解毒、抗菌消炎的作用,还具有增强山鸡的机体免疫力等功效。参考配方为:中粗砂35%,贝壳粉25%,骨粉8%,陈石灰5.5%,红泥15%,木炭末5%,食盐4%,红铁氧1%,龙胆草0.5%,穿心莲0.3%,甘草0.2%,金银花0.5%。

6. 清洗消毒设施

(1)人员的清洗、消毒设施:一般在鸡场入口处设有人员脚踏消毒池,外来人员和本场人员在进入场区前都应经过消毒池对鞋进行消毒。同时还要放洗手盆,里面放消毒水,出入鸡舍要消毒洗手,还应备有在鸡舍内穿戴的防疫服、防疫帽、防疫鞋。条件不具备者,可用穿旧的衣服等代替,清洗干净消毒后专门在鸡舍内穿用。

(2)车辆的清洗消毒设施:鸡场的入口处设置车辆消毒设施,主要包括车轮清洗消毒池和车身冲洗喷淋机。

(3)场内清洗、消毒设施:舍内地面、墙面、屋顶及空气的

消毒多用喷雾消毒、熏蒸消毒和火焰喷灯消毒。

喷雾消毒采用的喷雾器有背式、手提式、固定式和车式高压消毒器，熏蒸消毒采用熏蒸盆，熏蒸盆最好采用陶瓷盆，切忌用塑料盆，以防火灾发生。火焰喷灯常用来消毒金属笼、食槽、饮水槽。消毒时在某一点不要停留时间过长，以免将物品烧坏。

7. 种鸡运输笼

种山鸡运输时可用运输笼运输(图 2-23)，运输笼长 100 厘米，宽 60 厘米、高 50 厘米，用 3 厘米×3 厘米方木做成框架，六个面用尼龙网围装而成，每箱装 3～4 只种山鸡。

图 2-23 种山鸡运输笼

四、其他设备

1. 饲料加工设备

现代化、高效益的养殖生产，大多采用配合饲料。因此，各养鸡场必须备有饲料加工设备，对不同饲料原料，在喂饲之前进行一定的粉碎、混合。这方面的饲料加工设备主要有粉碎机、搅拌机、青饲料切碎机和颗粒机等。目前市场上的此类设备型号、种类十分丰富，各地可根据饲养规模和饲料资源择优选用。

(1)饲料粉碎机：一般饲料在加工全价配合料之前，都应粉碎。粉碎的目的主要是提高鸡对饲料的消化吸收率，同时也便于将各种饲料混合均匀和加工成多种饲料（如粉状等）。在选择粉碎机时，要求机器通用性好（能粉碎多种原料），成品粒度均匀，结构简单，使用、维修方便，作业时噪声和粉尘应符合规定标准。

目前生产中应用最普遍的多为锤片式粉碎机，这种粉碎机主要是利用高速旋转的锤片来击碎饲料。工作时，物料从喂料斗进入粉碎室，受到高速旋转的锤片打击和齿板撞击，使物料逐渐粉碎成小碎粒，通过筛孔的饲料细粒经吸料管吸入风机，转而送入集料筒。

(2)饲料混合机：一般配合饲料厂或大型养殖场的饲料加工车间，饲料混合机是不可缺少的重要设备之一。混合按工序大致可分为批量混合和连续混合两种。批量混合设备常用的是立式混合机或卧式混合机，连续混合设备常用的是桨叶式连续混合机。生产实践表明，立式混合机动力消耗较少，装卸方便，但生产效率较低，搅拌时间较长，适用于小型饲料加工厂。卧式混合机的优点是混合效率高，质量好，卸料迅速，其缺点是动力消耗大，一般适用于大型饲料厂。桨叶式连续混合机结构简单，造价较低，适用于较大规模的专业户养鸡场使用。

2. 清扫用具

扫帚、铁锹、粪铲、粪筐或粪车。

3. 集蛋用具

蛋箱、蛋盒或蛋筐。

除以上设备和用具以外，根据需要准备饲草收割设备、屠宰加工设备、秤等常用工具。

第三章 山鸡的营养与饲料

饲料是养殖业的基础，山鸡要生长、发育都要从饲料中获取各种营养素。山鸡采食饲料后，经过消化道消化吸收将营养素转化成骨骼、羽毛、肌肉、脂肪、蛋等。

第一节 山鸡的营养需求

山鸡与其他家禽一样，为了维持生命、生长和繁殖，需不断地从饲料中摄取能量、蛋白质、无机盐、维生素、水等营养物质。

1. 能量

能量是维持机体正常生理活动和生产活动的动力。山鸡的生长、繁殖、运动、呼吸、血液循环、消化、吸收、排泄、神经传导、体液分泌和体温调节都需要能量。饲料中碳水化合物和脂肪是山鸡获得能量的主要来源，在特殊情况下蛋白质也可分解产生能量。脂肪中所含能量较高，是碳水化合物、蛋白质的 2.25 倍。生产中为了获得较高的能量饲料，需要在饲料中加入油脂。蛋白质饲料的价格相对较高，因此应避免用蛋白质作为能量来源，虽然脂肪的能量高，但作为饲料中能量的主要来源还是碳水化合物，因为碳水化合物在各种饲料中含量较高，通常占到饲料干物质的 1/3。

饲料中的碳水化合物包括无氮浸出物和粗纤维两类。山鸡对粗纤维的利用率比其他禽类要高一些，因此可以在饲料中增加一些饲草类饲料，以降低饲养成本。无氮浸出物容易被山鸡消化吸收，它分为淀粉和糖类。脂肪不仅能够提供能量，而且是构成细胞膜的重要物质，还参与体内脂溶性维生素的吸收和转运。在体内，脂肪酸可以由淀粉转化而来，合成脂肪。而亚油酸不能在山鸡体内合成，玉米和豆粕中亚油酸的含量较高。

山鸡能量的主要来源是饲料中的碳水化合物和脂肪。当饲料中能量过剩时，就会形成脂肪蓄积在体内，影响繁殖机能；相反，当能量不足时，就要动用体内的脂肪甚至蛋白质来供给热能，这时山鸡就会消瘦，不能正常生长和繁殖，甚至造成衰竭死亡。山鸡特别喜好活动，幼年时生长发育快，需要的能量也多，所以饲料中能量含量较高，必要时添加1%～3%的脂肪。

2. 蛋白质

蛋白质是构成生物有机体的主要物质。山鸡的肌肉、血液、羽毛、皮肤、神经、内脏器官、激素、酶等主要由蛋白质构成，山鸡蛋中也含有大量的蛋白质。蛋白质的基本构成单位是氨基酸，氨基酸分为必需氨基酸和非必需氨基酸两类。必需氨基酸在山鸡体内不能合成，必须由饲料中供给，如赖氨酸、蛋氨酸、精氨酸、色氨酸、苏氨酸、组氨酸、缬氨酸等，目前使用的氨基酸添加剂主要为蛋氨酸和赖氨酸。非必需氨基酸在山鸡的机体内可相互转化或由必需氨基酸转化而来，只要满足总蛋白质需求就不会缺乏。

山鸡在人工养殖时一般是以植物性饲料为主配合口粮饲

喂，这样最易造成蛋氨酸、赖氨酸和色氨酸的缺乏，在实际配方时要注意合理搭配饲料原料，只有饲料多样化，才能达到氨基酸的互补。适当添加动物性饲料，如鱼粉、肉骨粉、黄粉虫、蝇蛆等，必要时添加氨基酸添加剂，提高饲料的利用率。氨基酸缺乏时雏雉表现为体重轻、生长缓慢、羽毛生长不良；成年山鸡氨基酸缺乏时表现为性成熟推迟，产蛋小，无产蛋高峰以及易发生啄癖。

山鸡对蛋白质的需要量取决于日粮的代谢能水平、年龄、生产性能及日粮成分等因素。对于饲喂常规玉米、豆饼型日粮的生长山鸡，3 周龄内合适的日粮粗蛋白质水平为 28%，4～8 周龄日粮的粗蛋白质水平达到 24%即可满足需要。如果在此类日粮中适当添加蛋氨酸，使含硫氨基酸占粗蛋白质的 3.66%时，日粮中的粗蛋白质水平维持在 26%，即可使生长山鸡获得最快的生长速度和最高的饲料利用率。9～18 周龄的山鸡正值第二次换羽期，饲喂含蛋白质 19%的日粮便可获得最快的生长速度。但是为防止这一阶段啄羽现象的发生，建议日粮中的粗蛋白质水平应在 20%左右。产蛋期的山鸡为保证其正常的产蛋性能，又防止种母山鸡过肥影响产蛋量，此期的日粮蛋白质水平维持在 18%～19%即可满足需要。

3. 矿物质

矿物质是山鸡生长发育中不可缺少的重要营养物质。按需求量的多少可分为常量元素如钙、磷、钠、氯、镁、硫和微量元素如锰、锌、铁、铜、碘、硒等。

(1)常量元素

①钙和磷：山鸡需求的矿物质元素，钙和磷是山鸡需要量最多的两种矿物质元素，它们是构成骨骼、蛋壳的主要成分。

钙和磷占山鸡体矿物质总量的65％～70％，99％钙和80％磷存在于骨骼与蛋壳中，其余部分存在于软组织和体液中，参与各种代谢过程，雏雉生长发育快，主要是长骨和肌肉，需要大量钙和磷。如果是日粮中钙、磷不足，则生长缓慢，骨发育不良，腿弯曲，关节肿大，骨易折断，行动困难，严重时雏雉患软骨症而瘫痪。成年山鸡如果日粮中钙、磷不足，产蛋下降，产软壳蛋及发生食蛋癖，严重时可引起成年山鸡瘫痪。钙在山鸡日粮成分中的含量，雏雉为0.8％～1.5％，育成年山鸡为1％～1.5％，种山鸡产蛋期为2％～3.5％，最高不应超过4％。磷在饲料成分含量，雏雉约为0.4％～0.7％，种山鸡0.5％～1％。磷的含量还应考虑可利用磷即有效磷，因为植物性饲料中的植酸磷，雏雉的利用率仅为30％，成年山鸡只有50％。同时还要保证维生素D_3的供给，因为维生素D_3能促进钙、磷的吸收和利用。

一般豆科植物饲料含钙较多。禾本科籽实及糠麸类含钙量低，而含磷较多，但都是有机磷，山鸡对有机磷的利用能力低，以玉米，豆饼为主的日粮，一般都不能满足山鸡对钙、磷的需要。需补充贝壳粉、骨粉、石灰石粉等。

②钠和氯：钠广泛分布于山鸡体内，维持体内水分、电解质及酸碱平衡。氯除了维持水、电解质及酸碱平衡外，还是形成胃酸的原料，是胃液的主要组成部分。各种植物性饲料里，钠、氯的含量都很少，必须通过喂盐来补充。在山鸡和日常饲粮中，一般食盐的添加量为0.3％左右。山鸡对食盐很敏感，一旦用量过多或拌料不匀，尤其雏雉食后饮水量大大增加，严重腹泻，出现食盐中毒甚至成批死亡，因此，如果在日粮中配有鱼粉，应搞清鱼粉中盐的含量，在配方时应该准确计算配入

盐分的百分比。

③镁:镁是构成骨髓的成分。日粮中镁缺乏时,山鸡神经过敏,易惊恐,但长期采食镁量偏高,易引起食欲下降,拉稀粪现象发生。镁元素主要通过添加硫酸镁、氧化镁、碳酸镁等来满足。

④钾:钾在机体内以离子的形式存在,和钠离子、氯离子一起参与维持在机体组织内的渗透压,并且保持细胞有一定的容积,它组成酸碱平衡缓冲液,并参与糖的代谢。钾在植物性饲料中含量较多,一般不会发生钾的缺乏症。钾过量可从尿中排出,因此也不会出现钾中毒。

⑤硫:硫是构成蛋白质的物质,构成多种激素、含硫氨基酸(蛋氨酸、胱氨酸、半胱氨酸),同时参与某些维生素和碳水化合物的代谢。当日粮中蛋白质充分得到满足时,一般不会缺硫。补饲时,山鸡对硫酸钠、硫酸锌、硫酸镁中的硫均能较好地利用。

(2)微量元素:山鸡对微量元素的需求量很少,但饲料中如缺乏微量元素会导致严重的不良后果。饲料中需要添加的微量元素有铁、铜、硒、锰、锌、碘等。微量元素因需要量很少,以添加剂的形式加入饲料中,主要有微量元素添加剂等。

①铁、铜和钴:铁、铜和钴是血红蛋白形成所必需的物质,与体内蛋白质、碳水化合物代谢关系密切,三者缺一不可,否则会产生营养性贫血,雏雉生长不良,冠、肉髯苍白,四肢软弱无力,成年山鸡产蛋率下降,孵化过程中胚胎死亡增加。8周龄内雏雉每千克饲料中应含铁80毫克,铜4毫克,钴0.1毫克。成年山鸡含铁50毫克,铜3毫克,种山鸡产蛋期铁含量80毫克,铜4毫克。

②锰：锰与骨骼的生长和山鸡的繁殖有关，锰不足时，雏雉骨骼发育不良，生长受阻和体重下降，患屈腱炎，生长鸡腿骨变形，不能正常站立，成年山鸡产蛋量下降，产薄壳蛋，山鸡胚胎产生骨退化症，畸形胚胎增加，孵化率降低，锰的需要量，雏雉为55毫克，种山鸡为33毫克。

③硒：山鸡机体对硒的需要量极少，但日粮中不可缺少硒，硒是谷甘肽过氧化酶的组成部分，而且影响维生素E的利用。山鸡机体硒缺乏，就会造成产生胰纤维化和脂肪酶、胰蛋白酶原减少，肌肉萎缩，出现渗出性体质病，心肌损伤，心包积水，雏雉胸部皮下积水等现象。饲粮里掺入少量柳树叶粉，有预防缺硒作用。

④锌：锌参与山鸡机体内一系列的生理过程，是多种金属酶类、激素和胰岛素组成部分，参与碳水化合物代谢，与羽毛生长、皮肤的健康、创伤的愈合有关，山鸡机体内锌缺乏时，就会引发生长缓慢、体重下降、食欲不振、角化不全等不良现象。严重锌缺乏时，会出现饲料利用率下降、羽毛发育异常、腿软无力、关节肥大、性成熟推迟、产蛋量少、蛋质量差、软壳蛋多、胚胎发育缺损、孵化率降低、羽毛脱落等不良后果。

⑤碘：碘是构成甲状腺素的成分。山鸡机体内碘缺乏时，就会影响甲状腺素的形成，而造成机体内代谢过程紊乱，基础代谢降低，发育受阻，产蛋量减少，性功能受影响，羽毛蓬松，生活力减弱。雏雉还可能发生甲状腺肿大等不良现象。

4. 维生素

维生素是维持健康和促进生长所不可缺少的有机物质，每种维生素都有其特殊的作用，且相互间不可替代。作为活化剂，机体的物质代谢过程必须有维生素的参与。大多数的维生素不能在体内合成，必须由饲料中供给。对山鸡而言，维生素 A、维生素 B_2 和维生素 D_3 尤为重要；而维生素 B_1 和 B_6 在饲料中含量丰富，无需特别注意；山鸡体内可以自己合成维生素 C，只有在炎热的夏季和受应激的情况下可考虑适当补充一些。

5. 水

山鸡机体含水 50%～70%，蛋中水分含量为 70%。水在养分的消化吸收、代谢物排出、血液循环及体温调节等方面起着重要作用。若饮水不足会导致饲料的消化吸收不良，体温上升，血液浓稠，生长缓慢，生产力下降，产蛋减少。对水的需要量受各种因素的影响，影响最大的是温度。

山鸡的饮水量因季节、饲料类型、饲料方式、产蛋率以及健康状况而异，一般从 3～12 周龄，山鸡每天耗水量约是采食量的 2～3 倍，因此生产中应供给常备不断的清洁饮水。

山鸡在患病或处于逆境时，往往在采食量减少前 1～2 天饮水量就先减少。注意观察这些细微的变化，有助于及早采取措施，减少损失。

第二节　山鸡的常用饲料种类

在野生情况下，山鸡的食物非常广泛，包括植物的种子、茎叶、果实、嫩芽、浆果，动物性食物如蟋蟀、蝗虫、飞蛾、蛙类、蜥蜴等。在大群人工饲养的条件下，这些食物不易大量获得，只能使用人工饲料，这些饲料通常可以分为能量饲料、蛋白质饲料、青绿饲料、矿物质饲料及饲料添加剂等。

1. 能量饲料

凡干物质中含蛋白质低于20%、纤维素低于18%的饲料都属于能量饲料。能量饲料中以动物与植物油脂所含能量最高，其次是谷物籽实与块茎饲料。谷物饲料是最主要的能量饲料，常用的饲料谷物有玉米、高粱、碎米、稻谷和大麦等，玉米是谷类饲料中能量较高的饲料之一，口味好、易消化，在配合饲粮时往往占很大的比重；大麦适口性差，粗纤维高，用量不宜过多；糠麸类属低能量饲料添加量也不宜过大。

2. 蛋白质饲料

蛋白质饲料包括植物性和动物性蛋白饲料两大类。植物性蛋白质饲料有各种饼粕类，如大豆饼(粕)、花生饼、菜籽饼、棉籽饼、向日葵饼等，但菜籽饼和棉籽饼中含有有毒成分，因此必须限喂或经过去毒处理后再饲喂；动物性蛋白质饲料一般是指鱼类、肉类和乳品加工的副产品及其他动物产品，常用的有鱼粉、肉骨粉、血粉、蚕蛹、黄粉虫、蝇蛆等，动物性蛋白饲料在使用时应注意其品质，防止腐败。

调查发现，一些养殖户给山鸡饲喂蚯蚓引起发病或死亡的情况，可能是饲喂前消毒不良所致，所以本书建议养殖者不要给山鸡饲喂活体蚯蚓。

3. 矿物质饲料

矿物质饲料是含营养素比较专一的饲料，主要是补充天然饲料中的矿物不足。例如碳酸钙、石灰石、蛋壳粉等都是含钙饲料，专为补充钙而添加；食盐用来补充钠和氯；磷酸氢钙、磷酸钙、骨粉主要是作为磷的来源；铁、铜、锌、锰、硒、碘、钴等微量元素主要是通过用饲料级盐类来补充。

4. 青绿饲料

青绿饲料是指水分含量为60%以上的青绿饲料、树叶类及非淀粉质的块根、块茎、瓜果类。青绿饲料富含胡萝卜素和B族维生素，并含有一些微量元素，适口性好，对山鸡的生长、产蛋及维持健康均有良好作用。

常见的青绿饲料有白菜、大头菜、野菜（如苦荬菜、鹅食菜、蒲公英等）、苜蓿草、洋槐叶、胡萝卜、各种牧草、红薯藤、丝瓜、南瓜等。

5. 粗饲料

榆树叶粉、紫穗槐叶粉、洋槐叶粉、桑叶粉、苜蓿草粉等叶粉中含有一定量的蛋白质和较高的维生素，尤其是胡萝卜素含量很高，对山鸡的生长有明显的促进作用，并能增强山鸡的抗病力，提高饲料的利用率。据报道，叶粉可直接饲喂或添加到混合饲料中喂鸡，能提高蛋黄的色泽，产蛋率可提高13.8%，并能提高雏雉的成活率，每只鸡在整个生长期内节省饲料1.25千克。饲喂时应周期性地饲用，连续饲喂15～20天，然后间断7～10天。

6. 饲料添加剂

饲料添加剂的作用主要是完善饲料营养价值，提高饲料利用率，促进山鸡的生长和疾病防治，减少饲料在贮存期间的营养物质的损失，提高适口性，增加食欲，改进产品质量等，目前饲料添加剂的品种比较多，按使用性质可分为营养性和非营养性两类。

（1）营养性添加剂：营养性添加剂是指动物营养上必需的那些具有生物活性的微量添加成分，主要用于平衡或强化日粮营养，包括有氨基酸添加剂、维生素添加剂和微量元素添加

剂等。使用时应根据使用对象及具体情况，按产品说明书添加。

(2)非营养性添加剂：这类添加剂虽不含有鸡所需要的营养物质，但添加后对促进鸡的生长发育、提高产蛋率、增强抗病能力及饲料贮藏等大有益处。其种类包括抗生素添加剂、驱虫保健添加剂、抗氧化剂、防霉剂、中草药添加剂及激素、酶类制剂等。

①抗生素添加剂：抗生素具有抑菌作用，一些抗生素作为添加剂加入饲粮后，可抑制鸡肠道内有害菌的活动，具有抗多种呼吸、消化系统疾病、提高饲料利用率、促进增重和产蛋的作用，尤其在鸡处于逆境时效果更为明显。常用的抗生素添加剂有青霉素、土霉素、金霉素、新霉素、泰乐霉素等，根据需要按说明书添加。使用抗生素添加剂时，要注意几种抗生素交替作用，以免鸡肠道内有害微生物产生抗药性，降低防治效果。为避免抗药性和产品残留量过高，应间隔使用，并严格控制添加量，少用或慎用人畜共用的抗生素。

②驱虫保健添加剂：在鸡的寄生虫病中，球虫病发病率高，危害大，要特别注意预防。常用的抗球虫药有痢特灵、氨丙啉、盐霉素、莫能霉素、氯苯胍等，根据需要按说明书添加，使用时也应交替使用，以免产生抗药性。

③抗氧化剂：在饲料贮藏过程中，加入抗氧化剂可以减少维生素、脂肪等营养物质的氧化损失。常用的抗氧化剂有山道喹、丁基化羟基甲苯、丁基化羟基氧苯等。

④中药添加剂

Ⅰ．苍术：在饲料中添加3%～5%的苍术粉，并加入适量的钙，对山鸡传染性支气管炎、传染性喉炎、传染性鼻炎有良好的预防作用。

Ⅱ. 松针：松针中含多种微量元素，能有效的刺激山鸡的排卵功能，提高产蛋率、饲料利用率。在雏雉时日粮中加2%的松针粉，成活率、增重率和饲料转化率可分别提高7.1%、11.1%和24.8%，生长期缩短10天。同时松针中含有植物杀菌素和维生素，具有防病抗病的功效，能有效的抵御鸡病的发生，从而大大提高山鸡的成活率。调查中发现在山鸡舍内直接悬挂松枝的较多。

Ⅲ. 艾叶：在饲料中添加2%的艾叶干粉，不仅能促进山鸡血液循环，提高新陈代谢，增进生长繁殖，对改善山鸡肉质、降低饲料消耗、提高饲料利用率都有明显作用。

Ⅳ. 甘草：在饲料中添加3%的甘草粉，对防治山鸡咽炎、支气管炎、白痢等有良好效果。

Ⅴ. 蒲公英：在饲料中添加2%～3%的蒲公英干粉，能健胃，增加食欲，促进山鸡生长，产蛋率也可提高12%。在山鸡的基础日粮中加入3%～4%的蒲公英粉，对山鸡消化道和呼吸道疾病有防治作用。

Ⅵ. 柑橘皮：在饲料中掺入2%～3%的柑橘粉，不仅能清凉解毒，还能防止山鸡病发生，促进山鸡生长发育。

Ⅶ. 鸡冠花：试验证明，用鸡冠花籽喂雏雉，每天每只喂1～2克，不仅雏雉长得快，而且能防治白痢病。在雏雉饲料中加5%的鸡冠花瓣或10%的茎叶，日增重可提高10%左右。

Ⅷ. 大蒜：用大蒜治雏雉白痢、球虫病、副伤寒等均有效。饲喂法时可将生大蒜去皮捣烂，拌料内食用；也可将大蒜制成大蒜粉，按成鸡饲料0.1%的量添加。

(3)使用饲料添加剂的注意事项

①正确选择:目前饲料添加剂的种类很多,每种添加剂都有各自的用途和特点。因此,应充分了解它们的性能,然后结合饲养目的、饲养条件及健康状况等,选择使用。

②用量适当:用量少达不到目的,用量多既增加饲养成本还会中毒。用量多少应严格遵照生产厂家在包装上的使用说明。

③搅拌均匀程度与效果直接相关:饲粮中混合添加剂时,要必须搅拌均匀,否则即使是按规定的量添加,也往往起不到作用,甚至会出现中毒现象。若采用手工拌料,可采用三层次分级拌和法。具体做法是先确定用量,将所需添加剂加入少量的饲料中,拌和均匀,即为第一层次预混料;然后再把第一层次预混料掺到一定量(饲料总量的1/5～1/3)饲料上,再充分搅拌均匀,即为第二层次预混料;最后再把二层次预混料掺到剩余的饲料上,拌均即可。这种方法称为饲料三层次分级拌合法。由于添加剂的用量很少,只有多层次分级搅拌才能混均。

④混于干粉料中:饲料添加剂只能混于干饲料(粉料)中,短时间贮存待用才能发挥它的作用。不能混于加水的饲料和发酵的饲料中,更不能与饲料一起加工或煮沸使用。

⑤贮存时间不宜过长:大部分添加剂不宜久放,特别是营养添加剂、特效添加剂,久放后容易受潮发霉变质或氧化还原而失去作用,如维生素添加剂、抗生素添加剂等。

第三节　饲料的加工调制

饲养禽类饲料有粉料、颗粒料和碎粒料三种。粉料是喂雏雉的常用饲料，而颗粒料则需经过机械加工、采用饲料颗粒机的挤压成不同规格的粒料。把粒再磨碎，则成碎粒料。山鸡在1～3周内多采用粉料、碎粒料。因山鸡特别爱吃颗粒料，到4周龄以后要以颗粒料为主。喂颗粒料的优点是方便采食，吃料较快，节省采食时间，由于颗粒碎加工工艺采用高温蒸汽的处理，对饲料起到灭菌、灭虫卵和提高饲料消化吸收的作用；还减少鸡舍内粉尘飞扬影响环境卫生；增加饲养密度等等。

1. 能量饲料的加工

能量饲料的营养价值和消化率一般都比较高，但是能量饲料籽实的种皮、壳、内部淀粉粒的结构等，都能影响其消化吸收，所以能量饲料也需经过一定的加工，以便充分发挥其营养物质的作用。常用的方法是粉碎，但粉碎不能太细，一般加工成直径2～3毫米的小颗粒为宜。

能量饲料粉碎后，与外界接触面积增大，容易吸潮和氧化，尤其是含脂肪较多的饲料，容易变质发苦，不宜长久保存。因此，能量饲料一次粉碎数量不宜太多。

2. 蛋白质饲料的加工

蛋白质饲料包括棉籽饼、菜籽饼、豆饼、花生饼、亚麻仁等，蛋白质饲料由于粗纤维含量高，作为山鸡饲料营养价值低，适口性差，需要进行加工处理。

(1)棉籽饼去毒主要通过以下几种方法。

①硫酸亚铁石灰水混合液去毒法:100千克清水中放入新鲜生石灰2千克，充分搅匀，去除石灰残渣，在石灰浸出液中加入硫酸亚铁(绿矾)200克，然后投入经粉碎的棉籽饼100千克，浸泡3～4小时即可。

②硫酸亚铁去毒法：可在粉碎的棉籽饼中直接混入硫酸亚铁干粉，也可配成硫酸亚铁水溶液浸泡棉籽饼。取 100 千克棉籽饼粉碎，用 300 千克 1%的硫酸亚铁水溶液浸泡，约 24 小时后，水分完全浸入棉籽饼中，便可用于喂山鸡。

③尿素或碳酸氢铵去毒法：以 1%尿素水溶液或 2%的碳酸氢铵水溶液与棉籽饼混拌后堆沤。一般是将粉碎过的 100 千克棉籽饼与 100 千克尿素溶液或碳酸氢铵溶液放在大缸内充分拌匀，然后先在地面铺好薄膜，再把浸泡过的棉籽饼倒在薄膜上摊成 20～30 厘米厚的堆，堆周用塑料膜严密覆盖。堆放 24 小时后，扒堆摊晒，晒干即可。

④加热去毒法：将粉碎过的棉籽饼放入锅内加水煮沸 2～3 小时，可部分去毒。此法去毒不彻底，故在日粮中混入量不宜太多，以占日粮的 5%～8%为佳。

⑤小苏打去毒法：以 2%的小苏打水溶液在缸内浸泡粉碎后的棉籽饼 24 小时，取出后用清水冲洗 2 次，即可达到去毒目的。

(2)菜籽饼去毒主要有土埋法、硫酸亚铁法、硫酸钠法、浸泡煮沸法。

①土埋法：挖 1 立方米容积的坑(地势要求干燥、向阳)，铺上草席，把粉碎的菜籽饼加水(饼水比为 1∶1)浸泡后装入坑内，2 个月后即可饲用。

②硫酸亚铁法：按粉碎饼重的 1%称取硫酸亚铁，加水拌入菜籽饼中，然后在 100℃下蒸 30 分钟，再放至鼓风干燥箱内烘干或晒干后饲用。

③硫酸钠法：将菜籽饼掰成小块，放入 0.5%的硫酸钠水溶液中煮沸 2 小时左右，并不时翻动，熄火后添加清水冷却，

滤去处理液，再用清水冲洗几遍即可。

④浸泡煮沸法：将菜籽饼粉碎，把粉碎后的菜籽饼放入温水中浸泡 10～14 小时，倒掉浸泡液，添水煮沸 1～2 小时即可。

(3)大豆饼(粕)去毒法：一般采用加热法。将豆饼(粕)在温度 110℃下热处理 3 分钟即可。

(4)花生饼去毒法：一般采用加热法。在 120℃左右，热处理 3 分钟即可。

(5)亚麻仁饼去毒法：一般采用加热法。将亚麻仁饼用凉水浸泡后高温蒸煮 1～2 小时即可。

(6)鱼粉的加工：鱼粉加工有干法、湿法、土法 3 种。

干法生产是原料经过蒸干、压榨、粉碎、成品包装去毒的过程。湿法生产是原料经过蒸煮、压榨、干燥、粉碎包装去毒的过程。干、湿法生产的鱼粉质量好，适用于大规模生产，但投资费用大。

土法生产有晒干法、烘干法、水煮法 3 种。晒干法是原料经盐渍、晒干、磨粉去毒的方法。生产的是咸鱼粉，未经高温消毒，不卫生。含盐量一般在 25%左右；烘干法是原料经烘干、磨碎而去毒的方法，原料里可不加盐，成品鱼粉含盐量较低，质量比前一种略好；水煮法是原料经水煮、晒干或烘干、磨粉过程去毒的方法。此法因原料经过高温消毒，质量较好。

3. 青绿饲料的加工

(1)切碎法：切碎法是青绿饲料最简单的加工方法，常用于养山鸡少的农户。青绿饲料切碎后，有利于山鸡吞咽和消化。

(2)干燥法：干燥的牧草及树叶经粉碎加工后，可供作配

合山鸡饲粮的原料，以补充饲粮中的粗纤维、维生素等营养。

青绿饲料收割期为禾本科植物由抽穗至开花，豆科从初花至盛花，树叶类在秋季，其干燥方法可分为自然干燥和人工干燥。

自然干燥是将收割后的牧草在原地暴晒5～7小时，当水分含量降至30%～40%时，再移至避光处风干，待水分降至16%～17%时，就可以上垛或打包贮存备用。堆放时，在堆垛中间要留有通气孔。我国北方地区，干草含水量可在17%限度内贮存，南方地区应不超过14%。树叶类青绿饲料的自然干燥，应放在通风好的地方阴干，要经常翻动，防止发热和日晒，以免影响产品质量。待含水量降到12%以下时，即可进行粉碎。粉碎后最好用尼龙袋或塑料袋密封包装贮藏。

人工干燥的方法有高温干燥法和低温干燥法两种。高温干燥法在800～1100℃下经过3～5秒钟，使青绿饲料的含水量由60%～85%降至10%～12%；低温干燥法以45～50℃处理，经数小时使青绿饲料干燥。

青绿饲料的人工干燥，可以保证青绿饲料随时收割、随时干燥、随时加工成草粉，可减少霉烂，制成优质的干草或干草粉，能保存青绿饲料养分的90%～95%。而自然干燥只能保持青绿饲料养分的40%，且胡萝卜素损失殆尽。但人工干燥工艺要求高，技术性强，且需一定的机械设备及费用等。

4. 颗粒料的加工

颗粒饲料是全价配合饲料加上结合剂经颗粒机压制而成，最大优点是进食营养全面，比例稳定，而且容易采食，采食量大，饲料浪费少。

雏雉的前期料大部分采用2.5～3毫米孔径的模板制成

颗粒，再用破碎机破碎，后期料采用 2.5～3 毫米孔径的模板制成颗粒后不再破碎。颗粒饲料的优点是适口性好，山鸡喜食、采食量多，保证了饲料的全价性；制造过程中经过加压加温处理，破坏了部分有毒成分，起到了杀虫、灭菌作用，饲料比较卫生，有利于淀粉的糊化，提高了利用率。但颗粒饲料制作成本较高，在加热加压时使一部分维生素和酶失去活性，宜酌情添加。制粒增加了水分，不利于保存。

第四节　配合饲料

山鸡的生长需要各种各样的营养素，单纯一、两种饲料喂山鸡不可能满足其生理需要，所以要讲究科学养鸡，就要根据山鸡生活、生长过程，对营养物质的需求来选择若干饲料，也就是根据饲养标准配制出来具有不同营养素比例的饲料，这种饲料各营养成分与比例都是适宜山鸡生理需要的，叫配合饲料。

一、日粮的配合原则

日粮就是每只山鸡每天采食的饲料种类和数量。日粮中必须包含山鸡维持自身生命和满足生长、满足繁殖的能量、粗蛋白质、维生素和各种矿物质的营养需要量。合理地配制日粮，既可达到满足山鸡对各种营养素的需要，保证正常生长、发育、生产的目的，又可节省饲料及生产成本。饲料成本通常占饲养山鸡总成本的 60%～70%，在保证日粮营养满足的前提下，降低日粮的成本费用对生产经营具有重大的经济意义，所以日粮配合是饲养山鸡中一个生产技术关键。

配合山鸡的日粮一般应遵循以下原则：

(1)因地制宜选配饲料：要充分利用当地的饲料资源，利用本场生产的饲料，并选用优质价廉的饲料，降低饲料成本。

(2)饲粮应符合山鸡的消化生理特点：山鸡对粗纤维的利用率较低，在配合日粮时应考虑日粮中粗纤维的含量不能过高。

(3)饲料尽量多样化：各类饲料含有的营养物质不同，配合饲料时如果饲料品种单一，很难保证营养的全面，所以尽可能多选择几种饲料配合，在营养上相互补偿，有利于提高日粮消化率和营养物质的利用率。

(4)配制饲粮时要注意适口性：日粮中高粱、菜籽饼等含量过高时会影响山鸡的适口性，禁止使用霉变和被污染的饲料，对含有毒害物质饲料如棉籽饼、菜籽饼要脱毒和限量饲喂。

(5)配合饲粮应保持相对稳定：如需要改变饲料种类或饲粮配方，应逐步进行或在饲喂时有几天过渡的时间，以免因饲粮种类或配方的突然变化而影响山鸡的消化机能及正常的生产。

二、饲料的配制方法

饲料可以从以下三个方面来解决。

1. 购买饲料

可以从信誉较好的厂家购买各年龄期的家鸡料喂山鸡。

2. 自混饲料

从饲料公司门市部购买家鸡浓缩饲料，也叫料精(料精包装都注明使用对象、用量、生产日期等)。其余原料用自家的原料，料精的添加比例按说明书添加，经过 5～6 次混合搅拌，即成全价配合饲料。

3. 自家配制饲料

目前山鸡没有统一的饲养标准，因此国内外不同饲养场所用的饲养标准不同，所设计的饲料配方也有差异。下面介绍几例山鸡饲料配方，以供参考。

(1)育雏期(0～4 周龄)饲料参考配方

①玉米粉 57%，豆饼 28%，麦麸 3%，鱼粉 10%，骨粉 1.5%，贝壳粉 0.5%。另外，食盐按 1.5 千克/吨添加。

②玉米粉 30%，全麦粉 10%，麦麸 2.6%，高粱 3%，豆饼 25%，大豆粉 10%，鱼粉 12%，酵母 5%，骨粉 1%，贝壳粉 1%，食盐 0.4%。另外，多维按 0.2 克/千克、微量元素按 1 克/千克添加。

③玉米粉 54.13%，高粱粉 5%，麦麸 4%，大麦 5%，鱼粉 10%，豆饼 16%，槐叶粉 3%，骨粉 2.5%，食盐 0.37%。

④玉米粉 55%，小麦粉 4%，谷粉 3%，麸皮 2.2%，豆粕 27%，鱼粉 6%，骨粉 1%，贝壳粉 1%，食盐 0.3%，添加剂 0.5%。

(2)育成前期(4～12 周龄)饲料参考配方

①玉米粉 56%，豆饼 29%，麦麸 6%，鱼粉 7%，骨粉 1%，贝壳粉 1%。另外，食盐按 2.5 千克/吨添加。

②玉米粉 38%，全麦粉 10%，麦麸 4.6%，高粱 3%，豆饼 21%，大豆粉 8%，鱼粉 10%，酵母 3%，骨粉 1%，贝壳粉 1%，食盐 0.4%。另外，多维按 0.2 克/千克、微量元素按 1 克/千克添加。

③玉米粉 44%，小麦粉 6%，谷粉 9%，麸皮 10%，豆粕

13%，鱼粉6%，骨粉2.2%，贝壳粉3%，草粉6%，食盐0.3%，添加剂0.5%。

④玉米粉43%，小麦粉7%，谷粉9%，麸皮10%，豆粕14%，鱼粉5%，骨粉2.2%，贝壳粉3%，草粉6%，食盐0.3%，添加剂0.5%。

(3)育成后期(13～20周龄)饲料参考配方

①玉米粉70.5%，豆饼16%，麦麸8%，鱼粉4%，骨粉0.5%，贝壳粉1%。另外，食盐按3千克/吨添加。

②玉米粉60%，麦麸8.5%，豆粕18%，鱼粉8%，酵母3%，贝壳粉2%，食盐0.5%。另外，多维按0.2克/千克、微量元素按1克/千克添加。

③玉米粉65.67%，麦麸6.5%，豆粕23.4%，鱼粉2%，磷酸钙1.35%，石粉0.75%，盐0.25%，蛋氨酸0.08%。

④玉米粉31%，碎米30%，豆饼25%，鱼粉10%，骨粉1.5%，贝壳粉0.5%，油脂1.8%，食盐0.2%。

(4)种山鸡产蛋准备期饲料参考配方

①玉米粉56%，豆饼25%，麦麸5%，鱼粉10%，骨粉2%，贝壳粉2%。另外，食盐按3千克/吨添加。

②玉米粉40%，全麦粉10%，麦麸3.5%，豆饼15%，大豆粉10%，鱼粉12%，酵母5%，骨粉2%，贝壳粉2%，食盐0.5%。另外，多维按0.2克/千克、微量元素按2克/千克添加。

③玉米粉40%，小麦粉20%，高粱粉6.5%，豆饼粉15%，鱼粉10%，矿物质添加剂8%，食盐0.5%。另外，每百千克饲料添加5克维生素添加剂。

(5)种山鸡产蛋期饲料参考配方

①玉米 67%，豆饼 20%，麦麸 8%，鱼粉 3.5%，骨粉 0.5%，贝壳粉 1%。另外，食盐按 3 千克/吨添加。

②玉米 62.5%，麦麸 15%，豆粕 15%，鱼粉 5%，贝壳粉 2%，食盐 0.5%。另外，多维按 0.2 克/千克、微量元素按 2 克/千克添加。

③玉米 61%，麦麸 14%，豆饼粉 12%，鱼粉 8%，贝壳粉 3%，骨粉 1.5%，食盐 0.5%。

④玉米 50%，小麦粉 4%，豆饼 20%，鱼粉 6%，麸皮 6%，草粉 5%，酵母粉 3%，骨粉 3%，贝壳粉 2%，食盐 0.4%，添加剂 0.6%。

⑤黄玉米 50%，豆饼 20%，小麦粉 5%，草粉 5%，麸皮 5%，鱼粉 5%，酵母粉 4%，骨粉 3%，贝壳粉 2%，食盐 0.5%，添加剂 0.5%。

(6)育肥山鸡饲料参考配方

①0～4 周龄饲料参考配方：玉米 49.2%，小麦 6%，麸皮 3%，豆粕 28%，鱼粉 10%，磷酸氢钙 1.4%，贝壳粉 1%，食盐 0.4%，预混料 1%。

②5～12 周龄饲料参考配方：玉米 54.6%，麸皮 6%，豆粕 29%，鱼粉 7%，磷酸氢钙 1%，石粉 1%，食盐 0.4%，预混料 1%。

③13 周～出售期饲料参考配方：玉米 63%，小麦 10%，麸皮 7.8%，豆粕 16%，磷酸氢钙 0.8%，贝壳粉 1%，食盐 0.4%，预混料 1%。

第五节 饲料的贮藏

1. 玉米贮藏

玉米主要是散装贮藏，一般立筒仓都是散装。立筒仓虽然贮藏时间不长，但因玉米厚度高达几十米，水分应控制在14%以下，以防发热。不是立即使用的玉米，可以入低温库贮藏或通风贮藏。若是玉米粉，因其空隙小，透气性差，导热性不良，不易贮藏。如水分含量稍高，则易结块、发霉、变苦。因此，刚粉碎的玉米应立即通风降温，装袋码垛不宜过高，最好码成井字垛，便于散热，及时检查，及时翻垛。一般应采用玉米籽实贮藏，需配料时再粉碎。

其他籽实类饲料贮藏与玉米相仿。

2. 饼粕贮藏

饼粕类由于本身缺乏细胞膜的保护作用。营养物质外露，很容易感染虫、菌。因此，保管时要特别注意防虫、防潮和防霉。入库前可使用磷化铝熏蒸，用敌百虫灭虫消毒。仓底铺垫也要彻底做好，最好用砻糠作垫底材料。垫糠要干燥压实，厚度不少于 20 厘米，同时要严格控制水分，最好控制在5%左右。

3. 麦麸贮藏

麦麸破碎疏松，孔隙度较面粉大，吸潮性强，含脂量多(多达 5%)，因而很容易酸败、霉变和生虫，特别是夏季高温潮湿季节更易霉变。贮藏麦麸在 4 个月以上，酸败就会加快。新磨出的麦麸应把温度降至 10～15℃再入库贮藏。在贮藏期要勤检查，防止结露、吸潮、生霉和生虫，一般贮藏期不宜超过 3

个月。

4. 米糠贮藏

米糠脂肪含量高，导热不良，吸湿性强，极易发热酸败，贮藏时应避免踩压，入库时米糠要勤检查、勤翻、勤倒，注意通风降温。米糠贮藏稳定性比麦麸还差，不宜长期贮藏，要及时推陈贮新，避免损失。

5. 叶粉的贮存

叶粉要用塑料袋或麻袋包装，防止阳光中紫外线对叶绿素和维生素的破坏。另外，贮存场所应保持清洁、干燥、通风，以防吸湿结块。在良好的贮存条件下，针叶粉可保存2～6个月。

6. 配合饲料的贮藏

配合饲料的种类很多，包括全价饲料、预混饲料、浓缩饲料等。这些饲料因内容物不一致，贮藏特性也各不相同；因料型不同，贮藏性也有差异。

(1)全价颗粒饲料：因经蒸气加压处理，能杀死绝大部分微生物和害虫，而且孔隙度大，含水量较少，淀粉膨化后把维生素包裹，因而贮藏性能极好，短期内只要防潮，贮藏不易霉变，也不易因受光的影响而使维生素破坏。

(2)浓缩饲料：蛋白质含量丰富，含各种维生素及微量元素。这种粉状饲料导热性差，易吸潮，有利于微生物和害虫繁殖，也易导致维生素变热、氧化而失效。因此，浓缩饲料宜加入适量抗氧化剂，且不宜长时期贮藏，要不断推陈贮新。

(3)添加剂预混料：主要是由维生素和微量元素组成，有的添加了一些氨基酸、药物或一些载体。这类物质容易受光、热、水、气影响，要注意存放在低温、遮光、干燥的地方，最好加

入一些抗氧化剂，贮藏期也不宜过久。维生素添加剂也要用小袋遮光密闭包装，在使用时，以维生素作添加剂再与微量元素混合，效价影响不会太大。

第六节　活饵料的培育

山鸡是经驯化的野生鸟类，特别喜食动物性昆虫，有条件时应人工养殖一些动物性昆虫饵料，以满足其对动物蛋白质的需要。调查中发现，给山鸡饲喂黄粉虫和蝇蛆的很普遍，一些养殖户给山鸡饲喂蚯蚓引起发病或死亡的情况，因此本书主要介绍黄粉虫和蝇蛆的简易养殖技术。

一、黄粉虫的培育

黄粉虫的营养价值很高，是雏雉、成年山鸡的理想活饵料。

黄粉虫又叫面包虫，适应性强，病害和天敌少，食性杂，饲料价廉而且来源广，培育技术简单。

黄粉虫还可以立体生产，可以在居室中养殖，而且养殖成本很低，一般1.5～2千克的麦麸就可以培育0.5千克黄粉虫。在自然温度条件下，南方的黄粉虫可以繁殖3代；如果适当控制温度和湿度，黄粉虫的生长速度和繁殖次数还可以增加。

1. 生活史

和所有昆虫一样，一个世代要经过卵→幼虫→蛹→成虫（蛾）四态的变化，大约需要4～5个月。人工饲养时，1只雌虫1年可繁殖2000～3000只幼虫。黄粉虫个体变态很不整齐，因此在活动期可同时出现卵、幼虫、蛹和成虫。

(1)卵:乳白色,椭圆形,米粒大小。卵的外面是卵壳,起保护作用,里面是卵黄。刚产出的卵又有黏性,常黏有饲料的碎屑。卵最适宜的孵化条件为温度19～26℃,相对湿度78%～85%。卵的孵化时间随温度高低而异,10～20℃时需20～25天,25～30℃时只需4～7天。

(2)幼虫:刚孵出的幼虫很小,长约3毫米,乳白色。1～2天后开始进食,并进行第一次蜕皮。如果温度在25～30℃,饲料含水量在13%～18%,大约8天蜕去第一次皮,变为2龄幼虫,体长增至5毫米。以后大约在35天内又经过6次蜕皮,最后成为8龄老熟幼虫,这时幼虫呈黄色,体长增至20～25毫米。

幼虫在蜕皮过程中,每蜕皮1次,体长均明显增加。幼虫有13个体节,其中头节1节、腹节8节、胸节3节、尾节1节;头部口器黑色,有1对颚和1对触角;眼小,仅有感光作用。幼虫生长最适的温度为25～29℃,相对湿度80%～85%,气温低于10℃时极少活动,低于0℃或高于35℃时则可能被冻死或热死。幼虫很耐旱,但在较干燥的情况下,幼虫有互相残食的习性。幼虫昼夜都能活动、摄食。在适宜的温度25～28℃,相对湿度50%～80%时,8龄幼虫约经过10天即变成蛹。

(3)蛹:末龄幼虫化为蛹,蛹光身睡在饲料堆里,并无丝茧包被,有时还能自行活动。刚形成的蛹为乳白色,以后逐渐变黄、变硬,长约16毫米,头大尾小,两边有棱角,3天后颜色加深变成黑褐色。雄蛹乳状突起较小,不显著,基部愈合,端部伸向后方;雌蛹乳状突起大而显著,端部扁平稍骨化,显著向

外弯。蛹常浮在饲料的表面，即使把它放在饲料底下，不久也会爬上来。黄粉虫的蛹期较短，温度在10～20℃时，15～20天即可羽化成蛾；25～30℃时，6～8天就能羽化成蛾。蛹期要求的最适温度为26～30℃，最适相对湿度为78%～85%。

(4)成虫：初羽化出的成虫为白色，逐渐转变为黄棕色、深棕色，2～3天后转变为黑色，有光泽。此时开始觅食。成虫体长14～19毫米。

成虫尾节只1节，雄性有交接器隐于其中，交配时伸出；雌性有产卵管隐于其中，产卵时突出。成虫羽化后4～5天开始交配、产卵，交配昼夜进行，但夜晚多于白昼。成虫一生中多次交配，多次产卵。每次产卵6～15粒，每只雌成虫一生可产卵30～350粒。最适宜成虫生活的温度为26～28℃，相对湿度为78%～85%，成虫昼夜都能活动、摄食。

2. 生活习性

(1)温度：黄粉虫较耐寒，越冬老熟幼虫可耐受－2℃，低龄幼虫在0℃左右即大批死亡。0℃以上可以安全越冬，10℃以上可以活动吃食。生长发育的适宜温度为25～28℃，超过32℃会热死。4龄以上幼虫，当气温在26℃时，饲料含水量在15%～18%时，应急降温。黄粉虫较耐寒，老龄幼虫可耐受－4℃，低龄幼虫在0℃时即大量冻死，8℃时开始生长发育。

(2)湿度：黄粉虫耐干旱，理想的饲料含水量为15%，空气湿度为50%～80%。如饲料含水量超过18%，空气湿度超过85%，则生长发育减慢，易生病。在特别干燥的情况下，黄粉虫尤其是成虫有互相残食的习性。

(3)食物：黄粉虫在自然界中，多栖息在粮食和饲料仓库中，成为仓库的一大害虫。黄粉虫属杂食性昆虫，吃食各种粮食、油料和粮粕加工的副产品，也吃食各种蔬菜叶。人工饲养时，应该投喂多种饲料制成的混合饲料，如麦麸、玉米面、豆饼、胡萝卜、蔬菜叶、瓜果皮等搭配使用。

(4)光线：黄粉虫怕光喜暗。成虫喜欢潜伏在阴暗角落或树叶、杂草或其他杂物下面躲避阳光；幼虫则多潜伏在粮食、面粉、糠麸的表层下1～3厘米处生活。雌性成虫在光线较暗的地方比强光下产卵多。人工饲养黄粉虫应选择光线较暗的地方，或者饲养箱应有遮蔽，防止阳光直接照射，影响黄粉虫的生活。

(5)喜群居：黄粉虫幼虫和成虫均喜欢聚集在一起生活。饲养时，如饲养密度过大，会提高群体内温度而造成高温热死幼虫，同时食物不足导致成虫和幼虫产生食卵和食蛹。

3. 饲养方式

黄粉虫的培育技术比较简单，可进行大面积的工厂化养殖。工厂化培育时需修建若干间培育室，并在培育室的门窗上装上纱窗，以防止敌害进入。在每间房内安装若干排木架(或铁架)，每只木架分3～4层，每层间隔50厘米，每层放置一个培育槽。培育槽的大小要和放置培育槽的木架相适应。培育槽可用铁皮做成也可以用木板做成。培育槽的规格一般为长200厘米、宽100厘米、高20厘米。如果使用木板做培育槽，应在培育槽的内壁裱贴蜡光纸，使内壁光滑，以防止黄粉虫爬出。

4. 饲料

黄粉虫属杂食性昆虫，吃食各种粮食、油料和饼粕加工的副产品，也吃食各种蔬菜叶。人工饲养时，应该投喂多种饲料制成的混合饲料，如麦麸、玉米面、豆饼、胡萝卜、蔬菜叶、瓜果

皮等搭配使用。也可喂鸡的配合饲料。

幼虫和成虫的基础混合饵料配方如下，可供参考。

配方1:麸皮45%，面粉20%，玉米粉6%，鱼粉3%，黄豆粉26%。另外，每100千克混合饵料中，添加复合维生素添加剂3克、微量元素添加剂50克。

配方2:麸皮80%，玉米粉10%，花生饼粉9%，其他（包括多种维生素、矿物质粉、土霉素）1%。

配方3:麸皮60%，碎米糠20%，玉米粉10%，豆饼粉9%，其他（包括多种维生素、矿物质粉、土霉素）1%。

配方4:麸皮80%，玉米粉10%，花生饼粉10%。

5. 饲养方法

（1）成虫的饲养:成虫饲养的任务是使成虫产下大量的虫卵。当羽化后的成虫，在虫体体色变成黑褐色之前，就要转到成虫产卵箱中饲养。若需转移的数量较少，可以用手捡拾；若需转移的数量较多，可以用鸡毛翎将蛹和成虫扫到一头，在扫开的地方洒上一些新鲜麦麸，再放上一些白菜叶，成虫便会自行转移到新鲜饲料上去，这时便可将成虫迁移到成虫产卵箱中去。成虫产卵箱为长60厘米、宽40厘米、高15厘米的木箱，底部钉上网孔为2～3毫米的铁丝网，网孔不能过大，也不能太小。箱内侧四边镶以白铁皮或玻璃，防止虫子逃跑。

放养成虫前在饲养槽中放一层厚约4厘米的基础混合饵料，在饵料表面铺一层筛孔直径为3毫米的筛网，筛网上再铺一层厚约5毫米的基础混合饵料。或先在箱底下垫一块木板，木板上铺一张纸，让卵产在纸上。箱内铺上一层1厘米厚的饲料，这样才能使成虫把卵产在纸上而不至于产在饲料中。在饲料上铺上一层鲜桑叶或其他豆科植物的叶片，使成虫分散隐蔽在叶子下面。为了防止过剩的干菜叶发霉，每隔 2～3 天就要将多余的菜叶清除干净。

投放公母成虫的比例为 1∶1。一般每平方米可放入成虫 4000～5000 只。

成虫在生长期间不断进食、不断产卵，因此每天要投料 1～2 次，将饲料撒到叶面上供其自由取食。在温度和湿度都适宜的情况下，羽化后的成虫经 5～6 天后便可以进行交配产卵，以后每隔 6～10 天再产一次卵。成虫产卵时多数钻到纸上或纸和网之间的底部，伸出产卵器穿过铁丝网孔，将卵产在纸上或纸与网之间的饲料中，这样可防止成虫把卵吃掉。每隔 3～5 天用鸡毛翎扫开一些饲料，将饲料和成虫移开，将卵转移到幼虫培育槽中，让其自行孵化。然后在原成虫培育槽中重新铺上白纸，将原饲料和成虫放回，让它们继续产卵。

成虫连续产卵 3 个月后，雌虫会逐渐因衰老而死亡，未死亡的雌虫产卵量也显著下降，因而饲养 3 个月后就要淘汰全部成虫，以免浪费饲料和占用产卵箱。

(2)幼虫的饲养：幼虫的饲养是指从孵化出幼虫至幼虫化为蛹这段时间，均在孵化箱中饲养。孵化箱与产卵箱的规格相同，但箱底放置木板。一个孵化箱可孵化 2～3 个卵箱筛的卵纸，但应分层堆放，层间用几根木条隔开，以保持良好的通风。

孵化前先进行筛卵，筛卵时首先将箱中的饲料及其他碎屑筛下，然后将卵纸一起放进孵化箱中进行孵化。卵上盖一层菜叶或薄薄的一层麦麸，在适宜的温度和湿度范围内，6～10 天就能自行孵出幼虫。刚孵出的幼虫和麦麸混在一起，用肉眼不易看得清楚。可用鸡毛翎拨动一下麦麸，如发现麦麸

在动，说明有虫。

幼虫留在箱中饲养，3 龄前不需要添加混合饲料，原来的饲料已够食用，但要经常放菜叶，让幼虫在菜叶底下栖息取食。幼虫在每次蜕皮前均处于休眠状态，不吃不动，蜕皮时身体进行左右旋转摆动，蜕皮一次需要 8～15 分钟。随着幼虫的长大，应逐渐增加饵料的投放，同时减小饲养密度。1～3 周龄幼虫每平方厘米放养 8～10 只，4～6 周龄则为 5.5 只，7～9 周龄为 4 只，10～13 周龄为 3 只，14 周龄以上为 1.7 只。幼虫长到第 20～25 毫米或更大时，可收获作饲料。

幼虫的粪便为圆球状，和卵的大小差不多，无臭味，富含氮、磷、钾成分，是良好的有机肥，并含有一定量的蛋白质，可作饲料。幼虫培育槽中的粪便，应每隔 10～20 天清除一次。在清除粪便的前一天，不再添加饲料，待清除粪便后方可喂食。清除粪便的办法是：用筛子筛出幼虫粪便。筛子可用尼龙纱绢做成，对前期幼虫的粪便应用 11～23 目的纱绢做筛布，对中后期幼虫的粪便则用 4～6 目的纱绢做筛布。总之，以能让幼虫粪便筛出，而幼虫又钻不出筛孔为原则。在筛粪时，要注意轻轻地抖动筛子，以免把幼虫弄伤，并注意检查所筛出的粪便中是否有较小的幼虫。若有，可用稍小一些规格的筛子再筛一遍，或者把筛出的粪便都集中放到一个干净的培育槽中喂养一段时间后再筛。

用来留种的幼虫，到 6 龄时因幼虫群体体积增大，应进行分群饲养，幼虫继续蜕皮长大。老龄幼虫在化蛹前四处扩散，寻找适宜场所化蛹，这时应将它们放在包有铁皮的箱中或脸盆中，防止逃走。化蛹初期和中期，每天要检蛹 1～2 次，把蛹取出，放在羽化箱中，避免被其他幼虫咬伤。化蛹后期，全部幼虫都处于化蛹前的半休眠状态，这时就不要再检蛹了，待全部化蛹后，筛出放进羽化箱中，蛹在饲料表面，经过7天后就羽化为成虫。

饲养幼虫除了提供足够的饲料外，主要是做好饲料保湿工作，湿度控制在含水量15%，过于干燥时可喷水，但不宜太湿。可人工调节温度、湿度，使环境条件适宜于卵的孵化。在干燥、低温的秋、冬季节，可用电炉、暖气等加温；用新鲜菜叶覆盖饲养槽，在饲养室内悬挂湿毛巾，以提高空气相对湿度。在高温的夏季，可定时向饲养室房顶浇水降温。

6. 病害防治

黄粉虫的抵抗能力强，很少发病，但也有发病的情况出现，如患软腐病、干枯病等。健壮的成虫，行动有急急忙忙、慌慌张张之态；健壮的幼虫，爬行较快、食欲旺盛。若发现虫体软弱无力、体色不正常，就要检查其是否有病。

(1)软腐病：此病多发生在梅雨季节，主要是因空气湿度大、饲料不干净；或在过筛时用力过大使虫体受伤、或幼虫被咬伤、或细菌感染所致。患软腐病时虫体行动迟缓、食欲下降、粪便清稀、虫体变黑变软，而后便腐烂死亡，或因无力蜕皮而死亡。

防治方法：若发现病虫，及时拣除，以防止互相感染；停喂青饲料，清理残饵和粪便；设法通风排湿；保持适宜的密度；过筛时，动作要轻，以减少虫体受伤的机会；发病后，用0.25克金霉素粉拌入0.5千克饲料投喂。

(2)干枯病：此病一般在幼虫和蛹中发生，病因不明，在高温干燥的季节易发此病。成虫较少患此病。患病的虫体从头至尾干枯，而后整个虫体枯死，死后体色变黑。

防治方法:干燥季节适当多投喂一些青饲料,或在地上洒些水,以调节湿度;若发现病虫,在饲料中拌些酵母片和土霉素粉,增加含钙质食物,以提高虫体的抗病能力。

(3)壁虎:壁虎很喜欢偷吃黄粉虫,是培育黄粉虫的一大敌害,而且较难防范。一旦培育的黄粉虫被壁虎发现,它会天天夜里来偷吃。有人曾打死一只壁虎后,剖腹检查发现,其肚里有4条20毫米的黄粉虫幼虫。

防治方法:彻底清扫培育室,堵塞一切壁虎藏身之地,门窗装上纱网,防止壁虎进入。

(4)老鼠:老鼠不仅能吃黄粉虫,而且还偷吃饲料,会把培育槽内搞得一塌糊涂。

防治方法:堵塞鼠洞,关好门窗,最好能在培育室内养一只猫。

(5)鸟类:黄粉虫是一切鸟类的可口饲料,若培育室开窗时,往往有麻雀进入室内偷吃,一只麻雀一次可以偷吃几十条幼虫。

防治方法:关好纱窗,防止鸟类入室,开窗时要有人看护。

(6)蚁害:蚂蚁也喜欢偷吃黄粉虫和饲料。

防治方法:在培育室四周挖水沟防蚁或在培育槽的架脚处撒石灰粉防蚁。

(7)米象:米象又叫米虫,它主要是和黄粉虫争饲料,米象的幼虫还会使饲料形成团块,而影响黄粉虫的生长和孵化。

防治方法:饲料在使用前用高温蒸,以杀死杂虫。

(8)螨:螨类无处不存在,各种螨类对黄粉虫危害极大,会造成虫体软弱、生长缓慢、繁殖力下降。螨类很小,用肉眼很难看得清楚,用低倍显微镜观察,可见到它形似小蜘蛛。

防治方法：搞好室内卫生，培育室在使用之前用甲醛和高锰酸钾消毒（先关好窗，20平方米的室内用甲醛100毫升和50克高锰酸钾混在一起喷洒，立即关好门，待2小时后打开门窗通气）；饲料在使用前，用蒸汽消毒，以杀死螨类；发现螨类时，可把饲料放在阳光下晒5～10分钟，若饲料中是幼龄虫不要晒太长时间；螨类严重为患时，可用40%的三氯杀螨醇喷洒在墙角饲料上（用药一定要慎重，喷药时要戴口罩，施药后要把手清洗干净）。

7. 采收

当黄粉虫长到2～3厘米时，除筛选留足良种外，其余均可作为饲料使用。使用时可直接用活虫投喂。

二、蝇蛆的培育

苍蝇生长繁殖速度惊人。据测算，一对苍蝇4个月能繁育2000亿个蛆。从卵发育到成虫，一般仅需10～11天，如果到出产品，3～4天即可。养殖技术简单，周期短，见效快。

养苍蝇可在室内进行，不受季节和气候条件的影响。遗弃的禽、畜养殖房等均可用于养殖蝇蛆。若有加温条件，一年四季均可养殖。蝇是杂食性、腐食性昆虫，可以利用米糠、麦麸、酒糟、豆渣、果渣、鸡粪、牛粪、猪粪等多种培养料来饲养。

1. 生活史

苍蝇是完全变态昆虫。它的发育过程分为卵、幼虫（蛆）、蛹、成蝇四个时期。不同蝇种的发育时间受温度和环境的影响而不同，如常见的家蝇，在16℃时完成整个生活史需20天，但在30℃时只需要10～12天。

（1）卵：乳白色，香蕉型，前端尖，后端圆，往往几十个或几

百个堆在一起。卵发育时间的快慢根据当地的温度而异，温度高时发育快，温度很低，即停止发育。南方一般在 13℃以下，北方在 8℃以下，即不能孵出。卵需要高湿，相对湿度低于 90%，则死亡率高。

(2)幼虫(蛆)：蝇蛆的活动范围一般在孳生物 10 厘米以内，接近地表处，以腐烂有机物质为食料，气温和营养条件适宜，幼虫期约需 3～5 天。

(3)蛹：成熟幼虫化蛹之前停止取食，即离开高温、高湿环境，爬行到附近干松的土层中静止化蛹。蛹期一般 3～5 天。

(4)成蝇：成熟的蛹破壳而出，羽化为成蝇。刚羽化的蝇为苍白色，外皮柔软，经数小时才能飞行，这一特点有利于杀灭。成蝇羽化后不久即交配，一生产卵约 3 次，多至 4～6 次，每次产卵约 100～150 个。

2. 生活习性

(1)幼虫生活习性：幼虫有畏光性，一般群集潜伏在饲料表层下 2～10 厘米摄食。成熟后，摄食停止，并开始离开潮湿的食场到光暗而干燥的地方或较干的食渣内准备化蛹。

(2)成虫生活习性

①交配、产卵：雄性羽化后 18～24 小时，雌性羽化后约 30 小时，达到性成熟，开始交配。绝大多数蝇一生仅交配一次，雄蝇的精液能刺激雌蝇产卵，贮存在雌蝇受精囊中的精子能延续 3 周或 3 周以上，使陆续发育的卵受精，因此雌蝇交配一次可终身受精。

雌蝇产第一批卵的时间长短与温度关系密切，在 35℃时，产卵前期为 2 天，15℃时为 9 天，15℃以下一般不产卵。蝇有卵小管约 100 支左右，每批产卵达 100 个左右，每只雌蝇一生能产卵10余批，甚至达20批，但每批卵数逐渐减少，一般每只雌蝇终身产卵4～6批，每批间隔3～4天，终身产卵400～600个，多达1000个左右。绿蝇为28～30天，大头金蝇为20天。

②食性和取食行为：苍蝇食性复杂，到处都有它的食源，但不同蝇种，食性有差异。苍蝇取食的行为很特殊，当它接触到食物时先利用足上和喙上的化学感受器辨尝味道，然后取食，取食次数频繁，每几秒取食一次，边吃边吐边拉。

③活动和栖息：苍蝇有趋光性，白天活动，夜间栖息。苍蝇的活动受气温影响。在4～7℃时活动力很弱，30～35℃时最活跃；45～47℃时死亡；30℃以上停留在荫凉处，秋凉和冬季在阳光下取暖。下雨、刮风入侵室内。

④飞行和扩散：蝇每小时能飞行6～8千米，一般活动范围在1～2千米以内，常在孳生物100～200米半径范围内活动取食。苍蝇的扩散受风向、风速、气味等多种因素影响，还可通过飞机、轮船、汽车等交通工具以及农副产品进入城市，形成被动扩散。

⑤寿命：苍蝇的寿命与温度、湿度、食物以及苍蝇的活动频率有关，通常雌蝇比雄蝇寿命长，雌蝇的寿命一般为30～60天，越冬可达半年之久。

3. 饲养方式

饲养成虫分舍养和笼养两种，前者适宜大规模工厂化饲养，需要严防逃逸。后者既适合大规模工厂化饲养，也适宜小规模饲养。我国目前普遍采用笼养来饲养成虫。

(1)养蝇房：种蝇要在蝇房饲养。种蝇房的大小，根据需要建造，也可用旧房改装。门和窗安装玻璃和纱窗，以利调

温，壁上安装风扇，以调节空气。房内宜有加温设备，使冬天温度保持20～32℃，房内相对湿度保持60%～70%。

为了防止成虫偶然逃逸，造成扩散，或外界成虫飞入饲养房内干扰，养蝇房应设置纱门、纱窗，严加防范。还要特别注意预防老鼠、蚂蚁、蟑螂、蟋蟀等敌害生物，特别是老鼠和蚂蚁的侵害。

另外，利用塑料大棚养殖苍蝇也是一个比较好的方法。塑料大棚长20米、宽4米，低墙高2米、高墙高3米。在棚中设置立体纱网，在网中养苍蝇。

(2)蝇笼：饲养成虫的笼子根据饲养规模和条件的不同，可大可小。小笼的规格一般为，笼长50厘米、笼宽40厘米、笼高30厘米。这种笼子可以饲养7000～8000个成虫，即每只成虫可占空间7.5～8.5立方厘米。大笼的规格可加一倍或加数倍，饲养成虫的数量也可相应地增加其倍数。无论大笼小笼，均用2毫米网眼固定的窗纱缝制为好。即先将好的窗纱缝成一个密封的方袋状，并在一方的下边开一个横向15厘米、高5厘米左右的小口，在口外再缝上一个相应大小的纱布套，并在笼子的8个角上缝好带子。使用时，将笼子的8个角挂在相应的钉上或棍上，如同挂蚊帐一般，并将笼底托在一个平板上。

4. 饲料

(1)蝇蛆食料：麦麸、米糠、酒糟、豆渣等，均可用于蝇蛆养殖。也可利用发酵过的人、畜粪便，动物废弃物。蝇蛆嗜食猪粪、鸡粪等畜禽粪便。种蝇饵料可用畜禽粪便、打成浆糊状的动物内脏、蛆浆或红糖和奶粉调制的饵料。或用1份黄豆浸水磨浆，放入20份水中搅匀，再加6份鲜禽畜血，盛于平底皿中的海绵上。

(2)饵料配方

①蝇蛆饵料:33.3%猪粪和66.7%鸡粪,或猪粪66.7%、鸡粪33.3%混合发酵腐熟。

②种蝇饵料:20克红糖,10克奶粉,混合溶于100毫升清水中。

5. 饲养方法

(1)蝇种子选育:首先应该选择个体健壮、产卵量高、正值产卵盛期的蝇群的卵块进行强化饲育,即适当稀养,食期添加一部分自然发酵2～3天的麦麸、米糠等,勤加食,勤除渣,使幼虫健壮整齐。

一窝幼虫,虽然饲养管理周到,化蛹仍有2～3天甚至4～5天的先后之差。因此,应选虫体大小、色泽基本一致的幼虫,放在10厘米左右深的盆内,再将这个盛有幼虫的盆放在另一个较大较深、盆底盛有一薄层糠粉之类比较干燥的粉状物的盆内,盆上加盖纸等物,使盆内保持黑暗通风。

成熟的幼虫排干体液后,就会纷纷从粪渣里面往盆外逃逸而掉进大盆底上粉状物内,准备化蛹。如果幼虫阶段发育整齐,1～2天内大部分幼虫可以逃逸出来而化蛹。一般以1～2天内获得的虫体较好,剩下的可作饲料处理。逃逸出来的虫体要放在黑暗、通风、安静的环境中,平铺2～3层,待其化蛹。

等到蛹体外层颜色变为褐色,即化蛹2～3天后,用称重或测量容积的方法计数,或先数1000个蛹,称重,然后按比例称取所要的个数重。或先数1000个蛹,用量筒测容积,然后按比例量取所要求的个体容积。计数以后分别用纱布包好,

浸入(1～2)$\times 10^{-4}$的高锰酸钾溶液中消毒5分钟，洗净脏物，放入成蝇笼内让其孵化。在正常情况下，如化蛹整齐，而且体质健壮，绝大多数蛹体会集中在1～3天内羽化完毕。

无论幼虫和蛹，都易受老鼠、蚂蚁等的危害。饲养幼虫的猪粪、鸡粪极易逗引外界苍蝇前来产卵，一定要防止这种现象的发生，以免造成种子不纯，或发育不一致。

(2)成虫饲养：在温度为25～28℃，湿度为50%～60%的环境中，饲养成虫的效果最好。

①调节温湿度：放养蝇蛹前，将养蝇房温度调节到24～30℃，相对湿度调节到50%～70%。

②放养蝇蛹：笼子和其他准备工作做好之后，将蝇蛹用清水洗净，消毒，晾干，盛入羽化缸内，每个缸放置蛹5000粒左右，然后装入蝇笼，待其羽化。

③投喂饵料和水：待蛹羽化(即幼蛹脱壳而出)5%左右时，开始投喂饵料和水。饵料放在饲料盆内。如果饲料为液体，则在饲料盆内垫放纱布，让成蝇站立在纱布上吸食饲料。种蝇的饵料可用畜禽粪便、打成浆糊状的动物内脏、蛆浆或红糖和奶粉调制的饵料。目前，常用奶粉加等量红糖作为成虫的饲料。如果用红糖奶粉饵料，每天每只蝇用量按1毫克计算。以每笼饲养6000个成虫计算，成虫吃掉20克奶粉和20克红糖后，可以收获蝇蛆30千克。

饲养过程中，可用一块长、宽各10厘米左右的泡沫塑料浸水后放在笼的顶部，以供应饮水，注意不要放在奶粉的上面。奶粉加红糖和产卵信息物(猪粪等)分别用报纸托放在笼底平板上，紧贴笼底。成虫便可隔着笼底网纱而吸水、摄食和产卵。

也可在笼内放置饲水盘供水，饲水盘要放置纱布。每天加饲养料1～2次，换水1次。

④安放产卵盘及产卵信息物：当成虫摄食4～6天以后，其腹部变得饱满，继而变成乳黄色，并纷纷进行交尾，这预示着成虫即将产卵。在发现成虫交尾的第二天，将产卵盘放入蝇笼，并把产卵信息物放入产卵盘（或将猪粪疏松撒在报纸上，其下垫上薄膜塑料和硬纸板，放在笼底平板上，以便于成虫产卵）。目前常用猪粪作引产信息物，其引产的效果较好，但是容易黏污笼壁，因而应当经常擦抹。也可用猪粪浸出物浸湿滤纸作为引产信息物，它虽不会污染笼壁，但容易干燥而影响引产效果。引产信息物也可用人工调制：麦麸用0.01%～0.03%碳酸铵水调制，再放些红糖和奶粉，含水量控制在65%～75%，混合均匀后盛在产卵缸内，装料高度为产卵盘的2/3，然后放入蝇笼，集雌蝇入盘产卵。

⑤收卵：每天收卵2次，中午12时和下午16时各收集一次。每次收卵后将产卵盘中的卵和引产信息物一并倒入培养基内孵化，并重新换上新的引产信息物。如此反复进行，直到成虫停止产卵为止。

⑥淘汰种蝇：成虫在产卵结束后，大都自然死亡。死亡的成虫尸体太多时，应适当清除。清除尸体的工作应当在傍晚成虫的活动完全停止以后进行。当全部成虫产卵结束后，部分成虫还需饥饿2天，才可自然死亡。也可将整个笼子取下放入水中将成虫闷死，或用热水或蒸汽杀死。淘汰的种蝇可烘干磨粉作畜禽饲料，淘汰种蝇后的笼罩和笼架应用稀碱水溶液浸泡消毒，然后用清水洗净晾干备用。

(3)公母苍蝇分离：一般羽化后6～8天，公母两性已基本

交配完毕，可适时分离雄蝇，用以饲养蟾蜍。

①在蝇笼内改产卵盘为产卵缸（普通茶缸），内盛半缸含水量70%的麦麸，麦麸上放入少量1%～3%的碳酸铵溶液，再放些红糖和奶粉。这种方法可较好地引诱雌蝇产卵。待缸内爬满雌蝇后，将预先制作的纱网袋（大小以能套入为准）悬吊在蝇笼内产卵缸上方，轻缓地放下罩住缸口，轻击缸体，雌蝇即全体飞起，进入纱网袋。

②用有黏性的红糖水浸湿雌活蝇，抖落进容器中，将其捣碎，加上10倍的清水，用卫生喷雾器对蝇笼纱网喷雾（以湿润不滴水为度）。这时已完成交配使命的公母蝇虫，在笼中诱卵缸和笼网雌诱液的双重作用下，96%以上数目的雄蝇攀停在笼网上，雌蝇大量落停在产卵缸中。

③将爬满雌蝇并被罩住缸口的产卵缸移出，放入另一新蝇笼，反复5～10次，待缸内不再有大量雌蝇光顾时，把产卵缸取出，即可把笼中的雄蝇作为活体饲料用以饲喂蟾蜍或其他动物。收拢笼中雄蝇的方法有两个：一是将蝇笼中盘、缸类取净，将纱网蝇笼中的雄蝇收拢，捣碎混入饲料，可饲喂蟾蜍等；二是活蝇用浓糖水浸湿，撒上饲料粉，抖落进盆、槽等容器中，任其爬行，可饲喂蟾蜍等。

④将收拢捣碎的雄蝇肉浆，加入到产卵缸中，引诱雌蝇入缸产卵，驱避雄蝇，可为公母蝇虫分离带来方便。

⑤羽化的苍蝇生活期为23天左右。15日龄后，随着雌蝇体的老化不再产卵，这时可趁蝇体尚未衰竭，含有充分营养成分之机，将蝇笼中盘、缸水具及食具取出，将纱网蝇笼收拢，利用苍蝇活体喂蟾蜍。

（4）蝇蛆饲养

①饵料：将麦麸加水拌匀，湿度维持在70%～80%，盛入培养盘。一般每只盘可容纳麦麸饵料3.5千克。或用发酵腐熟的猪粪、鸡粪为饵料。将卵粒埋入培养饵料内，让其自行孵化。一般按10千克饵料接种8克(约4万粒)蝇卵。

②饵料的厚度：一般以3～5厘米为宜，夏天不超过3厘米。

③培养：温度以25℃左右为宜。

④适时翻动：培养饵料随着蛆的生长和饵料的发酵，盘内温度逐渐上升，最高可达40℃以上，这会引起蝇蛆死亡，因此要注意降温。

6. 病害防治

要特别注意预防老鼠、蚂蚁、蟑螂、蟋蟀等敌害生物，特别是老鼠和蚂蚁的侵害。

7. 采收

(1)适时收获：在25℃左右气温条件下，蝇卵于接种后8～12小时孵出蝇蛆，经过4～5天，蛆变成黄色时即应收集利用。方法是利用蝇蛆怕光的习性，将料盆置于强光下(露天池就在晴朗的白天进行)，蛆便往下钻，把表层粪料取走，重复多次，最后剩下少量粪料和大量蝇蛆，再用16目孔径的筛子振荡分离。分离出的蝇蛆洗净后，可以直接用来饲喂蟾蜍或其他珍禽，也可将蝇蛆放在50℃条件下烘烤，干燥后加工成粉，贮存备用。

(2)蝇蛆留种：收集蝇蛆时，先用网孔较大的筛子分离出少量体大的蝇蛆，留作种用。将种用的蝇蛆接种在盛有充分发酵、腐熟的畜禽粪料盆中，继续培养。蝇蛆在培养基内发育老熟后，便爬到表层化蛹，这时盆内培养基不宜翻动，待蝇蛆

基本化蛹完毕，就可淘蛹晾干，培养种蝇用。

第七节　节约饲料的技巧

饲料成本通常占饲养山鸡总成本的 60%～70%，在保证日粮营养满足的前提下，降低日粮的成本费用对生产经营具有重大的经济意义，所以节约日粮是饲养山鸡中一个生产技术关键之一。

1. 合理保存饲料

保存饲料时不让饲料因为受潮发霉造成一些不需要的损失，在夏秋季节的时候要特别的注意，因为这时候天气都比较潮湿，合理科学的储存好饲料可减少不需要的浪费，储存饲料时要注意避光，通风，防蛀虫的问题。

2. 给山鸡喂料要适宜

生产调查中发现，山鸡养殖过程中给山鸡喂料的量到食槽的 2/3 时饲料的浪费率是 12%，如果加到食槽的 1/2 浪费率是 5%，如果加到 1/3 浪费率就只有 2%，因此，为了减少不必要的浪费，在给山鸡加料时应该选择加到食槽的 1/3 为最适合。

3. 食槽的放置

食槽的高度、宽度过小都会造成不必要的浪费，而且还会影响山鸡的生长发育。一般山鸡食槽的放置高度高出鸡背 2 厘米左右为最好，根据山鸡成长状况随时调整。

4. 饲料的混合

和其他动物一样，山鸡也不可能无限制地吸收饲料中的营养，如果饲料搭配的不合理，过多的营养只能是白白的浪费。饲料过粗，颗粒太大，山鸡在吃进去没有经过充分消化吸收就排出体外，造成不必要的浪费，所以在山鸡的养殖过程中可以合理的利用好全价饲料，把全价饲料和其他的饲料合理地搭配在一起，做到营养成分的平衡，减少对全价饲料的浪费。

山鸡特别喜食动物性昆虫，有条件时应人工养殖一些动物性昆虫饵料，以满足其对动物蛋白质的需要。

5. 鸟、鼠虫害的防治

小鸟和老鼠不仅会传播很多疾病，而且还会吃掉大量的饲料，而且有的老鼠还会咬死或是惊吓到雏雉，带来不必要的死亡，所以在养殖过程中一定要重视这些，避免不必要的损失。

6. 称体重

对要进入产蛋期的山鸡要经常进行体重的测量，如果发现体重过大的话，就要对母山鸡的饲料进行控制，防止因为体重过大而减少产蛋量，也可以减少饲料的浪费，所以要定期为山鸡称称体重，把不同体重的山鸡进行分开饲料管理。

7. 驱虫

驱虫不但能有效地预防鸡的各种肠道寄生虫病和部分原虫病，确保鸡群健康成长且能节省饲料，降低饲养成本。在整个饲养周期中，一般驱虫 2 次为宜。第一次在转舍前一周进行，第二次要在繁殖准备期进行。

8. 鸡舍温度的控制

如果天气太冷体内消耗的热量就比较多，就需要不断的吃东西来补充能量，因此冬季山鸡的进食量就会增加，增加饲料成本，所以冬季要合理地控制好山鸡鸡舍内的温度，夏天要注意降温。

第四章　山鸡的繁育技术

在养殖生产中繁殖是最关键的环节之一，繁殖是一个后代产生，使种族延续的过程。繁殖的成功，意味着种群数量的增长，繁殖数量越多，经济效益会越大。如果不能正常繁殖，种群的数量不增或增加很少，会导致经济效益低或亏损。因此，饲养者应充分重视山鸡繁殖这一环节。

第一节　引　种

引种前要全面、多方位了解供种货源，购买相关书籍或从网上了解相关基本知识，到有《种畜禽生产经营许可证》、《野生动物驯养繁殖许可证》和《野生动物经营许可证》的种鸡场或专业孵化场购买雏雉、种鸡和种蛋，坚持比质、比价、比服务的原则，坚持就近购买的原则，把好质量关、价格关。在购买过程中要和孵化场或种鸡场签订订购合同，保证引种鸡（蛋）的数量和质量，同时确定大致接收日期。在接收前 1 周内要确定具体的接收日期，以便提前做好相关的准备工作。

一、种山鸡的引进

对于初养山鸡的养殖户来说，如何挑选种鸡绝对是大家非常关心的问题。但并不是每个养殖场都能培育出优质高产的种鸡，因为种鸡要经过三次严格的挑选，如果其养殖场本身养的不多，是不可能挑选出数量多的合格种鸡的。

1. 成年山鸡的选择

成年种山鸡的引入以每年的10月至翌年2月份为宜，这段时间引种可使其尽早适应新环境，如期产蛋配种。

(1)外貌特征：选择时应选择具备本品种特性、发育良好、体质健壮的鸡。

母山鸡体质健壮，体重1～1.5千克，结构匀称，发育良好，性情温驯，活泼好动，冠髯鲜红，眼大有神。公山鸡各部位匀称，发育良好，胸肌发达，冠色鲜红，啼声洪亮，羽毛丰满，姿态雄伟，体重在1.5千克以上。

近年来，养殖山鸡者越来越多，一些不法分子以种种手段兜售一些劣质山鸡种源和虚假技术，使一些养殖户上当受骗，造成不同程度的损失。因此，引种者要注意优质山鸡和一些退化、杂种山鸡的区别。

①斑点：优劣山鸡的颜色基本一样，区别不大，母山鸡多为浅褚石色，公山鸡多为红蓝绿紫黑白棕七彩色，而优劣山鸡身上的黑白斑点大小却不同，优者大而稀疏，排列均匀，如同花生米大小，劣者小而稠密如同黄豆大小。

②羽毛：优良山鸡的羽毛显得松软、丰厚，而劣质山鸡羽毛显得紧凑、单薄。

③形状：同龄优劣山鸡在正常饲养下，优者体型大于劣者。而年龄大小可通过嘴头体足尾区分，年龄越小头与体越偏圆，嘴足尾越短。

(2)公母比例：引种时可按公母比例1∶3引进。公鸡过多造成浪费，过少种蛋受精率低。

(3)年龄:无论母、公山鸡都要选择1～2年的种鸡,不要相信年龄越大或越小越好的话,过小需耗本养大,过大饲养年限短,二者均不经济。区别二者的最好方法是从头嘴体足尾部观察,年龄愈小头与体愈偏圆,嘴、足、尾愈短。

2. 成年山鸡的运输

买到种山鸡后,需要运回自己的养殖场。

(1)运输前的准备:山鸡本是野禽,即使经过多年的人工驯养,仍有较强的野性,易惊怕人。因此,运输山鸡必须采用封闭式运笼,以减少人为干扰,避免损失。

①选择运输方式:可采用运输的方式很多,如三轮车、各种汽车、火车、轮船等都可以。具体的运输方式要根据路途的远近、人力、财力的情况、运输的季节和所需运送鸡群的数量等情况而定,原则是选用既安全可靠又运输费用低的方式。

②饲料准备:应选用山鸡原场的日常饲料,饲料要符合卫生要求,并要根据运输距离、时间和山鸡数量备足饲料。所备饲料数量最好留有余地,以备不测事件而致运输迟滞。

③人员:山鸡运输的押运人员,要由身体健康,责任心强,有一定工作经验的人来承担。人数要根据运输规模确定。押运人员应携带检疫证、身份证和《种畜禽生产经营许可证》、《野生动物驯养繁殖许可证》、《野生动物经营许可证》以及有关的行车手续。

④其他用具:要根据饲养管理、维修和防寒、防暑等需要,备好喂食工具(如食槽、水槽、小水桶、勺等)、绳子、钉子、钳子、小锤、纤维布、苫布、急救药品等。然后与相关部门取得联系,进行检疫和办理各种有关手续。

(2)装笼:装笼运输过程中,山鸡的密度应根据山鸡体型大小、气候、路途远近、运输时间等而定。长 100 厘米，宽 60 厘米、高 50 厘米的运笼，一般可容纳成年山鸡 3～4 只。不同群的山鸡最好分箱装运，避免山鸡啄斗出现不必要的损伤。为尽量减少对山鸡的干扰，应尽量缩短山鸡在笼内的停留时间，尽可能的缩短装箱后到装车启运的时间。

(3)运输途中的饲养管理：山鸡装笼后，最好立即装车启运。如需在装车启运前一天装笼，则装完后要喂食，每笼投放一棵白菜，以防山鸡互相叼斗致伤。

在装车及运输途中应注意以下问题：

①装卸时要轻抬轻放，不要翻转运笼，以尽量使山鸡保持安静，减少撞伤死亡。山鸡运输的成败因素之一就是使山鸡保持安静而不受惊。

②装车时每行笼间要保留 3 厘米距离，以便于通风换气和防止山鸡中暑死亡。

③放笼层数一般以 4 层笼为宜，最多不超过 5 层。放笼层数过多，既不便于管理，还易造成上层笼温度过高。

④喂食要定时定量。冬天或在北方早上 8 点和下午 3 点各喂饲一次，夏天或在南方最好每天喂 3 次，中午喂食要稍稀些，以补充饮水。饲料要保持新鲜不变质，现喂现调制，调制方法是把饲料加入适量水，搅拌均匀，呈干粥样即可。

⑤注意通风换气。夏季运输或运往南方，因气温过高，要适当打开窗门以便通风降温；如汽车运输、夏季最好夜间行驶，中途休息时，尽量把车停在树阴下。冬季运输，要采取防寒、防风、保温措施。

⑥中转换车或在行李车内装笼时，要把两个笼门相对排列，以防跑鸡。汽车运输时，若所运山鸡只数过少时，应在车

上装些沙子或土，以减少颠簸。在运输途中要避免急刹车，以减少山鸡互相挤压造成伤亡。冬季要用苫布盖好运笼，以防寒防感冒。夏季要带苫布防雨。装车之后要用绳子把笼捆扎牢固，防止掉笼和颠簸造成损失。

⑦押运人员要认真负责，不能远离山鸡群，要经常检查山鸡笼和笼门、车内温度、山鸡的状态等。如发现坏笼要及时修理；笼门未关严则应关牢，严防跑鸡。如发现山鸡对着门、窗缝时，要采取回避措施；发现山鸡精神不好与异常情况，则要及时处理；如遇不良天气，要及时采取回避措施。

3. 种鸡运回场内的暂养管理

(1)设立隔离检疫场(区)：依照《国家动物检疫法》和“动物检疫管理办法”的具体规定，事先在场区的下风口处设立隔离检疫场(区)。新引进的山鸡不宜直接放在场内饲养，应在单辟的隔离场或隔离区内暂养观察半个月左右，确认健康无疾患时方可移入场内饲养。

(2)到场后先饮水，后少量喂食：山鸡运抵场内后迅速从运输笼移入笼舍内，先要添加足量饮水，然后喂给少量饲料，饲料要逐渐增加，2～3 天后再喂至常量，以免山鸡因运输后饥饿而大量采食，造成消化不良。

(3)运输工具消毒处理：对所用运输工具，特别是运输器具要及时清理和消毒处理，以备再用。

二、种蛋的引进

引进山鸡种蛋(见彩图 3)要购买产于 4～6 月份、来源于饲养管理正常的健康鸡群。

(1)种蛋的品质要新鲜：一般来说，用于育种的蛋以 7 天内产的蛋最好，因为这一时期内产的种蛋其孵化率较高，孵化出的雏雉往往也十分健康和强壮，其成活率极高。

(2)种蛋的形状大小要合适：河北亚种山鸡平均蛋重25～30克，中国环颈雉平均蛋重29～32克。入孵的种蛋必须大小适中，蛋形正常，蛋壳颜色符合本品种标准。

(3)种蛋的外表结构要正常：凡蛋形过长、过圆或其他畸形如蛋壳花斑、砂皮、钢皮、气室不正等，都不宜用来孵化。

(4)照蛋：新鲜种蛋气室较小，如光照透视发现气室较大，则表现为陈旧蛋，不宜留作种蛋；照检时，蛋黄应清晰漂浮在蛋内，并随蛋的转动而徐徐转动，看不见蛋黄上的胚胎，蛋黄表面无血丝、血块，反之则为陈蛋；种蛋的蛋白浓度应清晰，稀、浓两种蛋白可明显辨别。此外光透视发现有异物的蛋或蛋内容物全黑者均不宜留作种蛋。

3. 种蛋运输

(1)种蛋的包装：种蛋的包装和运输是一个重要的环节。种蛋的包装可采用特制的压模种蛋纸盒、塑料盒。盒内可分为24、36或48个小格不等，每格放一枚种蛋以免相互碰撞。如果没有这种压模纸盒，也可采用种蛋包装纸箱或木箱进行包装，箱内可用黄板瓦楞纸做成小方格，每格放种蛋一枚，蛋的四周均由黄板瓦楞纸隔开，避免蛋与蛋之间直接接触，箱底垫料可采用纸或其他富有弹性而柔软的物质，也可用洁净而干燥的稻壳，锯木屑或碎干草等作为垫料。包装种蛋时应注意使蛋的大头向上，以避免长途运输过程中蛋黄靠近蛋壳。

(2)种蛋的运输：装车时，应将蛋箱放在合适的地点，箱筐之间紧靠，周围不能潮湿、滴水或有严重气味。如用汽车、三轮车运输种蛋时先在车板上铺上厚厚的垫草或垫上泡沫塑

料，有缓冲震荡的作用。

在运输过程中应尽量避免阳光照晒，阳光会使种蛋受温而促使胚胎不正常发育。高温天气长途运输，也很易导致胚胎不正常发育死亡，特别是气温超过 30℃时。但气温低于5℃时，种蛋的胚胎虽不发育，也很易致死。在运输过程中，还要注意防止雨淋受潮，种蛋被雨淋后，蛋壳膜受破坏，细菌易于侵入并且大量繁殖。要严防运输过分强烈震动，因为强烈震动可导致气室移位、蛋黄膜破裂、系带断裂等严重情况，造成孵化率下降。

种蛋运输到目的地后，应尽快开箱码盘，如有被破蛋液污染的，可用软布擦干净，随即进行消毒、入孵，不宜再保存。有资料证明，种蛋经运输后尽快入孵可避免孵化率的进一步下降。

三、雏雉的引进

种雏以 5～7 月份的最佳，雉雏可分为春雏、秋雏，而春雏生长速度快、育雏成活率高，便于饲养管理，出栏时恰为初冬，所以人们大多喜欢购买春雏，即 5～7 月份的雏雉。

1. 雏雉的选择

不同品种的山鸡都有其固有的一些特征，但优质种苗均应是绒毛洁净有光泽，蛋黄吸收良好，腹部平坦，脐带部愈合良好、干燥，而且背腹部有绒毛覆盖。雏雉站立稳健有力，叫声洪亮，对光线和声音反应敏感，体重均匀一致。

如果雏雉是弱雏或病雏，加上途中运输受冷或受热、挤压的应激，就会造成大量死亡以及日后的生长发育不良。

2. 公母鉴别

因为山鸡生产的需要，对初生雏雉进行公母鉴别有非常重要的经济意义。首先可以节省饲料，其次可以节省鸡舍、设备、劳动力和各种饲养费用，同时可以提高母雏的成活率、均匀度。初生雏雉公母鉴别的方法主要有肛门鉴别法、器械鉴别法、动作鉴别法等。

(1)肛门鉴别法：肛门鉴别法是利用翻开雏雉肛门观察雏雉生殖隆起的形态来鉴别公母的方法，这种方法的准确率可达到96%～100%，使用相当广泛。雏雉出壳后12小时左右是鉴别的最佳时间，因为这时公母雏生殖突起形态相差最为显著，雏雉腹部充实，容易开张肛门，此时雏雉也最容易抓握；过晚实行翻肛鉴别，生殖突起常起变化，区别有一定难度，并且肛门也不易张开。鉴别时间最迟不要超过出壳后24小时。

运用肛门鉴别法进行鉴别雏雉公母的操作手法由抓握雏雉、排粪翻肛、鉴别放雏三个步骤组成。

①抓雏、握雏：雏雉抓握的手法有两种，即夹握法和团握法。夹握法是将雏雉抓起，然后使雏雉头部向左侧迅速移至左手；雏雉背部贴掌心，肛门向上，使雏雉颈部夹在中指与无名指之间，双翅夹在食指与中指之间，无名指与小拇指弯曲，将鸡两爪夹在掌面；团握法是将左手朝鸡雏运动方向，掌心贴着雏雉背部将其抓起，使雏雉肛门朝上团握在手中。

②排粪、翻肛、鉴别：在鉴别雏雉之前，必须将粪便排出。用左手大拇指轻压雏雉腹部左侧髋骨下缘，使粪便排进粪缸内。粪便排出后，左手拇指(左手握雏)从排粪时的位置移至雏雉肛门的左侧，左手食指弯曲贴在雏雉的背侧；同时将右手食指放在肛门右侧，右手拇指放在雏雉脐带处；位置摆放好后，右手拇指沿直线往上方顶推，右手食指往下方拉，并往肛门处收拢，三个手指在肛门处形成一个小的三角形区域，三个

手指凑拢一挤，雏雉肛门即被翻开。看到其中有很小的粒状生殖突起就是雄雏；无突起者就是雌雏（图 4-1）。

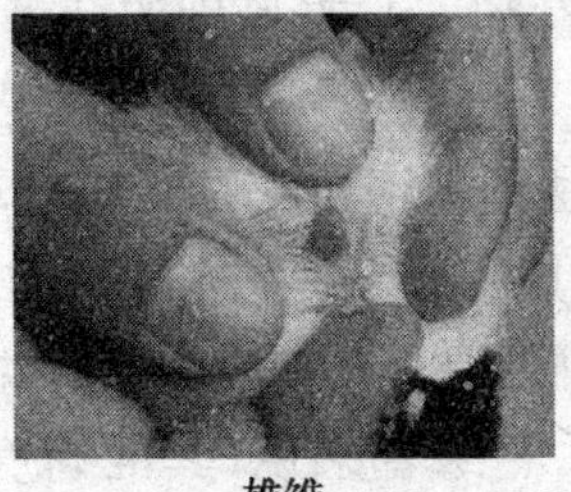
雄雏

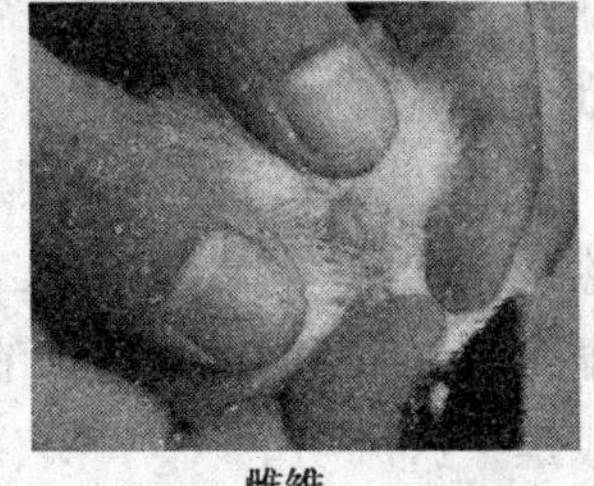
雌雏

图 4-1　雏禽肛门鉴别法

③翻肛操作注意事项：鉴别动作轻捷，速度要快。动作粗鲁易造成损伤，影响雏雉的发育，严重者会造成雏雉的死亡。鉴别时间过长，雏雉肛门易被排出的粪便或渗出物掩盖无法辨认生殖隆起的状态；为了不使雏雉因鉴别而染病，在进行鉴别前，每个鉴别人员必须穿工作服和鞋、戴帽子和口罩，并用新洁尔灭消毒液洗手消毒；鉴别公母是在灯光下进行的一种细微结构形态的快速观察，因此灯要采用具有反光罩的灯具，灯泡采用 40～60 瓦乳白灯泡；鉴别盒中放置雏雉的位置要固定而一致。例如，规定左边的格内放雌雏，右边的格内放雄雏，中间的格子是放置未鉴别的混合雏雉；鉴别人员坐着的姿势要自然，使持续的鉴别不至疲劳；若遇到肛门有粪便或渗出物排出时，则可用左手拇指或右手食指抹去，再行观察；若遇到一时难以分辨的生殖隆起时，则可用两拇指或右手食指触摸，并观察其弹性和充血程度，切勿多次触摸；若遇到不能准确判断时，先看清生殖隆起的形态特征，然后再进行解剖观

察，以总结经验；注意不同品种间正常型和异常型的比例及生殖隆起的形状差异。

翻肛后，立即进行鉴别。鉴别后，根据鉴别的结果，将公母雏雉分别放进鉴别盒中。

（2）器械鉴别法：器械鉴别法是利用专门的雏雉公母鉴别器来鉴别雏雉的公母。这种工具的前端是一个玻璃曲管，插入雏雉直肠，通过直接观察该雏雉是否具有卵巢或睾丸来鉴别雌或雄。这种方法对于操作熟练者来说，其准确度可达98%～100%。但是，这种方法鉴别速度较慢；且由于鉴别器的玻璃曲管需插入雏雉直肠，使雏雉易受伤害和容易传播疫病，因而使应用受到了限制。

（3）动作鉴别法：雄性要比雌性活泼，活动力强，悍勇好斗；雌雏比较温驯懦弱。因此，一般强雏多雄，弱雏多雌；眼暴有光为雄；柔弱温文为雌；动作敏锐为雄，动作迟缓为雌；举步大为雄，步调小为雌；鸣声粗浊多为雄，鸣声细悦多为雌。

3. 公母比例

引种时公母雏比例一般按 1∶5 为宜。

4. 雏雉的运输

山鸡出壳后最好 8～12 小时运到育雏舍。长途运输时，初生雏雉待羽毛干后就可以迅速运出，在 24～36 小时运到较好，最迟不能超过 48 小时运到，以避免损失。超过 48 小时，初生雏雉由于饥饿、脱水、强雏变成弱雏，会降低成活率。

（1）运输方式：雏雉的运输方式依季节和路程远近而定。汽车或三轮车运输时间安排比较自由，又可直接送达养鸡场，中途不必倒车，是最方便的运输方式。

（2）携带证件：雏雉运输的押运人员应携带检疫证、身份

证和《种畜禽生产经营许可证》、《野生动物驯养繁殖许可证》、《野生动物经营许可证》以及有关的行车手续。

(3)准备好运雏用具:运雏用具包括交通工具、装雏箱及防雨、保温用品等。装雏工具最好采用专用雏雉箱(目前一般孵化场都有供应,图 4-2),箱长为 50～60 厘米,宽 40～50 厘米,高 18 厘米,箱子四周有直径 2 厘米左右的通气孔若干。箱内分 4 个小格,每个小格放 25 只雏雉,每箱共放 100 只左右。

图 4-2　雏雉运输箱

没有专用雏雉箱的,也可采用厚纸箱、木箱代用,但都要留有一定数量的通气孔。所有运雏用具或物品在装运雏雉前,均要进行严格消毒,为防疫起见,运雏箱不能互相借用。

(4)运输管理

①养鸡者最好亲自押运雏雉。

②汽车运输时,车厢底板上面铺上消毒过的柔软垫草,每行雏箱之间,雏箱与车厢之间要留有空隙,最好用木条隔开,

雏箱两层之间也要用木条（玉米秸、高粱秸、竹竿均可）隔开，以便通气。

③运输雏雉的人员在出发前应准备好食品和饮用水，中途不能停留，远距离运输应有两个司机轮换开车。运输初生雏雉时，行车要平稳。转弯、刹车时都不要过急，下坡时要减速，以免雏雉堆压死亡。

④夏季运输雏雉要携带雨布，千万不能让雏雉着雨，着雨后雏雉感冒，会大量死亡，影响成活率。阴雨天运输雏雉除带防雨设备外，还要准备棉被、棉毯，防止雏雉着凉。在运输的途中要每隔 1～2 个小时检查 1 次，检查时注意雏雉的精神状态。如果发现雏雉有扎堆的现象，说明温度过低，这时就要在包装箱的外面用棉被、棉毯遮住雏箱，千万不能用塑料包盖，否则将雏雉闷死、热死；如果发现雏雉有张口呼吸的状态，说明温度太高了，需采取降温措施，如把包裹物放开一点，或是把山鸡箱堆放的空隙拉大点。

⑤如果运输的路程比较远，或采用的是客车运输或火车运输方式，在运输的途中可以每 5 个小时给雏雉供应一次葡萄糖水，或在运输前的时候在箱中放入一些青菜、豆芽等水分比较多的青饲料。

5. 雏雉运回场内的管理

雏雉运回养殖场后，应马上放到事前准备好的育雏室内，把雏雉从运输箱或笼中取出，让雏雉恢复疲劳。不要让人围观，以免惊扰雏雉。

休息 1 小时左右，就可以给雏雉饮水，即初饮了。

第二节 山鸡的配种

山鸡本是野鸟，即使经过多年的人工驯养，仍有较强的野性，易惊怕人，频繁的捕捉，容易造成伤亡。因此，生产中山鸡的配种方式多为自然交配。

自然交配是在自然状态下，公山鸡、母山鸡在正常生理反应作用下，随机进行交配的一种方式。这种自然繁殖方式一定要注意公母山鸡的比例，以保证整体受精率。

1. 适宜的配种合群时间

良好的人工驯养条件下，一般公山鸡 9～10 月龄达到性成熟，母山鸡于 10～11 月龄性成熟。我国疆域辽阔，南北方各地区山鸡进入繁殖期的时间早晚相差达 1 个月左右，因此在我国北方地区初产母山鸡一般 3 月中旬前后，南方地区一般 2 月初合群。在正式合群前，可试放一两只公山鸡到母山鸡群中，观察母山鸡是否进入繁殖期。也可根据母山鸡的鸣叫、红脸或做巢行为来掌握合群时间。据经验，配对合群时间应在母山鸡比较乐意接受配种前 5～10 天为好，如果合群过早，母山鸡没有发情，而公山鸡则有求偶行为，公山鸡强烈追抓母山鸡，造成母山鸡心理惧怕，以后即使发情，也不愿意接受配种，使种蛋受精率降低。合群过晚，则会因争夺“王子鸡”地位而发生激烈争斗，过多消耗体力，精液质量和受精率受到影响，同时，母山鸡群也因惊吓不安而影响产蛋率。

2. 山鸡群大小及公母比例

山鸡繁殖季节群体不宜过大，一般 100～150 只为一群，而且群与群之间设置遮挡视线的屏障，以免影响交配。在一般营养和管理的水平下，公母比例可确定在1∶(5～6)，可达最佳受精效果。在开始合群时，以1∶(4～5)放入公山鸡，配种过程中随时挑出淘汰争斗伤亡和无配种能力的公山鸡，而不再补充种公山鸡，维持整个繁殖期公母比例在1∶(5～6)。尽量保持种公山鸡的种群顺序的稳定性，减少调群造成斗架伤亡。

3. 保护“王子鸡”，设置屏障

公山鸡入母山鸡群中后，经过数日争斗，产生“王子鸡”，“王子鸡”在母山鸡群中享有优先交配权。“王子鸡”产生后不得随意加入新公山鸡，以维护“王子鸡”地位，减少体力消耗，稳定雉群。

为避免“王子鸡”控制其他公山鸡之间的配种而影响受精率，可以在运动场设置屏风或隔板，遮挡“王子鸡”的视线，使其他公山鸡均有与母山鸡交尾的机会，增加种蛋受精率；同时，“王子鸡”追赶时，其他公山鸡也有躲藏的余地，减少公山鸡的伤亡。最简便的方法是用大张的石棉瓦(图4-3)横立在圈舍中，每100平方米3～4张即可。

图4-3 石棉瓦屏障

4. 防暑降温

每年6月下旬以后，天气开始炎热，山鸡性活动下降，交尾次数减少，种蛋受精率下降，此时，应采用遮阴、地面喷水降温措施，增加饲料中维生素C的含量及添加一些抗热应激药物等，以提高种蛋受精率。

5. 检查受精情况

每批种蛋入孵后，及时照检胚蛋，发现种蛋受精率下降，要检查分析影响种蛋受精率的各种因素，查明原因，及时采取改进措施。

第三节 种蛋的保存与消毒

种蛋必须保持新鲜，不宜久藏，更不宜使用一般商品蛋的保存方法保存种蛋。但是大批孵化或机器孵化需要分批进行，因此要有一个积攒种蛋的过程，在这段过程中，贮存种蛋的时间和环境对种蛋的品质影响很大，因此必须提供适宜的贮藏条件，以保证不丧失种蛋的孵化率和种蛋的生理特性。

一、种蛋的存放要求

1. 种蛋保存的时间

一般要求孵化前贮放期不宜超过7天，即使是最适宜的贮藏环境，7天后种蛋的品质也明显下降。据资料介绍，贮存9天后，每多存1天，种蛋的孵化率要下降1%左右。贮藏14天的种蛋，其孵化率比存放1天的种蛋降低18%。因此在气温凉爽的春季或产蛋初期贮存种蛋的时间不应超过14天，在炎热的夏季则不应超过7天。保存7天以内的种蛋，大端朝上或平放都可以，也不需要翻蛋；若保存时间超过 7 天以上，应把蛋的小端朝上，每天翻蛋 1 次。

2. 种蛋保存的适宜温度

种蛋保存最适宜的温度应在 10～15℃，其中以 13℃的贮藏温度最为理想，在此温度下其保持孵化率正常的贮藏期可达最长。保存时间短，可采用温度上限，保存时间长则应采用温度下限。还应注意，刚产出的种蛋降到保存温度应是一个渐进的过程，因为胚胎对温度大幅度变化非常敏感，逐渐降温才不会损害胚胎，一般降温需要 1 天左右。

3. 种蛋保存的相对湿度

种蛋保存期间，蛋内水分通过气孔不断蒸发，其速度与贮存室内的相对湿度成反比。为了尽量减少蛋内水分蒸发，贮存室的相对湿度保持在 70％～75％为宜。

二、种蛋的消毒

蛋产出时要经过泄殖腔，此时蛋壳可能带有少量微生物。当蛋落在垫草上或地上，就更容易沾染各种微生物，这些微生物在蛋壳上繁殖很快，如果通过蛋壳的气孔进入蛋内，对胚胎的发育将有不良影响，其孵出来的雏雉也会带有病原体。

种蛋消毒最好在蛋刚产出后立即进行，但在生产实践中很难做到，切实可行的办法是在每次收集种蛋后，立刻送到消毒室消毒或立即送孵化室消毒，不要等全部蛋集中到一起再消毒，更不能将种蛋放在鸡舍里过夜。

由于消毒过的种蛋仍会被细菌重新污染，因此，种蛋入孵后，仍需在孵化机里进行第二次消毒。

1. 消毒方法

(1)福尔马林熏蒸消毒法:此法操作简便,消毒效果良好,成本低,在目前的养殖业中普遍使用。首先,对清洁度较差的种蛋,用清水洗净。在室内温度 20~26℃,60%~75%相对湿度的条件下,以每立方米空间 42 毫升福尔马林加 21 克高锰酸钾,密闭熏蒸 20 分钟,可消灭蛋壳上 95%~98%的细菌和病原体。为了降低生产成本,可节省用药剂量,在蛋盘上遮盖塑料薄膜,缩小空间。

在使用熏蒸法消毒时应注意以下几点:

①容器的选择:福尔马林与高锰酸钾反应非常剧烈,大量产热,有许多烟雾和气泡产生,具有很强的腐蚀性。因此,选择容器时应采用陶瓷器皿或玻璃器皿等抗腐蚀性强的容器,容器容积要大,足够进行反应。工作人员要特别注意做好自我防护措施,不要伤及皮肤和眼睛。

②正确配制消毒剂:要按正确顺序添加药品,先在容器中加入少量温水,再把称好的高锰酸钾放入容器中,最后加入福尔马林。

③严格掌握熏蒸时间和用药剂量,时间过长,用药过多,孵化率会降低。

(2)过氧乙酸熏蒸消毒法:过氧乙酸是一种高效、快速、广谱消毒剂,尤其对细菌、真菌、病毒以及微生物孢子都有很高的杀灭效力,同时毒副作用小。消毒种蛋时,每立方米用 16%的过氧乙酸 40~60 毫升,加高锰酸钾 4~6 克,熏蒸 25 分钟。

在使用过程中应注意,过氧乙酸遇热不稳定,浓度超过 40%以上时,加热至 50℃易引起爆炸,应在低温下保存;过氧乙酸腐蚀性很强,不要接触衣服、皮肤,消毒时用陶瓷盆或搪瓷盆；消毒时应现用现配，稀释液保存不超过3天。

（3）新洁尔灭消毒法：把种蛋平铺在板面上，用喷雾器把0.1%的新洁尔灭溶液（用5%浓度的新洁尔灭1份，加50倍水后均匀混合即可）喷洒在蛋的表面。或者用温度为40～45℃的0.1%新洁尔灭溶液，浸泡种蛋3分钟。新洁尔灭水溶液为碱性，不能与肥皂、碘、高锰酸钾和碱等配合使用。

（4）有机氯溶液消毒法：将蛋浸入含有1.5%活性氯的漂白粉溶液内消毒3分钟（水温43℃）后取出晾干。

（5）高锰酸钾消毒法：将种蛋浸泡在0.2%～0.5%的高锰酸钾溶液中，溶液温度在40℃左右，约经1～2分钟后，捞出沥干。

（6）碘消毒法：将种蛋浸泡在0.1%的碘溶液中进行浸泡消毒。即在1千克水中加入10克碘片和15克碘化钾，使之充分溶解，然后倒入9千克清水中，即成为0.1%的碘溶液。浸泡1分钟后，将种蛋捞出沥干。经过多次浸泡种蛋的碘液，浓度逐渐降低，应增加新液或延长浸泡时间，以达到消毒的目的。

（7）呋喃西林溶液消毒法：将呋喃西林碾成粉后配成0.02%浓度的水溶液浸泡种蛋3分钟洗净晾干即可。

2. 种蛋消毒的注意事项

（1）用药量一定要准确，不能多也不能少。

（2）在一批种蛋消毒时，只须选用一种消毒药物。

（3）液体浸泡消毒，消毒液的更换是很重要的，也就是说，一盆配制好的消毒液，只能消毒有限的种蛋，但究竟能消毒几批蛋，目前尚没有一定的标准，可适当更换新药液。

第四节 种蛋的孵化

山鸡和家禽一样，为卵生动物，繁育后代包括体内的成蛋和体外的成雏两个阶段，所谓孵化就是指体外的成雏阶段。

一、山鸡蛋的胚胎发育

山鸡种蛋的孵化条件和程序与家鸡基本相同，只是孵化期及温度、湿度的控制有所差异。一般来说，山鸡的孵化期为23～24天。正常情况下，山鸡种蛋孵化至第23天时有少量出壳，第23.5天大量出壳，满24天出壳完毕。

山鸡胚胎发育的主要特征如下：

第1天：照检无变化。剖视受精蛋，肉眼可见胚盘边缘出现血岛、胚胎直径3毫米，在胚盘的边缘出现许多红点，称“血岛”。

第2天：照检无变化。剖检肉眼可见胚盘出现明显的原条，淡黄色的卵黄膜明显、完整。胚胎直径8毫米。

第3天：照检可见到卵黄囊血管区，形似樱桃，俗称“樱桃珠”。剖检肉眼可见心脏开始跳动，血管明显，卵黄膜明显、完整。

第4天：照检可见胚和伸展的卵黄囊血管，形似一只蚊子，俗称“蚊虫珠”。剖检肉眼可见卵黄膜破裂，出现小米粒大小透明状的脑泡。

第5天：照检时蛋黄不容易转动，胚胎和卵黄囊血管形似一只蜘蛛，俗称“小蜘蛛”。剖检可见灰黑色眼点，血管呈网状。

第 6 天:照检可见明显的黑色眼点,俗称“单珠”或“黑眼”。剖检可见胚体弯曲,尾细长,出现四肢雏形,血管密集,尿囊尚未合拢。

第 7 天:照检同第 6 天,但血管网明显,布满卵的 1/3。剖检可见羊膜囊包围胚胎,眼珠颜色变黑。

第 8 天:照检时可见胚在羊水中浮动,背面蛋的两边蛋黄不易晃动,俗称“边口发硬”。剖检可见胚胎形状同第 7 天,羊膜囊增大,内脏开始形成,脑泡明显增大,嘴具雏形,尚无喙的形状。

第 9 天:照检同第 8 天。剖检可见羊膜囊进一步增大,四肢形成,趾明显,有高粱粒大小的肌胃。

第 10 天:照检时见卵黄两边易晃动,尿囊血管伸展越过卵黄囊,俗称“串筋”。剖检可见脑血管分布明显,眼睑开始形成,胸腔合拢,肝脏形成。

第 11 天:照检可见血管网布满蛋的 2/3,但大多数不甚清楚,颜色较暗。剖检可见喙较明显,腹部合拢,腿外侧出现毛囊突起,肝变大呈淡黄色。

第 12 天:照检可见整个蛋除气室以外都布满血管,俗称“合拢”。剖检可见出现喙卵齿,大腿外侧及尾尖长出极短的绒毛,头部有点状毛囊。肌胃增大,肠道内有绿色内容物,肛门形成。

第 13 天:照检同第 12 天。剖检可见背部出现极短的羽毛。

第 14 天:照检可见血管加粗,颜色加深,蛋内大部分是暗区。剖检可见体侧及头部有羽毛出现。

第 15 天:照检可见暗区增大。剖检除腹部及下颌外其他

部位均披有较长的羽毛，喙部分角质化，出现胆囊。

第16天：照检可见暗区增大。剖检可见喙全部角质化，眼睑完全形成，腿出现鳞片状覆盖物，爪明显，蛋黄已部分吸入腹腔。

第17天：照检同第16天。剖检可见整个胚胎被羽毛覆盖。

第18天：照检在小头看不见发亮的部分，蛋内全是黑影，俗称“封门”。剖检可见羽毛及眼睑完全，有黄豆粒大小的嗉囊出现。

第19～20天：照检同第18天。剖检可见胚胎类似出雏时位置，即头在右翼下，闭眼。

第21天：照检见气室倾斜，俗称“斜口”。剖检同第20天。

第22天：照检可见蛋壳膜被喙顶起，但尚未穿破。剖检可见蛋黄全部吸入腹内，壳内有少量的胎粪，呈灰白色。

第23天：照检可见喙穿入气室。剖检可见眼可睁开。

第23.5～24天：尿囊完全枯干，将全部蛋黄吸入腹腔，雏雉啄壳后，沿着蛋的横径逆时针方向间隙破壳，直至横径2/3周长的裂缝时，头和双脚用力蹬挣，破壳而出(见彩图4)。

二、常用的孵化方法

人工养殖山鸡，孵化方式有自然孵化和人工孵化两种。自然孵化是利用母鸡的抱窝性孵化种蛋，使胚胎得到正常发育的方法。小规模饲养或产蛋初期蛋量较少，不适合采用人工孵化时可采用此方法，一般可采用抱性强的母鸡代孵。人工孵化是人为地控制合适的温度、湿度、通气、翻晾蛋等孵化条件，为山鸡胚胎发育创造良好环境。目前所采用的人工孵化法主要有电褥子孵化法、火炕孵化法、塑料薄膜热水袋孵化法、机器孵化法等。养殖户可根据各自所具备的条件，选择一种适合自己的孵化方法。

（一）自然孵化法

自然孵化法是我国广大农村一直沿用的方法，这种方法的优点是设备简单、管理方便、孵化效果好，雏雉由于有母鸡抚育，成活率比较高。但缺点是孵量少、孵化时间不能按计划安排，因此，只限于饲养量不大的情况下使用。

1. 抱窝鸡的选择

野生状态下的山鸡抱窝性强，善于孵育雏雉，但在人工驯养条件下已失去了就巢性，因此自然孵化时要选择健康无病，大小适中的家母鸡或抱性强的乌骨母鸡。为了进一步试探母鸡的抱性，最好先在窝里放两枚蛋，试抱3～5天，如果母鸡不经常出窝，就是抱性强的表现。

2. 孵化前的准备

(1)选择种蛋：种蛋在入孵前应按种蛋的标准进行筛选，不合格的种蛋不要入孵。

(2)准备巢窝：一只中等体型的母鸡，一般孵蛋11～15枚，以鸡体抱住蛋不外露为原则。鸡窝用木箱、竹筐、硬纸箱等均可，里面应放入干燥、柔软的絮草。鸡窝最好放在安静、凉爽、比较暗的地方。入孵时，为使母鸡安静孵化，最好选择晚上将孵蛋母鸡放入孵化巢内，并要防止猫、鼠等的侵害。

(3)消毒入孵：将选好的种蛋用0.5%的高锰酸钾溶液浸泡2分钟消毒。

3. 孵化期管理

(1)就巢母鸡的饲养管理：首先对抱窝母鸡进行驱虱，可用除虱灵抹在鸡翅下。以后每天中午或晚上捉出母鸡喂食、饮水、排粪，每次20分钟。有些抱窝母鸡不愿离巢，应强制捉出，让其在室外吃食、饮水和排粪。窝中有被粪便污染的种蛋或被踩破的种蛋，应立即取出，将被污染的种蛋洗净后再放回。

(2)照蛋：孵化过程中分别于第7～8天和第19～20天各验蛋一次，将无精蛋、死胚蛋及时取出。

(3)出雏：出壳后应加强管理将出壳的雏雉和壳及时取走。

(4)清扫：出雏结束立即清扫、消毒窝巢。

(二)人工孵化法

1. 电褥子孵化法

目前使用电褥子孵鸡较为普遍，效果较好。

(1)孵化设备及用具：用双人电褥子(规格为95厘米×150厘米)两条、垫草、火炕、棉被、温度计等。

(2)孵化操作方法：将一条双人电褥子铺在火炕上(停电时可烧炕供温)，火炕与电褥子之间铺设2～3厘米厚的垫草，电褥子上面铺一层薄棉被，接通电源，预热到40℃。然后将种蛋大头向上码放在电褥子上，四周用保温物围好，上边盖棉被，在蛋之间放1支温度计，即可开始孵化。另一条电褥子放在铺有垫草的摊床上备用。

孵化室的温度要求在27～30℃。蛋的温度要求：1～7天38.8～39.2℃；8～14天38.5～38.8℃；孵化15～20天38～

38.5℃;孵化 21～23 天 38.5～39℃。

孵蛋的温度用开闭电褥子电源的方法来控制,每半小时检查 1 次。湿度用往地面洒水或在电褥上放小水盆等方法来调节,一般相对湿度为 60%～75%。用两个电褥子可连续孵化,等第 1 批孵化到 12 天时移到摊床上的电褥子进行孵化,炕上的电褥子可以继续入孵新蛋。摊床上雏雉出壳后,第二批蛋再移到摊床上的电褥子进行孵化。如此反复循环,每批可孵化 400～500 个蛋。

孵化过程中分别于第 7～8 天和第 19～20 天各验蛋一次,将无精蛋、死胚蛋及时取出。

在孵化过程中,每 3～4 小时翻蛋 1 次,同时对调边蛋和心蛋的位置。晾蛋从第 13 天开始,每天晾蛋 1～2 次,17 天时加强通风晾蛋,第 20 天时停止翻蛋、晾蛋等待出雏。第 23 天有部分雏雉啄壳时,可把温度提高到 39℃左右,第 24 天对个别不能及时出壳的雏雉还应人工助产。

2. 火炕孵化法

火炕孵化是农村传统的孵化方法之一。

(1)孵化设备及用具:主要包括孵化室、火炕、摊床、蛋盘、灯、棉被、被单、火炉、温度计、手电、照蛋器等。

①孵化室:如果专门建造孵化室要规格化,顶棚距地面 3.6 米以上,以便于在炕上设摊床。

孵化室的大小视孵化规模而定,一般火炕面积为 30 平方米。1 个孵化室里有两个火炕和摊床,每隔 7 天可上一批蛋;有 3 个火炕及摊床,可每隔 5 天入孵一批种蛋。孵化室保温性能要好,要有天窗、天棚。如果小规模孵化,可用普通住房代替。普通住房一间,用泥砂抹好,室内、棚顶糊严,挂上门

帘，以防透风。整个孵化室只留一个小窗，以便调节室内空气。

②火炕：火炕是整个孵化过程中的热源。火炕用砖砌成，高0.5～0.6米，宽度应能对放两个蛋盘，四周再留出0.2米宽的空间，以便盖被，长度根据生产规模而定。炕面四周用单砖砌成0.34米高的围子，以利保温和作为上摊操作的踏板。炕必须好烧，不漏烟、不冒烟。孵化量大应搭两铺炕，南炕为热炕，北炕为温炕。

③摊床：摊床又叫棚架，设在炕的上方，约距炕上方1米左右，可根据情况设一层或二层，两层间隔0.6～1米。先在炕上方用木杆搭个棚架，其高度以孵化人员来往不碰头为宜，宽度比炕面窄些，长度根据孵化量而定。床面用秫秸铺平，再铺上稻草和棉被保温。也可用秫秸作床底，然后糊上纸，再铺上棉被和麻袋片。为防止种蛋或鸡雏滑落在地上，床面四周用秫秸秆或木板围成高10厘米的围子，摊床架要牢固，防止摇动。

④蛋盘：可用木板做成长方形盘，盘底钉上方孔铁丝网或纱布，孵化时，将种蛋平摆于蛋盘内，每盘装50～100只蛋，每次可孵化5000～10000只蛋。

(2)孵化操作方法

①试温：在入孵的前3～4天应烧炕试温，使室温达到25℃左右，用温度计测试一下火炕各处的温度是否均匀，并做好标记。对温度高的地方要铺干沙进行调整，直到各处温度基本均衡为止。在试温时，要注意火炕达到所需要温度时使用的燃料量，积累一些经验。一般炕温在停火后2小时达到高峰，因此烧炕时切不可一直烧到所需的温度，否则，2小时

以后要超温，影响孵化效果。

②入孵：按次序一盘一盘地将蛋盘平放在炕面上，上用棉被盖好。装蛋之前，先用铁丝筛盛蛋，放入42～45℃的热水中洗烫7～8分钟，进行消毒预温。

1～7天38.8～39.2℃；8～14天38.5～38.8℃；孵化15～20天38～38.5℃；孵化21～23天38.5～39℃。

室内的湿度靠炉火上的水壶溢气调节，相对湿度保持在60%～65%。入孵开始几个小时内，蛋面温度不宜升得太快，入孵后12小时达到标准温度为宜。为了使炕温保持稳定，每隔4小时烧1次炕，定量加入燃料，以防炕温忽高忽低。入孵后每15～20分钟检查1次温度（测量蛋温的温度计放在蛋中间，炕的不同位置都要放温度计）。每天通风2～3次。为了不影响孵化温度，通风前要适当提高室内温度。

若两个炕流水作业，按先后时间，分别控制不同温床，先批入孵的炕温为41.5～41℃，转移到另一炕上，温度保持在39℃。孵化时，要靠温度表掌握温度，温度表分别放在炕面和种蛋上。

③倒盘与翻蛋：种蛋上炕入孵后每小时倒1次盘，即上下、前后、左右各层蛋盘互换位置。在整个孵化期间，每天要揭开棉被翻蛋6～8次，翻蛋时把盘中间的蛋移到两边，把两边的移到中间。由于手工翻蛋时间较长，也就等于晾蛋了。

④照蛋：火炕孵化共照蛋两次。第1次在入孵后的第7～8天进行。照蛋前应稍升高炕温和室温（0.5～1）℃。第2次照蛋在19～20天进行。

⑤上摊孵化：炕孵12天后，转入摊床孵化，上摊前将孵化室内温度升高到28～29℃，将蛋盘中的胚蛋取出放到摊床上，

开始时可堆放2～3层，盖好棉被，待蛋温达到标准温度后，逐渐减少堆放层数。上摊后每15～20分钟检查1次蛋温，每2小时翻蛋1次。第23天后将种蛋大头向上立起，单层摆放，等待出雏。

(3)注意事项：火炕孵化成功与否，关键在于控制好温度。控制温度，一是通过烧炕；二是通过增减覆盖物。刚入孵，外界气温低时，炕应多烧一点，用棉被把种蛋盖严；入孵中后期，或外界气温高时，应少烧，同时减少覆盖物。在烧炕时，当炕温高了或继续升高时，应立即停火，并除掉灶内余火，同时掀起棉被。切记炕温不能超过60℃。

3. 塑料薄膜热水袋孵化法

塑料薄膜热水袋孵化法是近年来兴起的一种孵禽法。这种方法温度容易调节，孵化效果好，成本低，简单易行。

(1)孵化设备及用具：普通火炕，根据孵化量制作1～2个长方形木框(长165厘米、宽82.5厘米、高16.5厘米)，棉被、棉毯、被单数条，温度计数个，塑料薄膜水袋(用无毒塑料薄膜制作，应长于长方形木框，其宽与木框相同)等。

(2)孵化法：把木框平放在炕上(炕要平、不漏烟、各处散热均匀)，框底铺两层软纸，将塑料水袋平放在框内，框内四周与塑料薄膜热水袋之间塞上棉花及软布保温，然后往塑料薄膜热水袋中注入40℃温水(以后加的水始终要比蛋温高0.5～1℃)，使水袋鼓起13厘米高。把种蛋平放在塑料薄膜热水袋上面，每个蛋盘装300～500个种蛋。温度计分别放在蛋面上和插入种蛋之间，用棉被把种蛋盖严。种蛋的温度主要靠往水袋里加冷、热水来调节。整个孵化期内只注入2～3次热水即可。在必要情况下，也可以在开始入孵时，把炕烧温，这样能延长水袋中的水保温时间。每次注入热水前，先放出等量的水，使水袋中水始终保持恒温。火炕可不必烧得太热。

从入孵到第14天，蛋面温度要保持在38～39℃（第1周为38.8～39.2℃，第2周为38.5～38.8℃），不得超过40℃。第15天到出雏前3天，蛋面温度应保持在38～38.5℃，第21～23天38.5～39℃。在第23天用木棒把棉被支起来，使蛋面与棉被之间有个空隙，以便通风换气。整个孵化期间，室内温度要保持在24℃左右，室内湿度以人不觉干燥为宜，若太干燥，可往地面洒水。

孵化过程中分别于第7～8天和第19～20天各验蛋一次。

入孵1～14天，每昼夜翻蛋3～4次；第15～19天，每昼夜翻蛋4～6次，20天后停止翻蛋。翻蛋时应注意互换位置，在孵化量大、蛋床多时，要把第1床种蛋逐个拣到第2床，第2床拣到第3床，第3床拣到第1床上。孵化量小时，可用双手将种蛋有次序地从水袋一端向另一端轻轻推去，使种蛋就地翻动一下。胚蛋发育到中、后期，自身热量逐渐增大，同时产生大量污浊气体，通过晾蛋和翻蛋可散发多余热量，排除污浊气体。胚蛋在低温刺激下，能促进胚胎发育，增强雏雉适应外界环境的能力。前期晾蛋可结合翻蛋进行，每次约10分钟，后期每次15～20分钟。第23天时，将蛋大头向上摆放，等待出雏。

4. 机器孵化法

（1）孵化前的准备工作

①准备好所有用品：入孵前1周应把一切用品准备好，包括照蛋器、干湿温度计、消毒药品、马立克疫苗、装雏箱、注射

器、清洗机、易损电器元件、电动机、皮带、各种记录表格、保暖或降温设备等。

②温度校正与试机：入孵前1～2天开机调整机内温度和湿度，使之达到所需要的孵化条件，准备入孵。

(2)孵化室和孵化器的消毒：入孵前1天，对孵化室和经过测试后的孵化器，包括蛋车、蛋盘、出雏器等孵化用具进行消毒。程序是清扫→冲洗→喷洒消毒→熏蒸消毒。喷洒消毒药水可用3%～5%来苏儿、1%次氯酸钠溶液或百菌杀等消毒。熏蒸消毒药用福尔马林(甲醛)密闭熏蒸消毒，其剂量按每立方米空间计，福尔马林(甲醛)28毫升，高锰酸钾14克，在陶瓷或玻璃的容器内，在温度20～30℃相对湿度60%～75%的条件下熏蒸20～30分钟。最后打开机门，开动风扇，散去甲醛气，便可上蛋孵化(甲醛气体对发育中的胚胎有毒害作用，因此要散尽孵化机内的甲醛气体)。种蛋一旦入孵，切忌用甲醛熏蒸消毒。

(3)种蛋的预热：如种蛋保持在温度较低的蛋库内，在入孵前应将种蛋预热，可使胚胎发育从静止状态中逐渐“苏醒”过来，除去蛋表凝水，以便入孵后能立刻消毒种蛋。其预热方法是将种蛋放在孵化蛋盘上，然后放在蛋车上，在室温25℃左右，相对湿度65%左右的孵化室内，放置12～18个小时。

(4)码盘：码盘即把种蛋一枚一枚放到孵化器蛋盘上再入机器内孵化。人工码盘的方法是挑选合格的种蛋大头向上，小头向下一枚一枚的放在蛋盘上。若分批入孵，新装入的蛋与已孵化的蛋交错摆放，这样可相互调温，温度较均匀。为了避免差错，同批种蛋用相同的颜色标记，或在孵化盘贴上胶布注明。种蛋码好后要对孵化机、出雏机、出雏盘及车间空间进行全面消毒。

(5)入孵：入孵的时间应在下午4～5时，这样可在白天大量出雏，方便进行雏雉的分级、性别鉴定、疫苗接种和装箱等工作。

(6)孵化管理

①温度、湿度调节：温度是孵化中最重要的条件，对孵化率和健雏率起着决定性的作用。山鸡的孵化期正常情况下是23～24天，1～7天38.8～39.2℃；8～14天38.5～38.8℃；孵化15～20天38～38.5℃；孵化21～23天38.5～39℃。如此用温可提高山鸡蛋的孵化率。

湿度影响蛋内水分蒸发和胚胎的物质代谢，适宜的湿度有利于胚胎的正常发育，保证雏雉正常破壳。孵化期第1～21天，孵化机内相对湿度保持在55%～60%，第22～23天出雏时，相对湿度提高到70%～75%(因为山鸡蛋壳较家鸡蛋壳厚)。为保证有足够的湿度，喷水是提高山鸡蛋出雏率的关键之一，对21天后的胚胎喷36～38℃的温水(提早喷水对尿囊合拢不利)，每天喷1次，将蛋喷到湿透，待晾干后继续孵化。在反复晾蛋、喷水作用下，蛋壳的碳酸钙变为碳酸氢钙，其性质由坚硬变为松脆，雏雉易破壳，可减少出雏期的死亡。

②通风换气：通风换气的目的是使孵化环境空气清新，排除二氧化碳，保证有足够的氧气供给胚胎生长发育。胚胎对氧气的需要量是前期少、后期多，冬季少，夏季多。孵化前8天，每天定时换气。8天后在不影响温度、湿度的情况下，宜经常换气。

③翻蛋：在入孵后第1～20天，每隔8小时要翻蛋一次，翻蛋角度为180°，21天以后至出雏不需翻蛋。

④晾蛋:在前期一般不晾蛋,按照上述的施温方案,中后期的蛋温可达 38.8℃,蛋温表面积相对小,气孔小,散热缓慢,此时对晾蛋可加强胚胎的气体交换,排除蛋内积热,孵化到 14～16 日龄,打开箱盖,每天晾蛋 1 次;20 天后,生理热多,每天晾蛋 2～4 次,晾蛋时间长短不等,根据情况灵活掌握,当蛋温降至 35℃时继续孵化。

⑤验蛋:为了解胚胎的发育情况并及时剔除无精蛋和死胚蛋,一般在孵化的第 7 天、第 14 天和第 21 或第 22 天进行 3 次照蛋,通过照蛋观察胚蛋的发育情况。

(7)出雏和捡雏:入孵到第 21 或第 22 天,结合照蛋将孵化机内的胚蛋移入出雏盘或出雏器,并停止翻蛋,准备出雏。

发育正常时,满 23 天即开始出雏,此时应关闭出雏器内的照明灯,以利于雏雉保持安静。山鸡雏出壳后,要停留至羽毛干后及时取出,放入育雏室或箱中。捡雏过早,雏雉羽毛未干,对环境适应性差。捡雏晚,雏雉羽毛干后,即可活动。出雏期间应尽量少开照明灯,一般每隔 2 小时捡一次雏雉。

对出壳有困难的雏雉,可对其实行人工破壳。其方法是从啄壳孔处剥离开蛋壳的 1/2 左右,把雏雉的头颈拉出后放回出雏盘内继续孵化至出雏。

(8)清扫消毒:为保持孵化器的清洁卫生,必须在每次出雏结束后,对孵化器进行彻底清扫和消毒。在消毒前,先将孵化用具用水浸润,用刷子除掉脏物,再用消毒液消毒,最后用清水冲洗干净,沥干后备用。孵化器的消毒同入孵前的消毒。

(9)孵化过程中停电的处理:要根据停电季节,停电时间长短,是规律性的停电还是偶尔停电,孵化机内鸡蛋的胚龄等具体情况,采取相应的措施。

①早春，气温低，室内若没有加取暖设备，室温度仅5～10℃，这时孵化机的进、出气孔一般全是闭着的。如果停电时间在4小时之内，可以不必采取什么措施。如停电时间较长，就应在室内增加取暖设备，迅速将室温提高到32℃。如果有临出壳的胚蛋，但数量不多，处理办法与上述同。如果出雏箱内蛋数多，则要注意防止中心部位和顶上几层胚蛋超温，发觉蛋温烫眼皮时，可以调一调蛋盘。

②电孵机内的气温超过25℃，鸡蛋胚龄在10天以内的，停电时可不必采取什么措施，胚龄超过13天时，应先打开门，将机内温度降低一些，估计将顶上几层蛋温下降2～3℃(视胚龄大小而定)后，再将门关上，每经2小时检查1次顶上几层蛋温，保持不超温就行了，如果是出雏箱内开门降温时间要延长，待其下降3℃以上后再将门关上，每经1小时检查1次顶上几层蛋温，发现有超温趋向时，调一下盘，特别注意防止中心部位的蛋温超高。

③室内气温超过30℃停电时，机内如果是早期的蛋，可以不采取措施，若是中、后期的蛋，一定要打开门(出、进气孔原先就已敞开)，将机内温度降到35℃以下，然后酌情将门关起来(中期的蛋)或者门不关紧，尚留一条缝(后期的蛋)，每小时检查1次顶上几层的蛋温。若停电时间较长，或者是停电时间不长，但几乎每天都有规律地暂短停电(如2～3小时)，就得酌情每天或每2天调盘1次。

为了弥补由于停电所造成的温度偏低(特别是停电较多的地区)，平时的孵化温度应比正常所用的温度标准高0.28℃左右。这样，尽管每天短期停电，也能保证鸡胚在第24天出雏。

(10)孵化效果统计：每次孵化应将上蛋日期、蛋数、种蛋来源、每次照蛋情况、孵化结果、孵化期内的温湿度变化等准确地记录下来，并根据记录结果制成孵化成绩表，再根据孵化成绩表计算受精率和孵化率。

①受精率：为受精蛋数占入孵蛋数的百分比。

受精率(%)＝受精蛋数/入孵蛋数×100

②孵化率：分为受精蛋孵化率和入孵蛋孵化率两种。受精蛋孵化率是指出雏数与受精蛋的百分比；入孵蛋孵化率是指出雏数与入孵蛋的百分比。

受精蛋的孵化率(%)＝出雏数/受精蛋数×100

入孵蛋的孵化率(%)＝出雏数/入孵蛋数×100

③健雏率：健雏占孵出雏雉的百分比。

健雏率(%)＝健雏数/出雏数×100

(11)孵化场的卫生管理

①孵化厅卫生标准：孵化室更衣室、淋浴间、办公室、走廊地面清洁无垃圾，墙壁及天花板无蜘蛛网、无灰尘绒毛，地面保持火碱溶液或其他消毒剂的新鲜度。顶棚无凝集水滴，地面清洁，无蛋壳等垃圾，无积水存在，值班组人员每次交班之前 10 分钟用消毒剂拖地一遍，接班人员监督检查。

孵化室、出雏室地沟、下水道内清洁，无蛋壳及绒毛存留，每周 2 次用 2%火碱溶液消毒。

拣雏室内地面无蛋壳、绒毛存在，冲刷间干净整洁，浸泡池内无垃圾。发雏厅及接雏厅每次发放完雏雉后，无蛋壳、鸡毛等垃圾存在，并用 2%火碱溶液彻底消毒。

孵化间、出雏间、缓冲间内物品摆放整齐有序，地面无垃圾，每周至少消毒 2 次。纸箱库内物品分类摆放，整齐有序，地面干净整洁。

夏季使用湿帘或水冷空调降温时，及时更换循环用水，保持水的清洁卫生，必要时加入消毒剂。

室内环境细菌检测达合格标准。

②孵化器、出雏器卫生标准：孵化器内外、机顶干净整洁，无灰尘，无绒毛。壁板及器件光洁无污染。底板无蛋壳、蛋黄、绒毛及灰尘。加湿盘内无铁锈、蛋壳等垃圾，加湿滚筒清洁无污物。风筒内无灰尘，风扇叶无灰尘、无绒毛，温湿度探头上无灰尘、无绒毛。

控制柜内清洁卫生，无绒毛、灰尘、杂物。电机（风扇电机、翻蛋电机、风门电机、冷却电机、加湿电机）上无灰尘、无绒毛、无油污。入孵前细菌检测为合格标准。

③孵化场区隔离生产管理办法：未经允许，任何外人严禁进入孵化室。允许进入孵化室的人员，必须经过洗澡更衣，换鞋，有专人引导，并且按照一定的行走路线入内。

孵化室人员，除平时休班外，严禁外出，休班回场必须洗澡消毒更衣换鞋。维修人员进入孵化室，须洗澡更衣换鞋后方可进入。严禁携带其他动物、禽鸟及其产品进入孵化室。

接雏车辆需经喷雾消毒、过火碱液后才能进入孵化场。接雏人员只能在接雏厅停留，严禁进入其他区域，由雏雉发放员监督。

运送种蛋的车辆需经彻底的消毒后再进入孵化场。每次雏雉发放结束后，全面打扫存放间，发雏室、接雏厅、客户接雏道路并用 2%的火碱溶液全面喷洒消毒。

及时处理照蛋、毛蛋及蛋壳，不得在孵化厅室存放过夜。

进入孵化厅的物品须经有效的消毒处理后方可带进。孵

化室备用工作服在每次使用后立即消毒清洗。

外来人员离开孵化室后，其所经过的区域，用2%的火碱溶液喷雾消毒。定期清理孵化场周围的垃圾等杂物，每月消毒1次。

(三)孵化不良原因的分析

孵化不良的原因有先天性和后天性的两大类，每一类中尚存在许多具体的因素。

1. 影响种蛋受精率的因素

种蛋受精率，高的应在90%以上，一般应在80%以上。若不足80%，应该及时检查原因，以便改进和提高。影响种蛋受精率的主要原因有种鸡群的营养不良，特别是饲料中缺少维生素A的供给；公、母鸡配种比例失调，鸡群中种公鸡太少；气温过高或过低，导致种公鸡性活动能力的降低；公鸡或有腿病，或步态不正，影响与母鸡交配；公、母鸡体重悬殊太大，特别是公鸡很大而母鸡太小，常造成失配等。

2. 孵化期胚胎死亡的原因

胚胎死亡的原因很多，有先天性、营养性、中毒性、病理性等。

(1)孵化前期(1～7日龄)

①种蛋被病菌污染：病菌主要是大肠杆菌、沙门杆菌等，或经母体侵入种蛋，或检蛋时未妥善处理，被病菌直接感染，造成胚胎死亡。因此种蛋在产后1小时内和孵化前都要严格消毒。

②种蛋保存期过长：陈蛋胚胎在孵化开始的2～3天内死亡，剖检时可见胚盘表面有泡沫出现、气室大、系膜松弛，因此

种蛋应在产后7天内孵化为宜。

③剧烈震动:运输中种蛋受到剧烈震动,致使系膜松弛、断裂、气室流动,造成胚胎死亡。因此,种蛋在转移时要做到轻、快、稳,运输过程中做好防震工作。

④种蛋缺乏维生素A、维生素D:胚胎缺乏必需的营养成分导致死亡,在种鸡饲养时应保证日粮营养丰富、全面。

(2)孵化中期(18日龄):胚胎中期死亡主要表现为胚位异常或畸形。主要是种蛋缺乏维生素D、维生素B_2所致。应加强种鸡的饲养。

(3)孵化后期(21～23日龄)

①通气不良,缺氧闷死,软骨畸形。

②如胚胎体表充血,则表明受到高温的影响。

③小头大嘴,则说明通风换气不良,气室小或温度过高。

(4)出雏死亡:出雏死亡表现为未啄壳或虽啄壳但未能出壳而致死亡。原因是种蛋缺乏钙、磷;喙部畸形。

综合以上原因可知,前期鸡胚胎死亡主要是因为种蛋不好,或因内源性感染,中期主要是营养不良,后期主要是孵化条件不良所致。养殖户应对症下药,加强管理,积极预防,以取得最大的经济效益。

三、雏雉的分级与存放

1. 注射疫苗

按出雏的先后顺序用鸡马立克病火鸡疱疹病毒活疫苗进行稀释,每只雏雉肌肉或皮下注射0.2毫升。

2. 强弱分级

雏雉(见彩图5)品质的健壮与否,对山鸡饲养效益关系重

大。健康良好的雏雉是培育优良的后备种鸡、商品鸡成活率高和增重快的前提条件，许多饲养户都非常重视雏雉的选择。

雏雉经性别鉴定后（方法见前述），即可按体质强弱进行分级。

挑选雏雉健雏与弱雏的方法主要通过看、摸、听。从羽毛、外貌、腹部、脐部、雏雉活力与鸣叫声、体重等进行综合评判。

健雏精神活泼，眼大有神，绒毛整洁、光亮，腹部柔软，蛋黄吸收良好，两足站立结实，体重符合本品种标准，胫趾色素鲜浓。用手抓握，感到饱满有膘，温暖而有弹性，挣扎有力，鸣叫声响亮，雏雉大小一致。

弱雏精神呆滞，眼小嗜睡，两足站立不稳，脐带愈合不良或带血，过小，绒毛蓬乱，肛门周围有时粘有黄白色稀粪。

除弱雏外，还有一些喙、眼、腿有残疾或畸形的雏雉，蛋黄吸收不良，肛门周围粘着粪便的雏雉及过于软弱的雏雉，均不易养活，还容易传染疾病，应及时、全部淘汰。

被选择出来的称为弱雏，如果弱雏也要饲养时，应把好次分群饲养，千万不要把强雏和弱雏混合饲养。因为混群饲养时，强欺弱，次鸡会因饮食不能满足而得病死亡。

3. 雏雉存放

雏雉存放室的温度较温暖，一般要求舍温 24～28℃，通风良好并且无穿堂风。雏雉盒的码放高度不能太高，一般不超过 10 层，并且盒之间有缝隙，以利于空气流通。不要把雏雉盒放在靠暖气、窗户处，更不能日晒、风吹、雨淋。雏雉应当尽快运到鸡场，越早运到饲养场，饲养效果越好。

第五节 山鸡的提纯复壮

山鸡饲养几年之后，如不加以有系统的选育，品种会出现退化，主要表现在个体变小、产蛋减少，有的还会出现外貌特征改变、肉质下降等。为了防止山鸡品种退化，必须对山鸡群进行提纯复壮。

1. 山鸡品种退化的原因

（1）近亲繁殖：近亲繁殖会导致后代生产性能、生活力和繁殖性能下降，因许多专业户饲养的山鸡群较小，又没有严格的配种记录，往往会产生近亲交配。

（2）环境条件的影响：各地的饲养条件不一样，不良的自然环境和饲养条件易使生产性能下降，肉质变差。

（3）种不纯：部分种山鸡场缺乏相应的育种技术，导致品种不纯，后代性状分离退化较严重。

2. 山鸡的提纯复壮

山鸡的提纯复壮实际上就是对山鸡群进行选育提高，也就是要建立核心群和对它们后代选育。

（1）建家系：在一个具有相应条件的育种鸡舍中，设置配种小间 10～20 间，每间放入 1 只优秀公山鸡，配 5～10 只母山鸡，这样所得的后代便可形成 10～20 个父系半同胞家系。

（2）建核心群：待完成一个产蛋利用期后，根据所有记录资料对各家系进行鉴定和选择，可精选出优秀公山鸡 10 只和优秀母山鸡 100 只组成所谓核心群用于繁殖制种。

核心群个体条件选择，可从品种特征、亲代及其后裔综合鉴定其是否是纯种；16 周龄公山鸡体重 1200 克，母山鸡 900

克，3～4 月龄平均体重达 1250 克；年产蛋 80～120 个，受精率 80%～90%；体型要求大、胸阔、背宽、龙骨直，羽毛紧密有光泽，羽色符合本品种特征；核心群山鸡年龄不宜过大，以 1～3 年山鸡为宜。

(3)选配：选配就是在鸡繁育过程中有意识、有计划地选择最适合的山鸡公、母鸡进行交配，借以获得符合育种目标的后代，选配是选择的继续。对山鸡来讲，常用的选配形式有以下三种。

①品质选配：即根据山鸡公母性状的异同来进行的选配，又可分为同质选配和异质选配。

Ⅰ. 同质选配：就是选择在生产性能特点或其他经济性状相同的优良公母山鸡交配，利用基因的加性效应，使后代保持和提高生产性能。

Ⅱ. 异质选配：就是选择具有不同生产性能特点或性状的优良公母鸡交配，增加后代杂合基因型，利用基因的显性效应、上位效应、互作效应，提高后代的生产性能。

②龄期选配：即根据山鸡公母的龄期来进行选配。山鸡第 2 年的繁殖能力最强，产蛋率和受精率均较高，可将当年和第 2 年的种山鸡合养比较理想。

③杂交：杂交是指不同遗传类型的山鸡互相交配或结合而产生杂种的过程。杂交繁育使非加性基因产生显性、超显性和互作效应，使加性基因性状更为丰富完善，从而获得高产、稳产、整齐度高及生活力强的商品杂交山鸡。

(4)核心群后代的选育：核心群种山鸡的后代必须经过初选(雏雉出壳时进行第一次选择)、复选(2～4 月龄进行选择)、最后鉴定(繁殖后代半年之后选择)，合格的可进入核心群，不合格淘汰作为商品山鸡饲养。

第五章　山鸡的饲养管理

对山鸡的日常管理应该从很多方面去考虑，如养殖的环境条件是否能够保证山鸡的正常生长需求；卫生防疫状况如何，除日常的卫生清理工作以外，还应对网舍及各种用具进行定期消毒。因此，山鸡饲养管理的水平高低，是决定山鸡养殖能否成功的关键因素之一。

根据山鸡不同生长发育阶段的特点，生产上常将山鸡的饲养管理分为雏雉期的饲养管理、育成期的饲养管理和种山鸡的饲养管理。每一阶段的管理重点各有不同，应当分别对待。

第一节　雏雉期的饲养管理

山鸡的雏雉期（0～6 周龄）是指雏雉从出壳到脱温这段时间，雏雉期是饲养山鸡过程中最关键的环节。刚刚出壳的雏雉，体质弱，对外界不良环境的抵抗能力差，这一阶段饲养管理特别重要，它直接关系到育成期的生长发育及种山鸡的生产性能和种用价值。因此，雏雉期是山鸡生产中特别关键的阶段，必须从多方面加以精心管理。

一、雏雉的生理特点

要培育好雏雉，首先必须了解其特点，然后根据其特点进行饲养管理。

1. 体温调节能力差

雏雉个体小，绒毛稀短，抗寒能力差，难以适应外界温度的变化，既怕冷，又怕热。因此，育雏期要有人工控温设施，以保证雏雉正常生长发育所需的温度。

2. 雏雉采食量小

雏雉的嗉囊和肌胃容积很小，贮存食物有限，消化系统需要逐渐发育完善。但雏雉生长极为迅速，单位体重的新陈代谢及营养需要量较大。因此要求饲料养分充足，营养全面，容易消化，特别是蛋白质饲料要充足。饲喂要少吃多餐，增加饲喂次数。

3. 代谢旺盛，生长迅速

雏雉1周龄时体重约为初生重的2倍，至6周龄时约为初生重的15倍，其前期生长发育迅速，因此在营养上要充分满足其需要。

雏雉代谢旺盛，心跳快，每分钟脉搏可达150～200次，安静时单位体重耗氧量比家畜高1倍以上，所以在满足其营养需要的同时，又要保证良好的空气质量。

4. 胆小易惊

雏雉非常胆怯，对外界环境的微小变化非常敏感，外界的任何刺激都会导致雏雉情绪紧张而四处乱窜，影响采食，甚至引起死亡。因此育雏期间甚至以后各饲养阶段，要注意保持周围环境安静，有规律而细心地进行操作、管理。

5. 抗逆性差

雏雉的抗病力较雏家禽强，但初生雏雉生活力弱、抗病力差，很容易受到各种病原微生物的感染，在第一周内死亡率最高，一些品质较差的种蛋孵出的雏雉几乎都在此期间死亡。所以饲养雏雉一定要精心护理，做好消毒工作，严格控制各种病原微生物的侵入。

雏雉没有自卫能力，易受鼠、猫、狗、蛇、野兽和无敌野鸟等的侵害，所以育雏舍要有防卫设施。

6. 初期易脱水

刚出壳的雏雉含水率在75%以上，如果在干燥的环境中存放时间过长，则很容易在呼吸过程中失去很多水分造成脱水。育雏初期干燥的环境也会使雏雉因呼吸失水过多而增加饮水量，影响消化机能。因此在育雏初期注意湿度问题以提高育雏的成活率。

二、进雏前的准备

为了使雏雉能正常地生长发育，必须做好各项育雏前的准备工作，创造最适宜的环境。

1. 确定育雏人员

育雏工作是一项细致艰苦、技术性很强的工作，一定要由工作认真负责，具有一定养鸡知识的人来担任。如果是新手，一定要进行技术培训。

2. 拟定育雏计划

根据本场的具体条件，制定育雏计划，明确每批育雏的数量、育雏方式，然后根据育雏数量和育雏方式准备育雏舍面积、保温设备和其他育雏设备的规格和数量，并根据育雏数量

和育雏时间准备饲料、垫料和药物等消耗物质。

(1)育雏季节的选择:季节与育雏的效果有密切关系,因此育雏应选择适合的季节,并应根据不同地区和环境条件进行选择。种用山鸡育雏一般选择在秋季(9～11 月)进行,第二年 3～5 月气温回升,阳光充足时达到性成熟,正好利用。商品山鸡可全年饲养,尤其春节前后上市售价较高。

(2)房舍、设备条件:如果利用旧房舍和原有设备改造后使用的,主要计算改造后房舍设备的每批育雏量有多少。如果是标准房舍和新购设备,则计算平均每育成一只雏雉的房舍建筑费及设备购置费,再根据可能用于房舍设备的资金额,确定每批育雏的只数及房舍设备的规模。

无论是初次育雏的育雏室,还是循环育雏的育雏室,在进雏雉 10～15 天前都要对育雏室的门窗、屋顶、墙壁、地面等进行检查和维修,堵塞门窗缝隙、鼠洞,特别注意防止贼风吹入。根据育雏方式检修育雏的网床或育雏笼有无破损等。

养鸡全程中必须保证水线供水正常,不漏水,不堵塞,无污染。如果管线漏水,就会导致舍内湿度增加,在高温情况下鸡粪混杂着饲料迅速发酵产生氨气,过高浓度的氨气会损伤雏雉呼吸道黏膜,呼吸道黏膜是抵御外邪入侵的第一道屏障,一旦损毁,雏雉就完全暴露在充满病原的环境中,最终导致感染。因此,在进鸡前彻底清理水线,擦拭饮水器,检查漏水情况。

(3)可靠的饲料来源:根据育雏的饲料配方、耗料量标准以及能够提供的各种优质饲料的数量,算出可养育的只数及购买这些饲料所需的费用。

(4)资金预计:将房舍及饲料费用合计,并加上适当的周转资金，算出所需的总投资额，再看实际筹措的资金与此是否相符。

(5)其他因素：要考虑必须依赖的其他物质条件及社会因素如何，如水源是否充足，水质有无问题，特别是电力和燃料的来源是否有保证，育雏必需的饲料、疫苗、常用物资等的供应渠道及产品销售渠道的通畅程度与可靠性等。

最后将这四个方面的因素综合分析，确定每一批育雏的只数规模，这个规模大小应建立在可靠的基础上，也就是要求上述几个因素应该都有充分保证，同时应该结合市场的需求，出售价格和利润率的大小来确定。每一批的育雏只数规模确定后，再根据一年宜于养几批，决定全年育雏的总量。

3. 育雏用品的准备

在接雏前要根据选择的育雏方式准备好相应的设备。

(1)育雏设备：根据选择的是笼育雏、网床育雏还是地面垫料育雏方式准备、检修好育雏笼、网床，准备好垫料。

地面垫料平养应在鸡舍熏蒸消毒前铺好经过消毒的5～6厘米厚垫料(每平方米约5千克)。育雏开始的3天内，可上铺一层吸水性好的报纸或棉布等，防止雏雉误食垫料(特别是锯末)。

在潮湿地区养殖雏雉，最好采用添加式铺设垫料，早、中期每3天要翻一次垫料，并适当加铺一层垫料。到了夏季“返潮”严重，垫料易污染时，不可翻起垫料，要用平锹铲除垫料表层，铺一层新垫料，效果最好。

除此之外，还可以使用组合垫料，如把麦秸与稻草、稻壳与木花混合使用，也可以把原来的垫料表面覆盖一些其他种类的垫料。但使用垫料时要注意垫料pH值，当pH为8时，

氨气产生达到最高,可用化学和物理方法处理垫料,以降低pH值,防止氨气产生。

(2)加温设备:无论采用什么热源,都必须事先检修好,进雏前经过试温,确保无任何故障。如有专门通风、清粪装置及控制系统,也都要事先检修。

(3)照明灯:照明用的灯泡按要求配置好。

(4)饲喂用具:按30～50只雏雉配1个水盘和1个料盘准备。3天后的饮水器数量,要求每100只雏雉至少需要2个2升的真空饮水器,50只鸡一个料桶。

(5)饲料准备:在进雏前2～3天要准备好开食饲料和3天后饲喂的全价饲料。雏雉前3天的开食饲料可用玉米面拌熟鸡蛋黄(100只雏雉每天加3～4枚蛋黄)。雏雉最好采用湿喂法(用手握料成小团为宜),任其自由采食。

育雏期的饲料消耗量参见表5-1,饲料按周准备,防止中途换料,影响雏雉的生长发育。

表5-1 育雏期的饲料消耗量

周龄	累计饲料消耗(克)
1	59
2	154
3	286
4	449
5	613
6	863

（6）燃料：均要按计划的需要量提前备足。

（7）药品的准备：为了防止疾病的发生，需要准备一些常规的药品和疫苗（种类见本书第六章第一节相关部分）。疫苗要到相关的防疫部门去购买，防止购入假冒劣质的疫苗。购买到疫苗后，一定按说明要求的温度标准保存，避免疫苗失效。另外，还要准备一些育雏期间常用的药品，如呋喃唑酮（痢特灵）、呋喃西林、土霉素、氟哌酸、高锰酸钾、抗应激药物（如电解质液和电解多维）等。

（8）记录本：准备好育雏记录本及记录表，记录出雏日期、存养数、日耗料量、鸡只死亡数、用药及疫苗接种情况，以及体重称测和发育情况等。

（9）其他：准备好连续注射器、滴管、刺种针、断喙器等。

4. 育雏舍消毒

进雏前7天对育雏室进行消毒，凡进入育雏室的喂食、饮水等有关饲养用具也应同步消毒。

（1）清扫：首先清扫屋顶、四周墙壁以及设备内外的灰尘等脏物。若是循环生产，每一批雏雉出场以后，应对鸡舍进行彻底的清扫，将粪便、垫草、剩料分别清理出去，对地面、墙壁、棚顶、用具等的灰尘要打扫干净。

（2）冲洗：冲洗是大量减少病原微生物的有效措施，在鸡舍打扫以后，都应进行全面的冲洗。不仅冲洗地面，而且要冲洗墙壁、笼具、网床、围网等。如地面黏有粪块，结合冲洗时应将其铲除。最好使用高压水枪冲洗，如没有条件应多洗一两遍。

待地面冲洗干净并晾干后，用百毒杀等药水按说明要求比例稀释，喷洒顶棚、墙壁、门窗，地面用2%～3%氢氧化钠溶

液喷洒，1～2 小时后冲洗干净。铁制笼具最好用火焰消毒器消毒。

(3)周围环境：在消毒鸡舍的同时，将鸡舍周围道路杂草，遗漏的鸡粪、鸡毛、垃圾全部清除，然后冲洗道路，喷洒 2%～3%的氢氧化钠溶液。

(4)熏蒸消毒：育雏的所有用具用消毒药水浸泡半天，清洗干净后将水盘和料盘以及育雏所用的各种工具放入舍内，然后将鸡舍门窗、进风口、出气孔、下水道口等全部封闭，并检查有无漏气处；在舍温 25℃，空气相对湿度 75%的条件下进行熏蒸消毒。

目前，鸡舍熏蒸消毒的常用药物有两种：其一是用福尔马林消毒，按每立方米空间用高锰酸钾 21 克、福尔马林 42 毫升熏蒸消毒，或福尔马林 30 毫升加等量水喷洒消毒，密闭熏蒸 24～48 小时，消毒效果较好(陶瓷盆在棚舍中间走道，每隔 10 米放一个；瓷盆内先放入高锰酸钾，后倒入甲醛；从离门最远端依次开始；速度要快，出门后立即把门封严；如湿度不够，可向地面和墙壁喷水)。其二是用主要原料为二氯异氰尿酸钠的烟熏，利用二氯异氰尿酸钠在高温下产生二氧化氯和新生态氧，利用二氧化氯的强氧化能力，将菌体蛋白质氧化，从而达到杀死细菌、病毒、芽孢等病原微生物的作用。如果离进鸡还有一段时间，可以一直封闭鸡舍到进鸡前 3 天左右。空舍 2～3 周后在进鸡前约 3 天还要进行一次熏蒸消毒。

(5)雏雉舍消毒后重新启用前的检查：确保所有设备都正常工作，各项环境指标正常。熏蒸完成后门前消毒池放上消毒液。

5. 育雏舍的试温和预热

因雏雉的生理调节机能还不完善，仅靠绒毛来保温，对外界温度的变化比较敏感，尤其是受低温的影响更大，所以雏雉舍的升温和保温直接影响雏雉饲养的效果。

(1)升温时间：无论采取哪种育雏方式，在进雏的前2～3天要做好育雏室的供温、试温工作，尤其是寒冷季节，温度升高比较慢，雏雉舍的预热升温时间更要提前。雏雉舍的温度要求因供暖的方式不同而有所差异。采用育雏伞供暖时，1日龄时伞下的温度控制在35～36℃，育雏伞边缘区域的温度控制在30～32℃，育雏室的温度要求25℃。采用整室供暖(暖气、煤炉或地炕)，1日龄的室温要求保持在35～36℃；空气相对湿度65%～70%。

(2)检查时温度计放置的位置：育雏笼应放在最上层和第二层之间；平面育雏应放置在距雏雉背部相平的位置；带保温箱的育雏笼在保温箱内和运动场上都应放置温度计测试。

如果进雏后，舍内温度仍不太稳定，可以先让雏雉仍在运雏盒中休息，待温度稳定后再放出。随着雏雉的逐渐长大，羽毛逐渐丰满，保温能力逐渐加强，对温度的要求也逐渐降低，但不要采取突然降温的方法。

三、接雏

准备工作全都符合要求后即可接雏。

雏雉到场后，为防止雏雉受凉或受热，应第一时间将雏雉盒(箱)卸下搬入育雏舍内，然后立体笼养按每平方米40只，网床平养和垫料平养按每平方米50只的密度进行强弱、公母分笼(可将四层笼的雏雉集中放在温度较高又便于观察的中

间两层。上笼时先捉壮雏，剩下的弱雏另笼单养）或分群（切不可怕麻烦把大小不一，强弱不均的雏雉混在一起养，网上平养可先分出部分小区饲养，每群可掌握在250～300只），再把所有的装雏盒（箱）随运雏搬出舍外。对一次性的纸盒要烧掉，对重复使用的塑料盒（箱）等应清除箱底的垫料并将其烧毁，下次使用前对运雏盒（箱）进行彻底清洗和消毒。

分笼或分群工作中要及时做好标记，把选出健壮、合格的雏雉作为种用山鸡来培育，将弱雏作为肉用商品山鸡饲养，以后可结合疏散密度等管理再次进行分群、选种。

四、育雏期的饲养管理

1. 雏雉饮水与开食

雏雉接运到育雏室休息1～2小时后，应当是先给予饮水，然后再开食。

（1）初饮：雏雉在高温条件下，很容易造成脱水。因此，初饮应尽快进行。雏雉出壳后12～36小时进行第一次饮水，叫做初饮或开水，适时饮水可补充体内水分，促进雏雉肠道的蠕动，吸收残留卵黄，排出胎粪和增进食欲。

根据确认的大约到雏时间，在进雏前2小时将饮水器装满20℃左右的温开水，为防白痢、大肠杆菌病，在水中加入0.01%氟哌酸或环丙沙星均有良好的预防效果，同时还可在水中加入4%～5%的葡萄糖（白糖）、或0.01%的高锰酸钾、或在每千克水中加入抗生素（氟哌酸、恩诺沙星、乳酸环丙或阿莫西林中的一种，现配现用）。

将饮水器添水量以每只鸡6毫升计算，均匀地分布在育雏器内。饮水器放置的位置应处于鸡只活动范围不超过1.5

米的地方均匀摆放，每只鸡至少占有 2.5 厘米水位，饮水器高度要适当，水盘高出鸡背 2 厘米为宜，要随鸡生长的体高而调整水盘的高度，防止鸡脚进水盘弄脏水或弄湿垫料及绒毛，甚至淹死。

饮水的配制一次不能太多，要少给勤换。因为雏雉舍内温度高，水内有糖分与维生素，时间过长容易发酵产酸与失效。对于刚到育雏舍不会饮水的雏雉，应进行人工调教，即手握住鸡头部，将雏雉嘴插入水盘强迫饮 1～2 次，这样雏雉以后便自己知道饮水了。若使用乳头饮水器时，最初可在吊杯内加一些水，诱雏雉饮水。如果雏雉脱水严重，可连饮 3 天白糖或葡萄糖水。

初饮时一定要有专人值班看管，在饮水处一定要保持四周环境的干燥。因抢水打湿羽毛的雏雉要捡出，以 36℃温度烘干，减少死亡。

(2)开食：雏雉第一次喂食称为开食，开食时间一般掌握在初饮后 1～2 小时进行，开食可在浅盘或有颜色的硬纸上进行。开食的早晚直接影响雏雉的成活率，开食过早，雏雉大部分不会采食，影响雏雉的整齐度，即使能够采食也会造成消化不良，引起各种疾病；开食过晚，又会影响生长发育，增大死亡率，因此当有 60％～90％雏雉随意走动，有啄食行为时应进行开食。

①开食饲料：雏雉开食饲料可用玉米面拌熟鸡蛋黄(100 只雏雉每天加 3～4 枚蛋黄)，3 日龄后即可喂粗蛋白为 25％以上的全价配合饲料。如果饲养了动物性饵料，也可饲喂黄粉虫或蝇蛆等。

②开食方法：雏雉最好采用湿喂法(用手握料成小团为

宜)，将配制好的开食饲料撒在料盆内，任其自由采食。整个开食时间宜短，一般在20分钟内完成。

③诱食方法：刚开食时，对不认料的雏雉，可将有颜色的纸放在料下，以引诱雏雉啄食，对不会采食的雏雉需要人工直接将开食料塞进雏雉嘴内。第二次喂料，应将被污染饲料扫清。

④饲喂量：开食时少给勤添，每2小时喂一次料。第一次喂料为每只鸡20分钟吃完0.5克为度，以后逐渐增加。

⑤开食观察

Ⅰ.采食量：凡是开食正常的雏雉，第一天平均每只最多吃2～3克。

Ⅱ.声音：开食良好的雏雉，走进育雏室即可听到轻快的叫声，声音短而不大，清脆悦耳，且有间歇；开食不好的雏雉，有烦躁的叫声，声音大而叫声不停。

Ⅲ.休息：开食正常，雏雉很安静，很少站着休息，更没有扎堆的现象。

⑥开食注意事项：在混合料或饮水中放入呋喃唑酮等药物，能大大减少白痢病的发生；如果在料中或水中再加入抗生素(氟哌酸、恩诺沙星、乳酸环丙或阿莫西林中的一种)，大群发病的可能性更小，粪便也正常。但开食不好、消化不良的雏雉仍然会出现类似白痢病的粪便，所以在开食时应特别注意以下几点：

Ⅰ.挑出体弱雏雉：雏雉运到育雏舍，经休息后，要进行清点将体质弱的雏雉挑出。因为雏雉数量多，个体之间发育不平衡，为了使雉群发育均匀，要对个体小、体质差、不会吃料的雏雉另群饲养，以便加强饲养，使每只雏雉均能开食和饮水，促其生长。

Ⅱ. 开食不可过饱：开食时要求雏雉自己找到采食的食盘和饮水器，会吃料能饮水，但不能过饱，尤其是经过长时间运输的雏雉，此时又饥又渴，如任其暴食暴饮，会造成消化不良，严重时可致大批死亡。

Ⅲ. 随时清除开食盘中的赃物。

2. 雏雉的日常管理

雏雉的养殖并不像一般的鸡雏那样好养，原因在于雏雉在育雏期温度和空气中的湿度要求比较严格，一些人把雏雉当成一般的鸡雏来养，把家鸡雏的养殖方法搬到雏雉身上来养，这是很多养殖户失败的原因。在这里提醒养殖者一定要注意。

(1)温度：不论哪种育雏方式，控制好温度和湿度是育好雏雉成败的关键。

育雏室的温度要随雏雉日龄的增长而逐渐降低，1～2 日龄为 35～36℃；3～5 日龄为 33～35℃；6～8 日龄为 32～33℃；9～10 日龄为 32～31℃；11～14 日龄为 31～28℃；15～20 日龄为 28～25℃；21～25 日龄为 24～18℃；25 日龄以后如果室温不加热达到 18℃可停止供温，如果昼夜温差较大，可延长给温时间，可以白天停温，晚上仍然供温，6 周龄以后可以全部脱温。

①温度的测定：测温时温度计的放置位置和试温时一样，育雏笼应放在最上层和第二层之间；平面育雏应放置在距雏雉背部相平的位置；带保温箱的育雏笼保温箱内和运动场上都要测试。

育雏重在保温，所以该阶段一定不要使雏雉受凉，鸡舍的

两端温度一定要够。应该调整好加热系统，使舍内的昼夜温差以及鸡舍不同部位的温差波动不能太大，鸡舍漏风处一定要封好；如果在寒冷季节，需要关注墙边，墙边的温度往往要和目标温度差 7～8℃，最好墙边铺设塑料布将雏雉隔开。

衡量育雏温度是否合适，除了观察温度计外，更主要的是观察雉群精神状态和活动表现。温度适当，雏雉表现精神状态良好，食欲较好，饮水适度，活泼好动，睡觉的时候均匀的分散开来。温度过高，雏雉远离热源，张口呼吸，饮水量增加，食欲不好，还会出现稀样的粪便；温度过低，雏雉拥挤在热源附近，缩颈，行动迟缓，夜间睡眠不稳，闭眼尖叫，拥挤扎堆，有时会出现挤压死亡的现象。

②温度控制的稳定性和灵活性：弱雏要求温度高，强雏低；夜间高，白天低；大风降温和雨天时要求高，正常晴天要求低；冬春育雏时要求高，夏秋时要求低；小群育雏密度小的要求高，大群育雏密度大的要求低。育雏期间要组织专人值班，特别在后半夜，气温最低时，因人困乏，顾不上照看热源而造成雏雉受凉、压死的现象。同时要注意温度的改变要逐步进行，严防育雏温度忽高忽低，变化太大（雏雉容易感冒，患消化道疾病等），影响生长发育，严重时可引起死亡。

③做好温度记录：前 3 周应每 2 小时记录 1 次鸡舍各处温度，4 周龄以后每天至少记录 3～5 次温度。

④雏雉的温度锻炼：随着日龄的增长，雏雉对温度的适应能力增强，因此应该适当降温。适当的低温锻炼能提高雏雉对温度的适应能力。不注意及时降温或长时间在高温环境中培育的雉群，常有畏寒表现，也易患呼吸道疾病。秋天的雏雉即将面临严寒的冬天，尤其需要注意及时降温，培育鸡群对低

温的适应能力。

降温的速度应该根据鸡群的体质和生长发育的状况，根据季节气温变化的趋势而定，大致每天降低 0.5℃，也可每周降 3℃左右，直到逐渐降至室温为止。

供暖时间的长短应该依季节变化和雏群状况而定。正月进的雏雉供暖时间应该长一些，当育雏温度降至白天最低温度时，就可以停止白天的供暖，当夜间的育雏温度降至夜间的最低温度时，才可以停止夜间的供暖。在昼夜温差较大的地区，白天停止供热后，夜间仍需继续供热 1～2 周。

（2）湿度：雏雉的相对湿度在前期要求比较高，主要是为了防止雏雉脱水；后期的要求比较低，主要是为了防止球虫病等疾病的发生。

①湿度的要求：育雏舍的湿度要通过干湿球温度计来测量，比较理想的湿度是 1～10 日龄相对湿度 65%～70%，10 日龄以后相对湿度控制在 55%～65%即可。

②相对湿度的测定：测定相对湿度是采用干湿球温度计，如测定鸡舍内相对湿度，应将干湿球温度计悬挂在舍内距地面 40～50 厘米高度的空气流通处。

有经验的饲养员还可通过自身的感觉和观察雏雉表现来判定湿度是否适宜。湿度适宜时，人进入育雏室有湿热感，不感觉鼻干口燥，雏雉的脚爪润泽、细嫩，精神状态良好。如果人进入育雏室感觉鼻干口燥、鸡群大量饮水，鸡群骚动，说明育雏室内湿度偏低。反之，舍内用具、墙壁上有一层露珠，室内到处都感到湿漉漉的，说明湿度过高。

③舍内湿度的调节：生产中，由于饲养方式不同、季节不同、鸡龄不同，舍内湿度差异较大。为了满足雏雉的生理需

要，要对舍内湿度经常进行调节。

Ⅰ. 增加舍内湿度的办法：一般在育雏前期，需要增加舍内湿度。如果是网上平养育雏，则可以在水泥地面上洒水增加湿度；若垫厚料平养育雏，则可以向墙壁上面喷水或在火炉上放一个水盆蒸发水汽，以达到补湿的目的。

Ⅱ. 降低舍内湿度的办法：降低舍内湿度的办法主要有升高舍内温度，增加通风量；加强平养的垫料管理，保持垫料干燥；冬季房舍保温性能要好，房顶加厚，如在房顶加盖一层稻草等；加强饮水器的管理，减少饮水器内的水外溢；适当限制饮水。

(3)饲养密度：合理的饲养密度是保证鸡群健康，生长发育良好的重要条件，因为密度与育雏舍内的空气、湿度、卫生以及恶癖的发生都有直接关系，雏雉饲养密度大时，育雏舍内空气污浊，氨味大；湿度高，卫生环境差，吃食拥挤；抢水抢料，饥饱不均，残次雏雉增多，恶癖严重，容易发病。雏雉饲养密度小时，对雏雉生长发育有利，但不利设备的充分利用和劳动力的合理使用，所以雏雉饲养密度也不是愈小愈好。雏雉的饲养密度参见表 5-2。但表中所列雏雉的饲养密度不是硬性规定，要根据鸡舍的构造、通风条件等情况灵活掌握。

表 5-2 雏雉期的饲养密度(只/平方米)

周龄	笼养	垫料平面育雏	网床平面育雏
1	40	50	50
2	35	30	35
3	30	25	28
4	25	20	22

续表

周龄	笼养	垫料平面育雏	网床平面育雏
5	20	15	18
6	15	13	15

(4)合理饲喂:开食3天后,应逐步改用雏雉配合饲料进行正常饲喂,并在料桶中盛上饲料,料的细度1～1.5毫米。料桶要安放在灯光下,使雏雉能看到饲料。料桶和饮水器应当分开放置,但二者不宜相距1米以上。料桶和饮水器的安置数量必须足够,以保证同一群雏雉饮食均匀,达到生长发育均匀一致。

①喂料量:开食后4～7日,每日喂8次,每只日均食量6.5克;8～15日龄每日喂7次,每只日均食量11.5克;16～30日龄每日喂6次,每只日均食量22克;31～60日龄每日喂5～6次,每只日均食量45克。

饲料要保持新鲜,每次给料不宜过多,以吃好为宜。晚9点熄灯,不再喂食,使雏雉休息。

第二周开始,每周略加些不溶性河沙(砂粒洗净后用0.05%的高锰酸钾浸泡消毒晒干),每100只鸡每周喂200克,一次性喂完,不要超量,切忌天天喂给,否则常招致硬嗉症。

山鸡雏易患软脚病,对矿物质、微量元素和维生素十分敏感,所以,雏雉在出壳后的第4天可添加切碎的青菜或嫩草等,饲喂量约占饲料总量的10%左右,不宜过多,以免引起拉稀。随着雏雉日龄的增长,可逐步加大喂量到占饲料总量的20%～30%。

②注意事项

Ⅰ.雏雉每日的采食量(即饲料需要量)因日龄、气温、健康状况和饲料的适口性等而异,一般的情况下每只雏雉每日的采食量在一定生长阶段内是相对稳定的。

Ⅱ.投料时要注意喂料量,以当次吃完为准,最好不留料底,以免饲料受污染。

Ⅲ.对于采食未饱的个体,可捉出另行饲喂。

Ⅳ.如果雏雉的采食量突然下降,则应及时查明原因,并采取相应的措施。

Ⅴ.雏雉饲养期间,要喂一些黄粉虫或蝇蛆等动物性饵料。

(5)提供充足的饮水:初饮后,无论何时都不应该断水(饮水免疫前的短暂停水除外),而且要保证饮水的清洁,尽量饮用自来水或清洁的井水,避免饮用河水,以免水源污染而致病。饮水器要刷洗干净,每天换水 2 次。供水系统应经常检查,去除污垢。饮水器的大小及距地面的高度应随雏雉日龄的增加而逐渐调整。

(6)光照:商品山鸡的生产对光照制度要求不严格,种用山鸡则必须制订合理的光照制度。种用山鸡在育雏阶段应遵循总的原则是:光照只能减少不能增加,采用弱光,避免强光,光照时间不能或长或短。1～3 天 24 小时光照,4～7 天 20 小时光照,第 2 周 19 小时光照,第 3 周转入自然光照。

2 周龄前一般要求每平方米 3 瓦,2 周龄后要求每平方米 2 瓦。灯泡至少每周擦拭一次,保证光照强度。

(7)通风:育雏期室内温度高,饲养密度大,雏雉生长快,代谢旺盛,呼吸快,需要有足够的新鲜空气。另外舍内粪便、垫料因潮湿发酵，常会散发出大量氨气、二氧化碳和硫化氢，污染室内空气。所以，育雏时既要保温，又要注意通风换气以保持空气新鲜。在保证一定温度的前提下，应适当打开育雏室的门窗，通风换气增加室内新鲜空气，排出二氧化碳、氨气等不良气体。一般以人进入育雏舍内无闷气感觉，无刺鼻气味为宜。在育雏前期(3 周龄前)，必须在中午气温较高的时候，开小窗通气或在门窗上挂通风帘，使新鲜空气缓慢进入，不能让风直接吹到雏雉身上，以防感冒。3 周龄后，可选择晴暖无风的中午，开窗通风透气。

通风换气要注意避免冷空气直接吹到雏雉身上，而使其着凉感冒。也忌间隙风。育雏箱内的通气孔要经常打开换气，尤其在晚间要注意换气。

(8)断喙：山鸡非常好斗。到 2 周龄时，雏雉群中就会有啄癖发生，这种恶习要比家鸡群流行更广，一旦发生很难停止。如果放任不管，由于雏雉的喙特别锋利，不长时间便会使雏雉损伤和死亡。

为防止山鸡啄癖发生，必须在 14～16 日龄对雏雉进行第一次断啄(如果采用给山鸡戴眼镜方式的则不需断喙，但要在 7 周龄时，开始戴大小适合的眼镜)。

①断喙时间：一般在 14～16 日龄时进行。

②做好断喙前的准备：在断喙前后 3 天料内添加液体多维，每千克料约加 2 毫克，有利于止血和减轻应激反应。同时，切喙应与接种疫苗、转群等工作错开，避免给雏雉造成大的刺激。

③断喙方法：无论使用何种切喙器，在使用前都必须认真清洗消毒，防止切喙时造成交叉感染。切记：断喙正确远远要

比断喙速度更为重要。

捉拿雏雉时，不能粗暴操作，防止造成损伤。切喙时，左手抓住雏雉的腿部，右手将雏雉握在手心中，大拇指顶住鸡头后部，食指置于雏雉的喉部，轻压雏雉喉部使其缩回舌头，将关闭的喙部插入切喙器孔，当雏雉喙部碰到触发器后，热刀片就会自动落下将喙切断。

切喙时，要求上喙切除 1/2，下喙切除 1/3。但一般情况下，对 14～16 日龄的雏雉，多采用直切法。切喙后，喙的断面应与刀片接触 2～3 秒，以达到灼烧止血的目的。

近年来有些养殖户用 150～50 瓦电烙铁断喙（用电烙铁做断喙器时，需将烙铁尖端磨薄，其锋利程度与电热式刀片相近即可）或采用红外线断喙器断喙。

④注意事项

Ⅰ. 不要烙伤雏雉的眼睛、舌头。

Ⅱ. 不要切偏、压劈喙部；切喙达到一定数量后应更换刀片。

Ⅲ. 断喙器刀片应有足够的热度（刀片一般为樱桃红色），切除部位掌握准确，确保一次完成，防止断成歪喙或出血过多。

Ⅳ. 切不可把下喙断得短于上喙。断喙后应注意观察鸡群，发现个别喙部出血的雏雉，要及时灼烫止血。

Ⅴ. 切喙后要立即给水，并在饮水中加入适量抗生素（青霉素、链霉素、庆大霉素等）预防呼吸道疾病，平均每只雏雉 1 万单位，连续给药 3～5 天。也可饮用 0.01％高锰酸钾溶液，连用 2～3 天。

Ⅵ. 切喙造成的伤口，会使雏雉产生疼痛感，采食时碰到较硬的料槽底上，更容易引发疼痛。因此，切喙后的2～3天内，要在料槽中增加一些饲料，防止缘部触及料槽底部碰疼切口。

(9)日常卫生：在雏雉的管理上，日常周密的看护是一项十分重要的工作。饲养人员必须及时掌握雏雉的各种变化，采取相应的措施加强护理，才能提高成活率，获得满意的育雏效果。

①每次进育雏舍，首先观察雏雉的状态，如有异常，则检查温度、湿度和通风换气等情况，发现问题及时调整。重点观察雏雉的精神、食欲、羽毛、粪便及行为等，发现异常，查明原因，及时采取相应措施。

②每隔1～2小时检查一次雏雉周围温度。如不符合要求，要及时调整。调整温度切忌忽高忽低。逐日降温则应缓慢平稳。凡直接加热育雏室保温育雏的，如立体笼养，则要求室内各处温度基本一致，温差不超过±2℃。

③按时投料，不断供水。在水槽或水盆等饮水器中放一些色彩鲜艳的石子或大理石块，能诱导雏雉注意水并开始饮用。饮水器的槽面等开口不宜太阔，盛水不宜太深，以防止雏雉溺水。

检查饮水量是否正常，如果猛增，应考虑是否由饲料中动物性饲料含量高、鱼粉的含盐量高、外界气温突然增高、有球虫病等原因引起。

④每天定时打扫育雏舍卫生，每天定时通风换气。

⑤每周更换入口处的消毒药和洗手盆中的消毒药，对雏雉舍屋顶、外墙壁和周围环境也要定期消毒。

⑥采用笼养或网床养殖至少一周清理一次粪盘和地面的

鸡粪。鸡群发病时每天必须清除鸡粪，清理鸡粪后要冲刷粪盘和地面。冲刷后的粪盘应浸泡消毒30分钟，冲刷后的地面用2%的火碱水溶液喷洒消毒。

采用垫料养殖的要及时去除过于潮湿的垫料，以保持垫料松散和干燥。特别要加强饮水管理，防止跑、冒、渗、漏水。

饮水器、水槽和食槽每天清洗一次，并定期(2～3天)消毒一次。

⑦夏季是鸡寄生虫病的高发期，应注意预防。

⑧夏天温度高，湿度大，饲料极易发霉变质，进料时应少购勤进；添料时要少加勤添，而且量以每天吃净为宜，防止时间过长，底部饲料霉变。

⑨由于山鸡驯化程度不高，特别容易受到外界环境的影响，稍有动静就会产生惊群，乱窜乱撞，四处奔逃，以至撞伤撞死，因此，育雏期间应尽量保持安静，减少惊扰。每天的饲喂、饮水、卫生清扫、温湿度记录等都要有固定的时间和顺序。饲养员及服装色泽要固定，减少不必要的捕捉。避免其他动物如猫、狗的窜入，避免对雏雉引起应激反应或伤害。在饲喂过程中可结合饲喂、饮水发出信号，进行调教驯化，建立对这种刺激的条件反射，以后遇到这种情况时，就不会引起恐惧而四处逃窜。

⑩按时开关照明灯，既保证雏雉的光照需要，又确保雏雉睡眠休息好。

⑪治疗和预防疾病时，要正确计算用药剂量。大群投药时，药物与饲料必须搅拌均匀，要将药物与少量饲料拌匀。

(10)稀群：雏雉生长迅速，体格增长很快，占用空间要逐步加大。因此，从21日龄开始进行第一次稀群，笼育雏的将原来集中养在中间两层的雏雉分散到上、下边两层笼去，稀群时一般是将弱小的鸡留在原笼内，较大、较壮的捉到下层笼内。网上育雏、地面垫料育雏的可分至另外的饲养栏内。

(11)预防性投药：雏雉因个体小、抵抗力弱，一般患病后用药，往往效果不明显，所以要提高育雏成活率，应以预防疾病为主，做好预防性投药(具体方案见本书第六章)。

(12)接种疫苗：做好7～14日龄、19～25日龄、30日龄的疫苗接种工作。

(13)采用"全进全出"制：现代饲养场中的育雏阶段都主张实行"全进全出"制度。"全进"是指一座鸡舍(或场)只养同一日龄的初生雏，如同一批的初生雏数量不够，可分两批入场，但所有的雏雉日龄最多不得相差一周。"全出"是指同一鸡舍的雏雉于同一天(一批鸡同时出)转到育成舍。这样将避免一座鸡圈养多批日龄大小不同的雏雉，致使鸡舍连续不断地使用。"全出"后，将鸡舍内的设备按入雏前的准备工作各项清理消毒，再行接雏。这样可以有效地切断循环感染的途径，消灭场内的病原体，使雏雉开始生活于一个洁净的环境，能够健康地生长。同时，场内养一批同一日龄的鸡管理方便，也便于贯彻技术措施。

(14)做好育雏期记录：诸如进雏日期、品种名称、进雏数量、温度变化、发病死亡淘汰数量及原因、喂料量、免疫状况、体重、日常管理等内容都应做好记录，以便于查找原因，总结经验教训，分析育雏效果。

(15)雏雉的死亡率较高，占山鸡整个饲养期的60%～70%，如果饲养管理方法不当，其死亡率会更高，因此要提高育雏效果，降低育雏期的死亡率，应采取如下措施：

①提供适宜的育雏条件：特别育雏温度过低、突然停电、接种疫苗或抓鸡时，雏雉会扎堆挤压，导致压死，也要防止雏雉被挤入水盘淹死。

②及时补充饮水：雏雉长途运输因水源不足或者育雏初期雏雉不会饮水及找不到水源都会使山鸡脱水，严重者会造成雏雉死亡，所以要及时给雏雉补充水分。雏雉对红色比较敏感，因此初饮时可用红色饮水盘或饮水器。

③减少温度应激：在育雏过程中出现控温设备失调现象，可导致冷应激或热应激从而造成死亡。

④防止饥饿现象：雏雉开食过晚、找不到开食盘或饲喂不定时都会使雏雉出现饥饿现象，影响其生长甚至会造成死亡。

⑤控制疾病：山鸡育雏期容易感染的疾病主要有白痢病、传染性法氏囊病、肺炎、脐炎、副伤寒等，病情严重者会造成死亡。另外，山鸡育雏期容易出现痢特灵中毒而导致死亡，所以要控制好疾病，应适当喂药。

⑥防止药物、煤气中毒：在饲料中添加药物预防疾病时，剂量应按预防量，注意严格控制，另外药物一定要拌匀，育雏期间也要防止煤气泄漏引起中毒。

⑦防止兽害、机械损伤：防老鼠、黄鼠狼等咬死雏雉、饲养员踩死山鸡或开关门时挤压致死。

3. 雏雉的脱温

随着日龄的增长，30 日龄时雏雉采食量增大，体重增加，体温调节机能逐渐完善，抗寒能力较强，如果室温不加热能达到 18℃以上，就可以脱温。脱温或称离温是育雏室内由取暖变成不取暖，使雏雉在自然温度条件下生活。

(1)脱温：脱温时期的早、晚因气温高低、雏雉品种、健康状况、生长速度快慢等不同而定，脱温时期要灵活掌握。春雏一般在6周龄，夏雏和秋雏一般在5周龄脱温。

(2)注意事项：脱温工作要有计划逐渐进行。如果室温不加热达不到18℃或昼夜温差较大，可延长给温时间，可以白天停温，晚上仍然供温；晴天停温，阴雨天适当加温，尽量减少温差和温度的波动，做到"看天加温"。约经1周左右，当雏雉已习惯于自然温度时，才完全停止供温。

4. 转群与分群

转群前要做好相应的准备工作，同时还要做好后备鸡和育肥鸡的分群工作。

(1)转群时间：一般3月底至4月中旬孵化的雏雉6～8周龄时转群，夏季孵出的雏雉于5～6周龄时转群。

(2)驱虫：在转舍前一周，用盐酸左旋咪唑按每千克饲料或饮水加入药物20克，让雏雉自由摄食或饮用，每日2～3次，连喂3～5天，驱除蛔虫效果理想，而且安全；每千克体重用硫双二氯酚100～200毫克，拌料喂饲，每天1次，连用2天以驱除绦虫。

给雏雉驱虫期间，对雏雉的粪便要及时清除，堆积发酵，以杀死虫卵。同时要对鸡舍、用具、场地彻底清扫、消毒。

(3)育成料的准备：转群初期，除吃7天的育雏雉饲料后，还要更换为育成鸡饲料，因此，两种饲料都要准备好，饲料的数量按每只鸡每天50克料准备1周的量。

(4)应激的防治：转群前3天，可在饲料中加入电解质、维生素、应激灵(0.2%饮水)、胺基维他(0.1%饮水)、植酸酶(0.2%拌料)等，每天早晚各饮1次。另外，结合转群可进行疫苗接种，以减少应激次数。

(5)分群:转群时要做好后备种鸡的选留工作,把符合本品种特征的健壮鸡(具体选择方法见本书第四章的引种部分)选出做为后备种鸡公母分群管理,淘汰鸡只全部放入商品鸡区进行育肥管理。后备母鸡根据留种比例及实际鸡数,宁可多留一些,以防不足。

第二节　育成期的饲养管理

山鸡脱温后至性成熟前的这一阶段为山鸡的育成期(7～20周龄)(见彩图6),这时期正是山鸡长肌肉、长骨骼、体重的绝对增长速度最快的时期,平均每只鸡日增重达10～15克,至20周龄,已基本接近成年雉体重。因此,7～20周龄育成期的饲养和管理是否得当,将直接关系到山鸡能否早日作为商品鸡上市或达到种用性能。

一、育成期的生理特点

脱温转群后选留的后备种鸡实际上还处于育成期,是生长迅速,发育旺盛的时期,是各器官系统特别是骨骼的发育最重要的阶段。育成鸡全身已长满幼羽,有了健全的体温调节能力,在育成期间要经过2次换羽,即由幼羽换成青年羽,再换成成年羽。

育成鸡对饲粮的营养水平和环境条件非常敏感。前期的生长重点为骨骼、肌肉、非生殖器官和内脏,表现为体重增加较快,生长迅速。育成中期以后,性腺开始发育。在良好的人工驯养条件下,一般公山鸡9～10月龄达到性成熟,母山鸡于10～11月龄性成熟。我国疆域辽阔,南北方各地区山鸡进入繁殖期的时间早晚相差达1个月左右。

二、育成期饲养方式

育成年山鸡性情活跃，活泼好动。为了满足其这一特性，一般育成年山鸡需采取舍内地面垫料饲养或架床(图5-1)(不要把鸡直接放到鸡舍的土地上饲养，这样鸡一应激，就会尘土飞扬，生活在这种充满尘土的环境中，很容易引发鸡的呼吸道疾病，从而影响生长发育，甚至死亡)，舍外设运动场的饲养方式，运动场四周设置围网，防止飞逃。

图5-1　架床

三、育成期的饲养管理

山鸡的育成期是指7～20周龄的青年雉而言。育成期可分为中雏期(指7～12周龄的雏雉，又称为育成前期)和大雏期(指13～20周龄的山鸡，又称为育成后期)两个阶段，各阶段管理重点各有所侧重。

(一)中雏期的饲养管理

雏雉脱温以后便进入育成阶段,采用终生制鸡舍继续原舍饲养直至出栏,如果采用转舍饲养方式的要把育成鸡转入育成舍,完成第一次转群。

1. 转群前的准备工作

转舍前应先将育成舍清扫消毒后再铺上垫草,然后用百毒杀或用 0.3%过氧乙酸或 2%的次氯酸钠溶液消毒,之后再把雏雉从育雏室转入育成舍。

育成期要更换饲料,因此,要提前做好由育雏期向育成期在饲料上的准备。育成期的饲料消耗量参见表 5-3。

表 5-3　育成期的饲料消耗量

周龄	累计饲料消耗(克)	周龄	累计饲料消耗(克)
7	1158	14	3859
8	1453	15	4313
9	1748	16	4812
10	2088	17	5312
11	2520	18	5811
12	2951	19	6311
13	3382	20	6810

如果转群需要运输,还要对转群的用具以及运输工具等进行消毒。

为了减少应激现象,转群前后 3 天内添加 50%的多种维生素或饮电解质溶液。转群前 6～12 小时停止喂料,但不停止供水。

进鸡前1天，要在舍内的料槽和饮水器内放水、放料，使转群后的雏雉一到新家，就能够马上吃上料，喝上水，这对于缓解因为转群而产生的应激反应很有帮助。

2. 转群

如果采用终生制雉舍则不存在这次转群，只是疏散山鸡群，将后备种山鸡和商品山鸡分开，减小饲养密度即可。

采用转舍饲养方式的转群宜在早晨或晚上进行，夏季应利用早晚凉爽时转群，冬季在午后天暖时进行。转群过程中，参加转群人员的工作服、鞋和用具，必须进行消毒，以防止发生意外。

为减少鸡只伤残，抓鸡时应抓鸡的双腿，不要只抓单腿或鸡脖。

转群时按每平方米3～4只放入中雏即可(面积包括舍内、运动场)，同时公母要分舍饲养。鸡群体不宜过大，一般以200～300只较为适当(以后根据生长情况随时调整)。如果同一批的中雏比较多，就要划分成几个群体来饲养，也就是大规模小群体的养殖方法。

结合转群进行第一次选种，将体型、外貌等有严重缺陷的山鸡全部转入商品群，后备山鸡按公、母比例(15～17)∶100留种。转群时，最好把原先在一起的山鸡仍旧放在一起，这样可以减少山鸡群的陌生感和相互间的啄斗。

雏雉刚转入中雏舍，由于不熟悉新环境，习惯在墙角聚堆，互相挤压，使局部密度增大，特别是夜间，气候较凉，雏雉因聚堆取暖，容易压死，因此应把墙角铺成30°的斜坡，将垫草踩实。垫草有坡度山鸡站立不稳，即使挤靠取暖也不易聚堆，

垫草踩实后，雏雉钻不进去，也会减少压死的机会，同时饲养人员要细心管理，发现聚堆及时驱散。

从育雏转到育成年山鸡阶段，饲养管理应有一个比较连续的、逐渐改变的过程，不要使前后环境突然变化太大。夜间气温过低或气候突然变冷时，应当挂草帘以保持室内温暖。转群时不得接种疫苗，接种疫苗至少在转群前1～2周进行，同时应驱除体内外寄生虫。

3. 日常管理

(1)防撞死：中雏阶段，山鸡翅膀越来越发达，容易受惊飞撞。为了防止撞死，除保持环境安静和加强驯化外，可把主翼羽每隔2根剪掉3根或把一侧初级飞羽剪掉，破坏山鸡飞行的稳定性；网舍建筑也不宜过高，因高度越大，山鸡飞翔时速度越快，撞击力越大；天网不要绷得太紧，使山鸡撞击时有一个缓冲；谢绝外人参观，严防其他动物进入，以减少外界因素对山鸡的干扰。

(2)饲喂：更换饲料时饲料转换要逐渐过渡，第1天育雏料和生长期料对半，第2天育雏期料减至40%，第3天育雏料减至20%，第4天全部用育成期料。

在转群后的前3天里，喂料和饮水都应该在舍里进行。3天之后，再把喂料和饮水器具挪到运动场，诱导中雏逐渐到运动场活动。

为便于管理和防止夏天饲料酸败，可喂干粉料或颗粒料，每天喂4～5次或自由采食，最好采用塔式料桶，保持不断料或看翌日早晨喂料前料槽有无剩料来确定采食量，剩料多则意味着给料多了，无剩料则是给料不足。

饮水器和食槽要设置充足，一般保证每只中雏至少有1.5

厘米长的饮水位距和 4 厘米长的采食位距，即每 100 只中雏要设 2 升容量的饮水器 4 个和 2.5 千克容量的料桶 4 个。

运动场内挂青菜或松枝(图 5-2)，诱引鸡群啄食，即可防病又可防止啄癖的发生。不时注意适当补喂青菜和青草。

图 5-2　舍内的松枝

(3)驯化：运动场上要设置栖架，供山鸡飞跃攀援，扩大活动范围，有条件的要设置沙池，以利于山鸡沙浴。

转群后开始的前几天对不愿出舍的雏雉可在晴天中午，将山鸡赶到运动场自由活动，夜间赶回房舍，这样舍内外反复驱赶驯化，1～2 周后即可形成条件反射。如遇阵雨，及时把山鸡赶回房舍，以免因淋雨感冒。驯化过程中，可以把吹口哨与投食结合起来，驯化山鸡听到哨声就到固定的地点采食；也可用青菜或其他食物引诱，使山鸡喜欢让人接近，便于饲养管理，而且饲养员的服装要固定，使山鸡和人建立感情。

转群 3 周以后，不论白天、黑夜均应敞开鸡门，如遇风雨袭击，山鸡就可以自已到室内躲避，夜晚也会自已到室内休

息，白天则可自由地在舍内、舍外活动、栖息。

(4)温、湿度的控制：中雏对曲霉菌易感，本病发病率及死亡率较高，因此在饲养管理中应注意防止垫料发霉，控制好舍内环境。

中雏虽然抵抗力比雏雉强，但由于育成舍缺乏保暖设备，对外界恶劣条件的抵抗力还是较差。冬季严寒，要做好舍内防寒保温工作；夏季气温较高，应人工降温及降低饲养密度。运动场上夏季可遮阴网。

中雏的湿度管理比较粗放，但多雨季节要采取措施降低湿度，保持舍内干燥，定期清理粪便，防止饮水器内水外溢；干旱季节要提高湿度。

(5)光照制度：前 12 周龄光照时间和强度对山鸡的性成熟影响较小，故采用自然光照即可。

(6)修喙、戴眼镜：雏雉采用断喙方法的，第 8～9 周龄要进行修喙，以后每隔 4 周左右进行一次修喙。

采用戴眼镜方法的，要在 7 周龄时开始配戴相应日龄的眼镜。配戴时要把鸡固定好，先用一个牙签或金属细针在鸡的鼻孔里用力扎一下并穿透。左手抓住鸡眼镜突出部分向上，插件先插入鸡眼镜右孔后对准鸡鼻孔右手用力穿过鸡鼻孔，最后插入镜片左眼，整个安装过程完毕。

(7)外伤救治：山鸡具有野性，易受惊吓，在噪音、喧哗、高声、生人接近等情况，都会使其受惊而狂飞乱跑，以致发生外伤。发现有外伤的山鸡，应把山鸡捉出，用双氧水冲洗伤口，并涂上紫药水。如羽翼碰伤或折断时，用镊子挑出残留的半羽根节，并按前述方法消毒处理，然后放在安静处单独隔离养伤。

(8)控制疫病的发生

①要做好育成鸡舍的卫生和消毒工作,如及时清粪、清洗消毒饲槽和饮水器等。一些在雏雉时易发生的传染病,如传染性支气管炎、马立克病、鸡白痢病、新城疫、鸡痘等,同样也对育成鸡有一定的威胁,因此,要注意预治工作。

②严格执行相应日龄的基础免疫程序,防止疾病发生。

③杜绝外来人员进入饲养区和鸡舍,饲养人员进入前要消毒。

④灭虫、灭鼠工作要坚持做好。

(9)勤观察记录:每天应注意观察鸡群的动态,如精神状态、吃料饮水、粪便和活动状况等有无异常;记录好每天的耗料量、耗水量,才能及早发现问题及时分析处理。

(二)大雏期的饲养管理

1. 稀群

大雏阶段要进行一次稀群,防了防止争斗,最好的方法就是把原舍的大雏分出一半,转入另外一个网舍。注意避免将原不是一个网舍的大雏合入一个网舍内。

2. 正确饲喂

大雏阶段继续采取干喂法,一般初期每天喂 4 次,10～11 月份每天饲喂 3 次,12 月～翌年 2 月每天饲喂 2 次。

3. 光照制度

光照是控制大雏性成熟的主要方式,因此 12～16 周龄一般以每天 8 小时为宜,17～18 周龄每天光照 9 小时,20 周龄每天光照增加到 10 小时。补充光照可采取早、晚用灯光照明,光照强度以 1～1.5 瓦/平方米为宜,一般每 15 平方米面

积可用25瓦灯泡1个，灯泡高度距鸡体2米为宜，灯与灯距离3米。

公山鸡性成熟要比母山鸡性成熟稍早，在此期间公山鸡舍光照比母山鸡舍光照每天要多2小时，否则混群后未性成熟的公山鸡会受到性成熟母山鸡的攻击，而出现公山鸡终身受精率低下的现象。

4. 防止过肥

确定留作种用的大雏，必须控制体重，防止过肥，防止公山鸡交配能力降低及母山鸡产蛋期推迟和发生难产现象。因此，在大雏阶段每周随机抽测5%～10%的个体检查饲养管理效果，与标准体重对比（16周龄时河北亚种公山鸡的体重在1.0～1.2千克以上，母山鸡在0.9千克以上；中国环颈雉公山鸡1.25～1.5千克以上，母山鸡1.2千克以上）。若体重偏轻，应加强营养，使山鸡群平均体重尽快达到要求体重；若超过标准体重，要采取减少日粮中蛋白质和能量含量，增加粗纤维及青绿饲料喂量，减少饲喂次数，增加运动量，限制喂料量等措施。

5. 卫生防疫

防疫要求基本与中雏相同，每天清扫一次圈舍，及时更换垫料，定期消毒，给山鸡创造干净、温暖、舒适的环境。网室内要设沙浴池或用河沙铺垫整个网室，厚度为5厘米左右。

做好留种山鸡相应日龄的疫苗接种工作。在此期内，要预防球虫病和禽霍乱，可以在饲料中添加药物进行预防。

6. 选种

在20周龄时要再一次进行选种，要求公山鸡羽毛丰满鲜艳，羽束直立，胸宽深，体大，体格粗壮，雄性强；母山鸡身体端正呈椭圆形，羽毛紧贴，有光泽，尾不着地，腿部及眼睛无缺陷。

20 周龄也正是育肥鸡上市的时候，这时可把不作为种用，体重符合上市标准的山鸡和商品山鸡一起上市销售。

（三）肉用山鸡的饲养管理

对肉用山鸡的育肥主要是限制其活动，减少体内养分的消耗，促使其长肉和沉积脂肪，达到肉用体重而适时上市。山鸡育肥之后，膘肥肉嫩，胸肌丰厚，味道鲜美，屠宰率高，可食部分比重大。

7 周龄转群时把不能做后备种山鸡及多余的公山鸡作为肉用山鸡单独网舍饲养。调查中发现有些养殖户采用笼养方式养殖肉用山鸡，虽然有占地少、耗料少，增重快等特点，但购买者反映肉质疏松、野味效果差。

1. 分群饲养

为了确保育肥的效率，必须做好大小、强弱、公母的分群工作，一般以 300～500 只一群为宜。饲养密度一般为每平方米 3～4 只。

据报道，育成期饲养密度直接关系到体重发育、羽毛完整、疾病流行。饲养密度与山鸡尾羽生长和长度呈反比关系，每平方米饲养 2 只时，背羽和尾羽生长良好，无光背和尾羽损伤。每平方米饲养 4～5 只时，背羽生长良好，但尾羽多有损伤，部分尾羽长不出。每平方米饲养 8 只时，虽然体重仍能达到上市标准，但光背山鸡增多，尾羽受损，基本上长不出来。因此，要严格控制每平方米饲养在 4 只以下，保证羽毛特别是尾羽的生长。争取好的市场售价。

2. 戴眼镜

采用戴眼镜方法的，同样在7周龄时开始配戴相应日龄的眼镜。

3. 驱虫

转入育肥舍的山鸡要进行一次彻底驱虫，对提高饲料报酬和肥育效果极有好处。驱虫药应选择广谱、高效、低毒的药物。

4. 合理饲喂，适当催肥

育成年山鸡在12～18周龄时，生长速度较快，容易沉积脂肪，在饲养管理上应采取适当的催肥措施。

(1)更换饲料：育肥山鸡可更换为肉鸡生长料或使用自配的育肥料，同时要保证育肥山鸡有充足的饮水。

(2)投喂方式：在肥育期，通宵开灯任育肥山鸡自由采食，投喂的饲料量应掌握在鸡群每次食饱后仍略有剩余为原则。

山鸡喜食绿色植物，在育肥期间要补饲青菜，供其自由觅食以补充饲料中缺少的维生素、微量元素及矿物质，增强鸡的食欲。也可投喂黄粉虫、蝇蛆等动物性饵料，以丰富山鸡的食物结构，促其快速生长，提高养殖效益。

(3)在出售前20～30天停喂一切药物，对于磺胺类药物要在出售前45～60天停止使用。出栏前1周不喂鱼粉。

5. 日常管理

(1)注意经常观察和检查鸡群：育肥期应该注意经常地观察和检查鸡群。看鸡群的食欲、食量情况，注意鸡群的健康。发现病鸡要及时隔离。

(2)做好清洁和消毒工作：育肥期间，舍内外环境、饲槽、工具要经常清洁和消毒，以防引入病原，这是直接影响到育肥鸡成活率的重要因素，千万不能疏忽大意。

6. 适时上市

肉用山鸡饲养至 20 周龄、公母体重达到品种标准体重后即可出售上市。对于要制作山鸡标本的要等到公山鸡屏羽丰满后，再出售或屠宰，以增加标本的商品价值。

出栏前 8～12 小时，停止喂料，把料槽撤到舍外，但饮水不能停。抓鸡时最好在较暗的环境下进行，把鸡隔离成小群，抓鸡的双腿，动作不能粗暴，以防出现伤残，轻轻放入礼品箱或运输笼中。

运输笼可用竹、木等材料制作，也可用种山鸡运输笼，重叠 4～5 层使用，每次用后必须消毒。

用礼品箱(图 5-3)运输时，每只箱子只装一对山鸡，装鸡时为了保证鸡羽毛的完整性和山鸡的存活，可把鸡头和鸡尾露在外面，印上“野味珍禽”、“礼品活雉”、场址、购买电话等销售，即方便购物者又可成为销售广告。

图 5-3　礼品箱

在育肥山鸡上市的时候，还必须考虑运输工作，有些鸡场往往由于运输环节抓得不好而发生鸡体损伤或中途死亡，造成不必要的损失。所以在运输时要做到及时安全，夏季应当

晚上运输。装运时，鸡装笼不要太挤，笼底加铺垫底，车速不能太快，鸡笼不能震动太大，到目的地就要及时卸下，防止长时间日晒雨淋。

7. 出栏后的消毒

鸡群出栏后必须及时移出鸡舍内料桶、饮水器等用具，喷雾后彻底清除鸡粪、垫料及各种垃圾，空出鸡舍并清扫鸡舍周围的环境，做到无鸡粪、无垃圾，以确保上一批鸡不对下一批鸡造成健康和生产性能上的影响，并保证足够的空舍时间。

(1)清理鸡舍：所有可移动的设备和设施，应从鸡舍内移出，同时将鸡舍剩余药品回收入库后，进行熏蒸消毒。

防护好不能移走的物品，由专人进行除尘维护保养、冲刷防护以及熏蒸消毒等，并放入指定的库房隔离保管。

(2)鸡舍、设备灰尘、粪便的清理：所有的灰尘、碎屑和蜘蛛网必须从鸡舍内各处用扫帚扫掉。

清除鸡舍内所有的粪便、垫料、碎屑、料槽内的剩料等，移出到粪场并要防护好，以免污染场区。

(3)清洗鸡舍：必须首先断开鸡舍内所有电器设备的开关，浸泡残留在鸡舍和设备上的灰尘和碎屑，浸泡好后使用高压水枪冲刷，在冲刷过程中，应迅速把鸡舍内剩余的水排净。应特别注意鸡舍内屋梁的顶部、墙壁、板条、供暖设备、下水道及口等处的冲刷。

移到鸡舍外的部分设备也必须浸泡和冲刷，无法进行的可擦拭消毒，在设备冲刷干净后，设备尽可能在有遮盖物的条件下储存。

运动场也要进行喷洒消毒。

(4)检修工作：维修鸡舍设备、修补网床、检修电路和供热设备。设备至少能保证再养一批鸡，否则应予以更换，损坏的灯泡全部换好。

(5)鸡舍准备消毒：把设备和用具搬进鸡舍，关闭门窗和通风孔。要求做到封闭严密不漏风，并准备好消毒设备及药物。

(6)鸡舍消毒：喷洒消毒，消毒后10小时后通风，通风后3～4小时后关闭门窗。鸡舍所有表面、顶棚、墙壁、网床选用高效、无腐蚀性的消毒药，按说明书比例配置后进行消毒。地面选用3%热火碱水喷洒或撒生石灰。

(7)安装调试：安装并调试因冲洗需要而拆卸的设备和其他短时间使用设备。仔细观察各种设备是否已完成维护、保养并进行彻底消毒，安装是否正确，同时数目是否准确等。

(8)熏蒸消毒：按进雏前准备工作中鸡舍的清理与消毒方法重新清理消毒，该批鸡出栏至下批鸡进鸡间隔时间不少于14天。

第三节　种山鸡的饲养管理

山鸡21周龄以后进入成年期，是山鸡养殖过程的一个十分重要的环节。科学的饲养可以保证种山鸡具有健康良好的种用身体和旺盛的繁殖能力，生产出尽可能多的合格种蛋，并保证种蛋较高的受精率、孵化率和健雏率。

一、种山鸡的生理特点

成年山鸡已经基本完成了躯体和器官的生长发育，主要任务是繁殖后代。当山鸡达到性成熟后即进入繁殖期(产蛋

期），即每年的4～8月份。产蛋结束后开始换羽，结束一个产蛋年。

二、种鸡的饲养管理

种山鸡饲养管理可分为繁殖准备期（3～4月）、繁殖期（5～7月）、换羽期（8～9月）、越冬期（10月至翌年2月）。

（一）繁殖准备期饲养管理

当山鸡达到性成熟后即进入繁殖准备期，每年通常在3～4月份。中国环颈雉发情比河北亚种山鸡早，其繁殖准备期及繁殖期相应提前0.5～1个月。

1. 公母山鸡合群

公、母分群饲养的后备山鸡到繁殖季节要合群，为了提高种蛋受精率，应严格掌握公、母山鸡合群的时间。因为公山鸡比母山鸡提前半个月发情，如果公山鸡放入过早，母山鸡尚未发情，致使母山鸡惧怕公山鸡，以后即使母山鸡发情也不愿意交配，从而降低受精率；公山鸡放入过晚，由于公山鸡间互相争斗，过多地消耗体力，而影响交配和受精率，同时也影响雉群的安定，使母山鸡产蛋量降低。生产实践表明，在北方地区左家改良山鸡、中国环颈雉合群时间在3月10～15日，河北亚种山鸡在4月1～5日。

合群时公、母山鸡的配偶比例要适宜，一般以1∶(5～6)时种蛋的受精率最高。若公山鸡比例过大，公山鸡间争斗严重，造成鸡群混乱，反而影响配种效果，使雉群的产蛋量和受精率下降；若公山鸡比例过小，容易发生漏配，使种蛋受精率下降。合群时群体大小要适宜，一般以100只为一群比较适宜。

2. 饲喂

山鸡产蛋具有季节性，在进入产蛋期的前1周，要及时更换产蛋期饲料，提高饲料的营养浓度（粗蛋白、维生素、微量元素），刺激产蛋量快速上升。

山鸡具有野生习性，需要充足的青饲料，以补充维生素和微量元素。

繁殖准备期采用干喂法，每天饲喂3次，按每只每天平均90克饲喂。在鸡群活动范围内每50～80只鸡配置1个饮水器，内放清洁充足饮水，放于固定的地方。

3. 做好产蛋前的准备工作

开产前1周，在山鸡舍中靠墙边避光处按3～4只一个产蛋箱设置产蛋箱，箱内铺少量木屑或干草，让山鸡尽量将蛋产在箱内。

春季正是各种微生物繁殖的高峰期，因此要对雉舍彻底消毒，同时要全面检修整顿山鸡舍，将网室地面铺上一层保健砂，防止种蛋破损。产蛋前不应修喙、投药、接种疫苗等，以免影响母山鸡的开产日龄及产蛋量。

做好产蛋前的全部防疫工作，在山鸡开产后最好不做任何免疫接种。

开产前要做好驱虫工作，常用的驱虫药物有盐酸左旋咪唑（在每千克饲料或饮水中加入药物20克，让鸡自由采食和饮用，每日2～3次，连喂3～5天）、驱蛔灵（每千克体重用驱蛔灵0.2～0.25克，拌在料内或直接投喂均可）、虫克星（每次每50千克体重用0.2%虫克星粉剂5克，内服、灌服或均匀拌入饲料中饲喂）、复方敌菌净（按0.02%混入饲料拌匀，连用

3～5 日)、氨丙啉(按 0.025%混入饲料或饮水中,连用 3～5 日)等。给鸡驱虫期间,要及时消除鸡粪,集中堆积发酵。

4. 日常管理

(1)温度、湿度:种山鸡适应性较强,耐 45℃的高温和－35℃的严寒,因此种山鸡对温度要求不太严格,但网室内湿度不宜过大。

(2)光照:从 20 周龄开始每周增加 0.5 小时光照,至每日 16～18 小时为止并恒定下来。一般实行早晚两次补光,早晨固定在 6 时开始补到天亮,傍晚 6 点半开始补到 10 时,全天光照为 16 小时以上。

(3)防应激:山鸡对环境变化非常敏感。饲养规程的突变、特殊音响(如汽车和拖拉机的发动机声音、喧哗、敲击声等)、生人的接近(尤其是着装鲜艳的)等都属于不良刺激,可能引起山鸡惊群、炸群。因此,要求管理要定人、定时、定工作程序;谢绝参观,以免参观者的喧哗和鲜艳的着装,刺激、惊扰山鸡群。内部管理人员也应穿普通的深暗色工作服;管理工作要本着少干扰山鸡的原则进行;注意检查圈门,做到不跑山鸡,不串群,防止其他动物钻入。

(4)卫生:每天清理一次山鸡食槽内的剩料,并定期(每周 2 次)将食槽、饮水器彻底清洗消毒。及时清除舍内粪便,平整网室地面,适当带鸡消毒。每天注意观察山鸡的羽毛状态、活动行为、精神、食欲、粪便等,根据表现,分析病因,及早采取防治措施。

(二)繁殖期饲养管理

山鸡驯化时间不长,产蛋有明显的季节性,一般在 4～8

月为产蛋季节，其他月份停产，这对全年均衡供应山鸡的影响很大，应加强饲养管理措施，尽量延长山鸡产蛋时间，提高产蛋率。

1. 调整饲料

从每年的 4 月份开始，山鸡进入繁殖期，为保证较高的受精率和种蛋合格率及种蛋产量，要更换为产蛋期饲料。

产蛋期每天饲喂 3 次，但由于山鸡产蛋多集中在上午 10 点至下午 3 点之间，所以，每天可早晨一次性投给全天的饲料，白天不必投料，也可选择气温凉爽的早晚饲喂，以免影响山鸡正常产蛋。

山鸡的产蛋期一般都是在每年的 4～8 月份，其中 6 月份是山鸡的产蛋高峰期，因为正直夏天炎热的天气，山鸡产蛋这个时候需要的水分就比平时要大，需要不间断供水，保证山鸡能够饮用到干净的水。

2. 确立“王子鸡”

公母山鸡合群后，公山鸡间出现强烈的争偶、斗架，胜利者即为“王子鸡”，这个过程也称为拔王过程，“王子鸡”确定后，整个鸡群就稳定下来。为了维护“王子鸡”的地位不得随意添入新公山鸡，除非到繁殖后期，有部分公山鸡只是争斗而不交配或繁殖力下降，必须及时进行轮换。“王子鸡”在交配、采食等方面享有优先权，但有不让其他公山鸡交配的特点，所以应设置屏障遮住“王子鸡”的视线，使其他公山鸡有机会与母山鸡交配，这是提高群体受精率的重要措施，方法是按每 100 平方米放入 3～4 张石棉瓦横着竖在网室内，也可放树枝堆或设置假山。

3. 收集种蛋，防止啄蛋

在北方河北亚种山鸡于4月中旬开产，中国环颈雉于3月下旬开产，左家改良山鸡于3月下旬开产。

产蛋期内，母山鸡产蛋无规律性，一般连产2天休一天，各别连产3天休一天，初产母山鸡则以隔一天产一个蛋的比较多。每天产蛋时间多集中在上午10点至下午3点，正常产蛋每个蛋持续时间0.5～5分钟，初产山鸡偶发难产现象，饲养人员应注意山鸡群动态，发现难产应及时助产。助产时先向泄殖腔中滴入润滑剂、甘油等，然后左手固定蛋的两侧，右手压住腹部向前推，帮把蛋取出，动作要轻，此项工作需两人完成。因初产母山鸡泄殖腔带血，其他雉见红后会啄肛，因此要随时观察雉群，及时采取措施，往出血处涂紫药水或黑墨汁，或隔离饲养。

公母山鸡都有啄蛋的恶习，破蛋率有时会很高，因此要在山鸡产蛋高峰期每2个小时捡一次蛋。发现破蛋，应及时将蛋壳及内容物清除干净。还可在舍内、运动场上堆放树杈，下面垫一些干草，可大大减少蛋的破损率。

捡蛋时把破蛋、脏蛋、砂皮蛋、特大蛋、特小蛋单独存放，合格的种蛋按时全部送入蛋库保存。

4. 日常管理

(1)防暑降温：6月中旬至7月末，采取搭遮阴网、喷水等措施来降低环境温度，适当增加饲料中维生素C的含量。产蛋期山鸡对饮水的需要量要比平时多，特别是夏天切不可断水。

(2)合理光照：对产蛋期的山鸡，最好采用弱光长时间光照，一般每天光照时间不少于16～18小时。人工补光按离地

2米高处每平方米3瓦。

(3)降低死亡率:河北亚种山鸡产蛋期间死亡率较高,达15%左右,是影响经济效益的因素之一。为了减少死亡数,除加强驯化、改换棚网(用尼龙网代替金属网)、降低棚舍高度外,同时,还应对公山鸡进行断趾,断去公山鸡的1趾爪及4趾爪尖,防止配种时抓伤母山鸡。

(4)保持环境安静:繁殖期除了满足山鸡的营养需要外,还应创造一个安静的产蛋环境。产蛋网舍周围不应产生各种噪音,饲养员饲喂、捡蛋的动作要轻,避免出现惊群、炸群现象,从而导致产蛋量减少、畸形蛋增多。

(5)防疫:山鸡保持健康状态,是延长产蛋高峰期和提高种蛋受精率的重要措施。只有延长产蛋高峰期,才能使山鸡多产蛋。因此必须保持圈舍清洁,每周可用百毒杀喷雾消毒一次,消毒液可直接喷到山鸡身上。食槽、水槽每天用0.1%的高锰酸钾刷洗一次。在产蛋高峰期主要疫病为白痢、大肠杆菌等,防治方法是用一支80万单位的青霉素可供80只鸡防疫一次,将青霉素末放入水中给鸡饮用即可,一般每2周一次,同时也起到预防感冒的作用。

(6)搞好舍内外环境卫生:食槽、水槽和饮水器每天要刷洗1次,每周消毒2次,每周消除1次积粪,同时平整运动场地。山鸡有打洞的习性,在每天扫鸡舍时要修好,注意环境内外卫生,杂草要及时拔掉;定时杀灭蚊、蝇、鼠。鸡舍门口设消毒池,消毒液每2天更换一次,出入鸡舍一定要走消毒池。雨后及时排除积水。

(7)每天注意观察鸡群的活动行为、精神、食欲、粪便等。因为这些外观上的变化,往往是内在的疾病反映。要根据表

现分析病因，及时采取防制措施。

5. 提高母鸡产蛋率的方法

(1)严格选种：山鸡人工饲养的历史不长，个体生产性能存在较大差异，严格选种会起到事半功倍的效果。按照前述的选择方法，从开始雏雉的选择，一直到产蛋前都要对山鸡进行严格的选择。

(2)山鸡到了产蛋时间，会因找不到产蛋场所而推迟，影响第二枚蛋的形成。因此，要设置足够的产蛋箱。

(3)杂交：河北亚种山鸡的生产性能低，但其抗逆性强，年产蛋量平均 26～30 枚。中国环颈雉飞翔能力差，但比较温驯，年产蛋量平均高达 70～120 枚。因此，可利用两者进行杂交，杂交的后代育雏成活率高，抗逆性强，既保留了河北亚种山鸡的抗逆性强的优点，又可达到了提高产蛋量的目的。

(4)及时捡蛋：因为母山鸡有第一窝卵被破坏后，产第二窝的习性，因此要及时把蛋捡走，促使母山鸡多产蛋。

(5)在产蛋期内应保证充足的青饲料，以补充其对维生素和微量元素的需求。

(6)在产蛋期应尽量保持安静，每天除了固定的饲养管理人员禁止生人进入舍内，以防惊扰到山鸡，如果山鸡受到惊吓后，会影响山鸡的产蛋量，产出的蛋会出现软壳蛋，严重时甚至还会引起腹腔炎症。

(7)加一定量的中药添加剂：黄芩、白头翁、黄连、白术、川芎、柴胡、苍术、艾叶、神曲、茯苓、厚朴、仙茅、仙灵片各 250 克，甘草 150 克，桂枝、小茴、花椒、细辛各 50。共研细末按 1%～2%的量加入饲料之中搅拌均匀，不但能预防山鸡患病，还能提高产蛋量。

(8)听轻音乐:实验证明,每天定时播放如《梁祝》、《高山流水》等轻音乐,有助于山鸡安静,减少打斗,有利于生长。如果在山鸡产蛋期间,每天有规律地播放轻音乐 2～3 小时,连续播放 7～8 周,可使山鸡产蛋率上升 10%,孵化率大大提高。

6. 提高山鸡种蛋受精率的方法

(1)山鸡的公母比例一定要合适,如果山鸡公母的比例搭配的不合适,山鸡群就很容易发生打斗事件,如果山鸡间一旦出现打斗的话就会影响到山鸡蛋的受精率。但是如果公母的比例太少的话则又会出现漏配,这样也会影响山鸡蛋的受精率,所以山鸡公母之间的比较最好按 1∶(5～6)的比例配置。

(2)在选择种山鸡时,留下身体强壮的公山鸡作为培育下一代的种鸡,淘汰 2 年以上的母山鸡。

(3)公母适时合群,过早或是过晚都会影响山鸡蛋的受精率。

(4)温度也是影响山鸡蛋受精率的一个重要原因,通常在 6～7 月份,正值夏天,天气炎热,阳光强烈,天气炎热山鸡就会减少活动,减少交配的次数,使山鸡受精率下降。所以在炎热的夏天,要想提高山鸡蛋的受精率,就要适当的给山鸡降温,如搭遮荫棚,洒水给山鸡降温。

(5)繁殖期一定要注意每天都要对鸡舍进行清扫,山鸡饲养的饮水饲料都要是干净的,不要饲喂发霉饲料。

(三)非繁殖期的饲养管理

山鸡的静止期可划分为换羽期(8～9 月份)和越冬期(10 月～翌年 1 月)。由于山鸡在换羽期、越冬期和繁殖准备期都没有繁殖活动,而且饲养水平也很接近,因此,常把换羽期、越

冬期和繁殖准备期称为非繁殖期。

1. 秋冬季的孵化和育雏

春夏是孵化和育雏的大好季节，秋冬气温低给孵化和育雏带来一些难度，大多数山鸡养殖户抓住春夏季大批孵化育雏，而忽视了秋冬季的孵化和育雏工作，造成元旦前后和春节前后市场缺货。因此，做好秋冬季的孵化和育雏工作，可保证一年四季都有商品山鸡上市，可大大增加经济效益。秋冬季育雏种公鸡最好提前一个月留种，使其在母鸡开产时同步性成熟，便于交配。

2. 种山鸡的选留

一个产蛋年结束以后，如果不继续留种，产蛋结束后即可进行育肥(生产性能特别优秀的个体或群体，公山鸡可留用 2 年，母山鸡留用 2～3 年。中国环颈雉一般利用 2 个产蛋期)。如果继续留种，要做好经产种山鸡的留选工作。

经产种山鸡主要根据表型和生产记录进行选留。

(1)表型选留：雌雉鸡体型大，结构匀称，发育良好，活泼好动，觅食力强，头宽深适中，颈长而细，眼大灵活，喙短而弯曲，胸宽深而丰满，背宽、平、长，羽毛紧贴身体，有光泽，羽毛符合品种特征，尾发达，静止站立时尾不着地，羽毛紧贴身体有光泽，羽色符合品种特征。肛门清洁，松弛而湿润，腹部容积大，两耻骨间和胸骨末端与耻骨之间的距离均较宽。

雄雉鸡身体各部匀称，发育良好，脸鲜红色，耳羽簇发达直立，胸部宽深，背宽而直，颈粗，羽毛华丽，而符合本品种特征。雄性特征明显，性欲旺盛，两脚距离宽，站立稳健有力，突出的生长速度。

(2)根据生产记录选留：主要指标为早期生长速度、体重、胸宽、趾长、趾粗。另外，还应对产蛋量、蛋重、受精率、孵化率、育雏率、育成率等进行选择决定选留。

3. 换羽期的饲养管理

母山鸡产蛋结束后开始换羽，为了延长产蛋期，增加产蛋量，在未开始换羽前应尽量延缓换羽期的到来。具体方法是维持环境稳定，减少外界条件变化的刺激，减少日粮中的糠麸饲料，增加青绿饲料以增加食欲，为山鸡的安全越冬做好准备。

在换羽期，母山鸡产蛋虽已结束，但天气酷热，食欲减退，采食量下降，体重减轻，此时不应降低日粮的营养水平，可继续饲喂产蛋期日粮 15～20 天，但要降低钙、磷水平，以使种山鸡恢复体力。此后为了加速换羽，在饲料中加入 1%的生石膏粉，有助于新羽再生，换羽期的种山鸡一般每天饲喂 3 次。

在换羽期种山鸡体质较弱，体重下降 100～200 克，此时要将公母种山鸡分开饲养。

换羽结束后应做好防寒保温工作，并做好修喙、接种疫苗和驱虫工作。

4. 越冬期的饲养管理

越冬期是一年各饲养阶段中营养需要量最低的时期，因此，此期可饲喂产蛋准备期饲料。若青饲料不足，可用青草粉代替维生素和微量元素添加剂。

越冬期一般每天上、下午各饲喂 1 次。应特别指出的是，此期必须保证供给充足的饮水，否则会影响种山鸡的采食量及降低饲料利用率。

越冬期应保持鸡舍干燥，让山鸡在网室内多晒太阳，增强体质，为繁殖准备期及繁殖期打下良好的基础。

第六章　常见疾病治疗与预防

山鸡是由野生驯化而来，抗病力较强，对许多疫病的易感性明显低于家鸡。但在驯养条件下，由于一些生活条件的改变，山鸡群也会发生各种疾病，特别是一定规模的山鸡场，因饲养密集，一旦发生疾病，尤其是传染病，常造成大批死亡。有些山鸡病，不仅危害山鸡群，而且也危害人类的身体健康。防治山鸡病，应坚持“预防为主”的原则，加强饲养管理，认真贯彻执行兽医卫生防疫制度。

第一节　疾病的综合性防治

山鸡疾病的预防应放在综合性预防上，预防措施主要包括场址的选择、鸡舍的设计、建筑及合理的布局，科学的饲养管理，供给营养全面的饲料，培育健康的种用山鸡群，保持清洁的饲养环境，适时有计划的免疫接种和科学免疫程序等。妥善处理好鸡粪、病死鸡、污水和垃圾等。

一、选择无病原的优良种群

选择优良的种山鸡、种蛋或雏雉，是山鸡饲养的基础和前提，因此养殖户或饲养场应从种源可靠的无病鸡场引进种山鸡、种蛋或雏雉。因为有些传染病感染雏雉是通过受精蛋或病原体污染的蛋壳传染给新孵出的后代，这些孵出的带菌雏或弱雏在不良环境污染等应激因素影响下，很容易发病或死亡。

从外地或外场引进青年山鸡作为种用时，必须先要了解当地的疫情，在确认无传染病和寄生虫病流行的健康鸡群引种，千万不能将发病场或发病群，或是刚刚病愈的鸡群引入。引入后要隔离饲养观察 30 天后，方可同原来的山鸡一起饲养。有条件的饲养场或养殖户最好坚持自繁自养。

二、强化卫生防疫

山鸡为群体饲养，数量多，个体发病易累及全群，所以山鸡病防重于治。养殖者应根据所在地区的疾病流行特点，制定合理有效的防疫程序，及时进行疫苗接种和预防性投药。同时，要加强鸡场的环境卫生，通风换气，严格消毒，做好发病个体及时隔离等方面的工作。

1. 疾病控制

(1)坚持每天清扫鸡舍，地面、运动场要保持清洁干燥，防止潮湿和积水。舍内保持空气新鲜，光照、通风、温度、湿度应符合饲养管理卫生要求。料槽、饮水器等要每天洗刷，尤其在夏天，应经常保持清洁。饲养笼、用具、设备必须固定使用，定期消毒。空舍后要进行严格洗刷和消毒。

(2)经常更换鸡场门口或生产区入口处消毒池内的消毒液。非生产人员不得进入生产区。

(3)养防结合是控制疾病的基础。

首先，山鸡场不得饲养其他畜禽或鸟类。

其次，根据不同鸡种、不同日龄的要求，供给按科学配方

的营养饲料，创造适合山鸡生长、发育、生产的环境，制订并执行一套生产管理技术，以能充分发挥该品种最好的生产性能。

第三，从外场引进的山鸡，不论大小都应检查，隔离饲养观察 30 天后，方可同原来的山鸡一起饲养。山鸡粪便应堆放在离山鸡舍较远的地方，要堆积发酵处理。病死山鸡要烧毁或埋入专用深坑。严禁在山鸡舍内宰杀病山鸡。

(4)加强饲养管理，增强山鸡的机体抵抗力，减少和避免各种不良的应激刺激。经常观察山鸡群健康状况，并做好记录。

(5)定期驱虫：山鸡易患多种寄生虫病，不仅影响生长发育，有些寄生虫病如球虫病、组织滴虫病常导致山鸡死亡。因此，每年都要定期、适时进行驱虫。

(6)定期灭鼠：鼠是人、畜多种传染病的传播媒介，鼠还盗食饲料和鸡蛋，咬死雏雉，咬坏物品，污染饲料和饮水，危害极大，鸡场必须加强灭鼠。

①防止鼠类进入建筑物：鼠类多从墙基、天棚、瓦顶等处窜入室内，在设计施工时注意：墙基最好用水泥制成，碎石和砖砌的墙基，应用灰浆抹缝。墙面应平直光滑，防鼠沿粗糙墙面攀登。砌缝不严的空心墙体，易使鼠隐匿营巢，要填补抹平。为防止鼠类爬上屋顶，可将墙角处做成圆弧形。墙体上部与大棚衔接处应砌实，不留空隙。用砖、石铺设的地面，应衔接紧密并用水泥灰浆填缝。各种管道周围要用水泥填平。通气孔、地脚窗、排水沟(粪尿沟)出口均应安装孔径小于 1 厘米的铁丝网，以防鼠窜入。

②器械灭鼠：器械灭鼠方法简单易行，效果可靠，对人、畜无害。灭鼠器械种类繁多，主要有夹、关、压、卡、翻、扣、淹、

黏、电等。近年来还研究和采用电灭鼠和超声波灭鼠等方法。

③化学灭鼠：化学灭鼠效率高、使用方便、成本低、见效快，缺点是能引起人、畜中毒，有些鼠对药剂有选择性、拒食性和耐药性。所以，使用时需选好药剂和注意使用方法，以保安全有效。灭鼠药剂种类很多，主要有灭鼠剂、熏蒸剂、烟剂、化学绝育剂等。鸡场的鼠类以孵化室、饲料库、鸡舍最多，是灭鼠的重点场所。鼠尸应及时清理，以防被畜误食而发生二次中毒。

(7)定期灭虫：鸡场易孳生蚊、蝇等有害昆虫，骚扰人、畜和传播疾病，给人、畜健康带来危害，应采取综合措施杀灭。

①环境卫生：搞好鸡场环境卫生，保持环境清洁、干燥，是杀灭蚊蝇的基本措施。蚊虫需在水中产卵、孵化和发育，蝇蛆也需在潮湿的环境及粪便等废弃物中生长。因此，填平无用的污水池、土坑、水沟和洼地。保持排水系统畅通，对阴沟、沟渠等定期疏通，勿使污水储积。对贮水池等容器加盖，以防蚊蝇飞入产卵。永久性水体（如鱼塘、池塘等），蚊虫多孳生在水浅而有植被的边缘区域，修整边岸，加大坡度和填充浅湾，能有效地防止蚊虫孳生。贮粪池应加盖并保持四周环境的清洁。

②化学杀灭：化学杀灭是使用天然或合成的毒物，以不同的剂型（粉剂、乳剂、油剂、水悬剂、颗粒剂、缓释剂等），通过不同途径（胃毒、触杀、熏杀、内吸等），毒杀或驱逐蚊蝇。化学杀虫法具有使用方便、见效快等优点，是当前杀灭蚊蝇的较好方法。常用化学杀灭剂有马拉硫磷、敌敌畏、合成拟菊酯等。

(8)饲料卫生：饲料卫生的好坏与山鸡的健康密切相关，山鸡如采食腐败变质、发霉或被某些病原菌污染的饲料即会

发病,某些植物性饲料在加工、贮藏或运输的某些环节出现问题,也会导致山鸡发生发病,因此,应掌握饲料是否被污染及其卫生要求。

饲料的卫生要求是:饲料室要严密、干燥、通风好,地面应为水泥面,防止鼠类进入,不允许饲料室内存放其他物品。购饲料时要把好质量关,可疑的饲料绝不能购入。对每批新购进的饲料都要严格检查其新鲜度,饲料成分如鱼粉的含盐量、维生素、矿物质及有毒物质的含量。

(9)饮水卫生:水会传播某些疾病如肠道传染病和寄生虫病,因此,掌握好饮水卫生对防止山鸡的疾病感染有重要的意义。

饮水要清洁,不污染。要管好水源和水具卫生。水源要严加管理,不要流入污水和有害物。

饮水器、水槽要经常清污,定期消毒,防止霉菌污染。

(10)尸体的处理:对死亡山鸡尸体的处理应是严格的,有很多山鸡养殖场往往不注意这一点,如随意在场内的某一地点解剖,解剖后污染的地面不做任何处理,尸体及内脏乱扔,甚至吃其肉,这是极其危险的。在这里告诫养殖者解剖山鸡必须在固定的屋内或场外的安全地点进行,解剖后应对污染的地面、用具等彻底消毒,解剖完后还要做深埋或焚烧处理。

2. 鸡场发生传染病时应急措施

(1)饲养人员经常到鸡舍观察鸡群的健康状况,一旦发现异常,经初步检查,疑为某种传染病时,应立即采取隔离、确诊、治疗或紧急接种等措施。做到早发现,早确诊,早处理。

(2)发现烈性传染病时,要立即封锁现场,采取扑灭疫情的果断措施。

(3)病鸡舍及使用过的用具,必须彻底清扫(清洗)和严格消毒。粪便和污物要堆积发酵处理。扑杀的病鸡或死鸡必须烧毁或埋入专用深坑。

3. 采取全进全出的饲养方式

因为不同日龄的鸡饲养、管理、饲料、温度、湿度、光照和免疫接种等都不相同,而且日龄较大的患病鸡或已病愈但仍带毒的鸡随时可将病原体传播给日龄小的鸡只,引起疾病的爆发。因此,不同日龄的山鸡应分舍或分场进行饲养,每批鸡全出后,鸡舍及饲养管理用具,须经清扫冲洗、消毒,并空闲 2 周以上,这对减少疾病的发生大有好处。实践证明,全入全出的饲养方法是预防疫病、降低成本,提高成活率和经济效益的最有效措施之一。

4. 预防性投药

药物预防是禽场防疫的重要辅助手段,科学合理地预防投药,能避免饲养成本上升、病原抗药性增强、禽群药物依赖及肉蛋产品药物残留等问题,从而提高养殖效益。

山鸡预防性投药可参照以下方案进行:

(1)开水时饮 0.01%的高锰酸钾水一次,以清理肠道。

(2)3 日龄,饲料中拌 0.04%的呋喃唑酮,日喂 2 次,或用 0.02%呋喃唑酮水让雏雉自由饮用,连续 5 天,防治鸡白痢、球虫病。

(3)4 日龄,每 1000 只雏雉每日 1.5 克土霉素拌料,连续 5 天,防治球虫病、鸡白痢、禽霍乱、肠炎。

(4)8 日龄,用青霉素 2000 单位/只拌料,日喂 2 次,连续 5 天,起抑菌和防治球虫的作用。

(5)12 日龄,每只每日用青霉素 2000～4000 国际单位,

饮水或拌料，连用 5 天，防治鸡白痢、球虫病。

(6)18 日龄，每千克体重每日用喹乙醇 5～10 毫克，连喂 6 天，防治鸡白痢、霍乱、血痢。

三、确保有效的消毒体系

要想饲养山鸡的成活率高，就必须做好日常卫生防疫工作，而消毒（进鸡前消毒和转群后消毒）是日常卫生防疫工作中最重要的一环。虽然一些鸡场开展了消毒工作，但仍然是疫病反复不断，究其原因，常常和消毒药物使用不当有很大关系。使用消毒药，要注意其本身的性状、作用对象、使用方法、使用浓度、作用时间和特点、配伍禁忌、适用范围及副作用等。

1. 常用的消毒方法

常见的消毒方法有物理消毒法、生物热消毒法、化学消毒法等。

(1)物理消毒法：清扫、洗刷、日晒、通风、干燥及火焰消毒等是简单有效的物理消毒方法，清扫、洗刷等机械性清除则是鸡场使用最普通的一种消毒法。通过对鸡舍的地面和饲养场地的粪便、垫草及饲料残渣等的清除和洗刷，就能使污染环境的大量病原体一同被清除掉，由此而达到减少病原体对鸡群污染的机会。但机械性清除一般不能达到彻底消毒目的，还必须配合其他的消毒方法。太阳是天然的消毒剂，太阳射出的紫外线对病原体具有较强的杀灭作用，一般病毒和非芽孢性病原在阳光的直射下几分钟至几小时可被杀死，如供雏雉所需的垫草、垫料及洗刷的用具等使用前均要放在阳光下暴晒消毒，作为饲料用的谷物也要晒干以防霉变，因为阳光的灼热和蒸发水分引起的干燥也同样具有杀菌作用。

通风亦具有消毒的意义，在通风不良的鸡舍，最易发生呼吸道传染病。通风虽不能杀死病原体，但可以在短期内使鸡舍内空气交换、减少病原体的数量。

(2)生物热消毒法：生物热消毒也是鸡场常采用的一种消毒方法。生物热消毒主要用于处理污染的粪便及其垫草，污染严重的垫草将其运到远离鸡舍地方堆积，在堆积过程中利用微生物发酵产热，使其温度达70℃以上，经过一段时间(25～30天)，就可以杀死病毒、病菌(芽孢除外)、寄生虫卵等病原体而达到消毒的目的，同时可以保持良好的肥效。对于鸡粪便污染比较少，而潮湿度又比较大的地面可用草木灰直接撒上，起到消毒的作用。

(3)化学消毒法：应用化学消毒剂进行消毒是鸡场使用最广泛的一种方法。化学消毒剂的种类很多，如氢氧化钠(钾)、石灰、高锰酸钾、漂白粉、次氯酸钠、乳酸、酒精、碘酊、紫药水、煤酚皂溶液、新洁尔灭、福尔马林、苯酚、过氧乙酸、百毒杀、威力碘等多种化学药品都可以作为化学消毒剂，而消毒的效果如何，则取决于消毒剂的种类、药液的浓度、作用的时间和病原体的抵抗力以及所处的环境和性质，因此在选择时，可根据消毒剂的作用特点，选用对该病原体杀灭力强，又不损害消毒的物体、毒性小、易溶于水，在消毒的环境中比较稳定以及价廉易得和使用方便的化学消毒剂。有计划地对鸡生活的环境和用具等进行消毒。

①火碱(氢氧化钠、苛性钠)：用于鸡舍、环境、道路、器具和运输车辆消毒时，浓度一般在1.5%～2%。注意高浓度碱液可灼伤人体组织，对金属制品、塑料制品、漆面有损坏和腐蚀作用。

②生石灰:生石灰对一般细菌有效,对芽孢及结核杆菌无效。常用于墙壁、地面、粪池及污水沟等的消毒。使用时,可加水配制成10%～20%的石灰乳剂,喷洒房舍墙壁、地面进行消毒;用生石灰粉对鸡舍地面撒布消毒,其消毒作用可持续6小时左右。

③高锰酸钾:高锰酸钾有较强的去污和杀菌能力,使用时,0.1%的水溶液用于皮肤、黏膜创面冲洗及饮水消毒;0.2%～0.5%的水溶液用于种蛋浸泡消毒;2%～5%的水溶液用于饲养用具的洗涤消毒。应现配现用。

④漂白粉:鸡场常用于对饮水、污水池、鸡舍、用具、下水道、车辆及排泄物等进行消毒。饮水消毒常用量为每立方米河水或井水中加4～8克漂白粉,拌匀,30分钟后可饮用。1%～3%澄清液可用于饲槽、水槽及其他非金属用具的消毒。污水池常用量为1立方米水中加入8克漂白粉(有效氯为25%)。10%～20%乳剂可用于鸡舍和排泄物的消毒。鸡舍内常用漂白粉作为甲醛熏蒸消毒的催化剂,其用量是甲醛用量的50%。

⑤次氯酸钠:常用于水和鸡舍内的各种设备、孵化器具的喷洒消毒。一般常用消毒液可配制为0.3%～1.5%。如在鸡舍内有鸡的情况下需要消毒时,可带鸡进行喷雾消毒,也可对地面、地网、墙壁、用具刷洗消毒。带鸡消毒的药液浓度配制一般为0.05%～0.2%,使用时避免与酸性物质混合,以免产生化学反应,影响消毒灭菌效果。

⑥复合酚消毒剂:含有苯酚、杀菌力强的有机酸、穿透力强的焦油酸和洗洁作用的苯磺酸,是高效低毒的消毒剂,如农福、宝康、消毒灵等,是目前最常用的消毒剂之一。适用于鸡

舍、环境、工具等消毒，浓度为1%。

⑦酒精：即乙醇，常用于注射部位、术部、手、皮肤等涂擦消毒和外科器械的浸泡消毒。

⑧碘酊：即碘酒，常用的有3%和5%两种，常用于鸡的细菌感染和外伤，注射部位、器械、术部及手的涂擦消毒，但对鸡皮肤有刺激作用。

⑨紫药水：紫药水市售有1%～2%的溶液，常用于鸡群的啄伤。

⑩煤酚皂溶液：即来苏儿，主要用于鸡舍、用具与排泄物的消毒。1%～2%溶液用于体表和器械消毒，5%溶液用于鸡舍消毒。

⑪新洁尔灭：即溴苄烷铵，常用于手术前洗手、皮肤消毒、黏膜消毒及器械消毒，还可用于养鸡用具、种蛋的消毒。使用时，0.05%～0.1%水溶液用于手术前洗手；0.1%水溶液用于蛋壳的喷雾消毒和种蛋的浸涤消毒，此时要求液温为40～43℃，浸涤时间不超过3分钟；0.15%～2%水溶液可用于鸡舍内空间的喷雾消毒。

⑫福尔马林：福尔马林为含甲醛36%的水溶液，又称甲醛水。生产中多采用福尔马林与高锰酸钾按一定比例混合对密闭鸡舍、仓库、孵化室等进行熏蒸消毒。

⑬苯酚(石炭酸)：常用2%～5%水溶液消毒污物和鸡舍环境，加入10%食盐可增强消毒作用。

⑭过氧乙酸(过醋酸)：0.3%～0.5%溶液可用于鸡舍、食槽、墙壁、通道和车辆喷雾消毒，0.05%～0.2%可用于带鸡消毒。

⑮百毒杀：用于鸡舍墙壁地面、饲养用具和饮水消毒。饮

水消毒浓度为0.01%,带鸡消毒常用量为0.03%。对鸡舍的消毒,最好进行2～3次,每次使用的消毒药不同,但要注意使用第二种消毒药之前应将原使用的消毒药用清水冲洗干净,避免两种消毒药相互影响,降低消毒效果。

⑯威力碘:1∶(200～400)倍稀释后用于饮水及饮水工具的消毒;1∶100倍稀释后用于饲养用具、孵化器及出雏器的消毒;1∶(60～100)倍稀释后用于鸡舍带鸡喷雾消毒。

2. 消毒的先后顺序

鸡场消毒要先净道(运送饲料等的道路)、后污道(清粪车行驶的道路),先后备鸡区、后种鸡场区、育肥鸡区,各鸡舍内的消毒桶严禁混用。

3. 消毒方法

(1)人员消毒:鸡场尤其是种鸡场或具有适度规模的鸡场,在饲养区出入口处应设紫外线消毒间和消毒池。鸡场的工作人员和饲养人员在进入饲养区前,必须在消毒间更换工作衣、鞋、帽,穿戴整齐后进行紫外线消毒10分钟,再经消毒池进入鸡场饲养区内。育雏舍和育成舍门前出入口也应设消毒槽,门内放置消毒缸(盆)。饲养员在饲喂前,先将洗干净的双手放在盛有消毒液的消毒缸(盆)内浸泡消毒几分钟。

消毒池和消毒槽内的消毒液,常用2%火碱水或20%石灰乳以及其他消毒剂配成的消毒液。浸泡双手的消毒液通常用0.1%新洁尔灭或0.05%百毒杀溶液。鸡场通往各鸡舍的道路也要每天用消毒药剂进行喷洒,各鸡舍应结合具体情况采用定期消毒和临时性消毒。鸡舍的用具必须固定在饲养人员各自管理的鸡舍内,不准相互通用,同时饲养人员也不能相互串舍。

除此以外，鸡场应谢绝参观。外来人员和非生产人员不得随意进入饲养区，场外车辆及用具等也不允许随意进入鸡场，凡进入饲养区内的车辆和人员及其用具等必须进行严格地消毒，以杜绝外来的病原体带入场内。

(2)环境消毒：山鸡舍周围环境每2～3个月用火碱液消毒或撒生石灰1次；场周围及场内污水池、排粪坑、下水道出口，每1～2个月用漂白粉消毒1次。

(3)鸡舍消毒：消毒程序是“清除、清扫→冲洗→干燥→第一次化学消毒→10%石灰乳粉刷墙壁和天棚→移入已洗净的笼具等设备并维修→第二次化学消毒→干燥→甲醛熏蒸消毒”。

清扫、冲洗、消毒要细致认真，一般先顶棚、后墙壁再地面。从山鸡舍远离门口的一边到靠近门口的一边，先室内后环境，逐步进行，不允许留死角或空白。清扫出来的粪便、灰尘要集中处理，冲出的污水，使用过的消毒液要排放到下水道中，而不应随便堆置在山鸡舍附近，或让其自由漫流，对山鸡舍周围造成新的人为的环境污染。

(4)用具消毒：蛋箱、蛋盘、孵化器、运雏箱可先用0.1%新洁尔灭或0.2%～0.5%过氧乙酸消毒，然后在密闭的室内于15～18℃温度下，用甲醛熏蒸消毒5～10小时。育雏笼先用消毒液喷洒，再用水冲洗，待干燥后再喷洒消毒液，最后在密闭室内用甲醛熏蒸消毒。工作人员的手可用0.2%新洁尔灭水清洗消毒，忌与肥皂共用。

(5)饮水消毒：水对山鸡生产具有重要作用，但同时水又是山鸡疫病发生的重要媒介，而且这一点往往被忽视。一些鸡场的疫病反复发生，得不到有效的控制，往往与水源受到病

原微生物的不断污染有重大关系，特别是那些通过肠道感染的细菌性疾病，鸡群投服抗菌药物，疫病得到基本的控制，停止使用药物后，疫病又重新发生，虽然不一定是大群体发病，但可能每天都有一些病例出现，高于正常死亡率，出现这种情况时，要十分注意鸡群的饮水卫生条件，有无病原菌的存在和含量多少。

饮水消毒常用以下方法：

①漂白粉：每 1000 毫升水加 0.3～1.5 克或每立方米水加粉剂 6～10 支，拌匀后 30 分钟即可饮用。

②抗毒威：以 1∶5000 的比例稀释，搅匀后放置 2 小时饮用。

③高锰酸钾：配成 0.01%的浓度，随配随饮，每周 2～3 次。

④百毒杀：用 50%的百毒杀以 1∶(1000～2000)的比例稀释饮用。

⑤过氧乙酸：每千克水中加入 20%的过氧乙酸 1 毫升，消毒 30 分钟。

注意事项：使用疫(菌)苗前后 3 天禁用消毒水，以免影响免疫效果；高锰酸钾宜现配现饮，久置会失效；消毒药应按规定的浓度配入水中，浓度过高或过低，会影响消毒效果；饮水中只能放一种消毒药。

(6)带鸡消毒：由于现阶段养殖生产只能是一幢鸡舍的全进全出，而不是一个鸡场的全进全出，因此，几乎所有鸡场内都存在大量的病原微生物，并且在不同鸡舍之间、不同鸡群之间反复交替传播，特别是种山鸡生产期比较长，虽然采取了许多有效的综合防疫措施，但一些传染病仍时有发生或小范围流行，每天的死亡率虽不高，但累积饲养全期的死亡率却不低，造成生产的较大损失和疫病的难以控制。

有的时候，鸡群感染和发生了某种传染病，从生产和经济角度考虑，除了采取疫苗接种等措施以外，就必须减少鸡群周围环境中病原微生物的含量。

通过多年的养鸡生产实践，人们采用气雾方法喷洒某些种类消毒液，将鸡群机体外表与鸡舍环境同时消毒，达到杀灭或减少病原微生物的方法，被称为鸡体消毒法。鸡体消毒法可采用新洁而灭、过氧乙酸，使用浓度为0.05%～0.2%，喷雾，每天1～2次。也可用百毒杀0.05%～0.1%，或其他腐蚀性低的消毒药，直接喷雾洒在鸡身上和鸡舍空间等，连续使用。也可作为预防措施，间歇使用。

消毒时应注意事项：

①鸡舍勤打扫，及时清除粪便、污物及灰尘，以免降低消毒质量。

②喷雾消毒时，喷口不可直射鸡，药液浓度和剂量要掌握准确，喷雾程度以地面、墙壁、屋顶均匀湿润和鸡体表稍湿为宜。

③水温要适当，防止鸡受冻感冒。

④消毒前应关闭所有门窗，喷雾15分钟后要开窗通气，使其尽快干燥。

⑤各类消毒剂交替使用，每月轮换1次。

⑥鸡群接种弱毒苗前后3天内停止喷雾消毒，以免降低免疫效果。

四、做好基础免疫

为增强山鸡对某些传染病的特异性抵抗力，预防这些传染病的发生与流行，需要对山鸡群进行疫苗免疫接种。但目前对山鸡的免疫程序研究还不够深入，大部分场家仍沿用家鸡的免疫程序。在制定免疫程序时，必须考虑当地的疾病情况、疫苗供应条件、气候条件等因素。

应当十分明确疫苗不是药物，而是生物制品，疫苗不能起治疗作用，只能起预防作用。

1. 预防接种的方法

疫苗接种可分注射、饮水、滴鼻滴眼、气雾和穿刺法，根据疫苗的种类，鸡的日龄、健康情况等选择最适当的方法。

(1)注射法：此法需要对每只鸡进行保定，使用连续注射器可按照疫苗规定数量进行肌内或皮下注射，此法虽然有免疫效果准确的一面，但也有捉鸡费力和产生应激等缺点。注射时，除应注意准确的注射量外，还应注意质量，如注射时应经常摇动疫苗液使其均匀。注射用具要做好预先消毒工作，尤其注射针头要准备充分，每群每舍都要更换针头，健康鸡群先注射，弱鸡最后注射。注射法包括皮下注射和肌内注射两种方法。

①皮下注射：用大拇指和食指捏住鸡颈中线的皮肤向上提拉，使形成一个囊。入针方向，应自头部插向体部，并确保针头插入皮下。即可按下注射器推管将药液注入皮下。

②肌内注射：作肌内注射时，有 3 个方法可以选择：第一，翼根内侧肌内注射，大鸡将一侧翅向外移动，露出翼根内侧肌内即可注射。雏雉可左手握住鸡体，用食指、中指夹住一侧翅

翼，用拇指将头部轻压，右手握注射器注入该部肌肉中。第二，胸肌注射，注射部位应选择在胸肌中部（即龙骨近旁），针头应沿胸肌方向并与胸肌平面成 45°角向斜前端刺入，不可太深，防止刺入胸腔。第三，腿部肌内注射，因大腿内侧神经、血管丰富，容易刺伤。以选大腿外侧为好，这样可避免伤及血管、神经引起跛行。

（2）饮水免疫法：若饲养量大，逐只进行接种费时费力，并惊扰鸡群，影响增重，可采用效果最好的饮水免疫法。但饮水免疫往往不能产生足够的免疫力，不能抵御毒力较强的毒株引起的疾病流行。为获得较好的免疫效果，应注意以下事项：

①饮水免疫前 2 天、后 5 天不能饮用任何消毒药。

②饮疫苗前停止饮水 4～6 小时，夏季最好夜间停水，清晨饮水免疫。

③稀释疫苗的水最好用蒸馏水，应不含有任何使疫苗灭活的物质。

④疫苗饮水中可加入 0.1%脱脂乳粉或 2%牛奶（煮后晾凉去皮）。

⑤疫苗用量要增加，通常为注射量的 2～3 倍。

⑥饮水器具要干净，并不残留洗涤剂或消毒药等。

⑦疫苗饮水应避免日光直射，并要求在疫苗稀释后 2～3 小时内饮完。

⑧饮水器的数量要充足，保证 3/4 以上的鸡能同时饮水。

⑨饮水器不宜用金属制品，可采用陶瓷、玻璃或塑料容器。

（3）滴鼻、滴眼法：通过结膜或呼吸道黏膜而使药物进入鸡体内的方法，常用于雏雉免疫。按规定稀释好的疫苗充分

摇匀后，再把加倍稀释的同一疫苗，用滴管或专用疫苗滴注器在每只雏雉的一侧眼膜或鼻孔内滴1～2滴。滴鼻可用固定雏雉手的食指堵着非滴注的鼻孔，加速疫苗吸入，才能放开雏雉。滴眼时，要待疫苗扩散后才能放开雏雉。

在进行滴鼻、滴眼免疫接种前后各24小时不要进行喷雾消毒和饮水消毒，不要使用铁质饮水器。

(4)喷雾免疫法：此法既省人力又不惊扰鸡群，不影响产蛋、增重，免疫效果确实。但是，喷雾免疫只能用于60日龄以上的鸡，60日龄以内的鸡使用此法，容易引起支原体病和其他上呼吸道疾病。操作方法是先计算出所需疫苗数量，然后用特制的喷雾枪(市场有售)，把疫苗喷于舍内空中，让鸡呼吸时把疫苗吸入肺内，以达到免疫的目的。喷雾时，喷头距离鸡1米，喷时必须关闭门窗和排风设备，喷完后15分钟才可通风。

喷雾免疫应注意以下事项：

①选择专用喷雾器，并根据需要调整雾滴。

②配疫苗用量，一般1000只所需水量200～300毫升，也可根据经验调整用量。

③平养鸡可集中一角喷雾，可把鸡舍分成两半，中间放一栅栏，雏雉通过时喷雾，也可接种人员在鸡群中间来回走动，至少来回2次。

④喷雾时操作者可距离鸡2～3米，喷头和鸡保持1米左右的距离，成45°角，距离鸡头上方50厘米，使雾粒刚好落在鸡的头部。

⑤气雾免疫应注意的问题：所用疫苗必须是高效价的，并且为倍量；稀释液要用蒸馏水或去离子水，最好加0.1%脱脂

乳粉或明胶；喷雾时应关闭鸡舍门窗，减少空气流通，避开直射阳光，待全舍喷完后20分钟方可打开门窗；降低鸡舍亮度，操作时力求轻巧，减少对鸡群的干扰，最好在夜间进行；为防止继发呼吸道病，可于免疫前后在饮水、饲料中加抗菌药物。

(5)刺种法：刺种的部位在鸡翅膀内侧皮下。在鸡翅膀内侧皮下，选羽毛稀少，血管少的部位，按规定剂量将疫苗稀释后，用洁净的疫苗接种针蘸取疫苗，在翅下刺种。

翅膀下刺种禽痘疫苗时，要避开翅静脉，并且在免疫5～7日后观察刺种处有无红色小肿块，若有表示免疫成功，若无表明免疫无效，应补种。

(6)滴肛或擦肛法：适用于传染性喉气管炎强毒性疫苗接种。接种时，使鸡的肛门向上，翻出肛门黏膜，将按规定稀释好的疫苗滴一滴，或用棉签或接种刷蘸取疫苗刷3～5下，接种后应出现特殊的炎症反应。9天后即产生免疫力。

2. 疫苗的选购

疫苗的质量、效果如何需使用后才明确，选购疫苗时一般遵循如下几点：

(1)明确了解疫苗的种类、毒力、安全量、有效量。

(2)瓶签应标明生产厂家、生产日期、有效期，凡非国家指定的厂商生产的疫苗一般不要购买。

(3)每瓶疫苗均具有生产批号，凡批号不清、标签脱落的疫苗不能使用。

(4)不购买超出有效期的疫苗。

(5)检查每瓶疫苗的封口是否紧密完整，一般是密封瓶内处于真空状态。凡封口松散或脱落的疫苗不能购买。

(6)检查疫苗的外观性状是否符合说明。

(7)检查有无腐败,变质或异味。

(8)疫苗是否保存在适度的环境条件下。

(9)了解疫苗的使用方法,购买时索取一份详细的疫苗使用说明书。

(10)购买疫苗时一定要用保温容器冷藏。

3. 预防免疫程序

免疫程序的制定,首先,要了解对山鸡群传染病的发生特点及流行状况,以确定应该接种哪些疫苗。其次,要做好疫病的检疫和监测工作,进行有计划的免疫接种,避免免疫接种的盲目性。第三,要按照不同传染病的特点,建立科学的免疫程序,采取可靠的免疫方法,用有效的疫苗,做到适时进行免疫。第四,要避免或及时找出造成免疫失败的原因,采取相应的措施并加以克服。这样才能保证免疫接种的效果,从而达到防止和减少传染病发生的目的。

常用山鸡的免疫程序和保健程序如下(各地可以此为参考,结合本地实际,制订出更合适的免疫程序,其中商品山鸡只作(1)~(6)项)。

(1)出壳第一天没开食之前:注射马立克氏病疫苗,每只雏雉肌内或皮下注射 0.2 毫升。

(2)7~10 日龄:山鸡雏用鸡新城疫Ⅱ系疫苗滴鼻滴眼,疫苗 1∶10 倍稀释,用 1 毫升的注射器往雏雉鼻孔和眼内滴稀释疫苗 2 滴即可;鸡传染支气管炎 H120 活疫苗稀释饮水。每只饮用 5~10 毫升。

(3)19~25 日龄:用鸡传染性法氏囊双价苗配生理盐水稀释(0.1 毫升)每只饮水 10~15 毫升。

(4)30 日龄:用禽痘疫苗皮下注射。

(5)60 日龄:用鸡新城疫中等毒力活疫苗Ⅰ系配生理盐水皮下或胸肌注射 0.5 毫升。

(6)90～120 日龄:注射鸡新城疫Ⅰ疫苗,按 1∶3000 倍稀释,剂量 0.5 毫升。

(7)140～160 日龄(产蛋前 4 周),禽霍乱,大肠杆菌皮下注射每只 0.5 毫升。

(8)161～180 日龄(产蛋前 1 周),鸡新城疫-产蛋下降综合征-传染性支气管炎三联油乳剂灭活苗,每只胸肌注射 0.5 毫升。

4. 疫苗在使用过程中应注意的事项

疫苗作为生物制品,稳定性很差,各种理化因素等影响都易造成疫苗效价的下降,因此,在疫苗的贮存和使用过程中需要严格的保护条件和适当的方法。否则,疫苗就可能失效,造成重大损失。因疫苗效价下降或失效使免疫失败,鸡群暴发严重的疫病而造成重大经济损失的情况已屡见不鲜。

疫苗在贮藏和使用过程中应注意以下事项:

(1)在购买疫苗时一定要看好疫苗的名称、生产日期、批准文号、包装剂量、厂商等,最好是近期生产的疫苗、不要使用陈旧或是过期的疫苗和用以前没有使用完的疫苗拿来使用。

(2)疫苗运输时必须符合疫苗运输的条件,尽量缩短运输的时间,运输时应避免阳光直射和剧烈震荡。

(3)稀释疫苗的方法要注意,不同的疫苗需要用到的稀释的方法是不一样的,冻干苗的瓶盖是高压的盖子,稀释的方法是应先用注射器把 5 毫升是稀释液缓缓注入瓶颈内,等到瓶内的溶液都互相溶解了,就可以打开瓶盖,把疫苗倒入水中。

(4)疫苗的使用量一定要计算好,也要控制好给雏雉的饮

水量，滴眼滴鼻的量要比饮水的量小，而且要控制好稀释的量，稀释液的浓度要根据雏雉的饮水量的多少。饮水时间的长短，准确地计算好雏雉要用到的剂量，在给雏雉饮疫苗的时候前我们要控制给雏雉饮水停止供水时间，一般在夏季的时候要控制在 2 个小时，而且还要把握好疫苗的使用的间隔时间，给雏雉饮用疫苗的时候，饮水的时间不能小于 1 个小时，但是也不能超过 2 个小时，夏季高温的时候也可以在饮水中加入适量的冰块，饮用 1/2 疫苗的时候要停半个小时后在继续饮用剩下的 1/2 的疫苗，在冬季的时候要三个小时，让雏雉感觉到渴，这样它饮疫苗就快。

(5)在给雏雉注射疫苗的时候，要严格地控制好注射量，注射疫苗宁可多注射也不可以少注射，因为如果量大了只会对雏雉体质是免疫加剧，不会对雏雉产生不良反映，但是如果注射的量小了，雏雉鸡体产生不了免疫，会让病毒有机可乘，造成不必要的损失。

(6)疫苗的免疫时间也是有期限的，为了提高疫苗的效果，在进行饮水免疫时在每千克的水中加入 2.4 克的脱脂奶粉，如果没有奶粉的时候，可以使用速补 20、速补 18、速补 14、或者是用白糖代替都可以。记住切不可使用电解多维，因为电解多维、电离水溶液、凝固蛋白，会破坏疫苗的使用效果，还有一点要注意的就是不可在疫苗中添加抗生素，这些都会影响到疫苗的效果。

(7)为了减少对山鸡的应激，在给雏雉注射疫苗的时候一般都是会选择在晚上进行，注射疫苗时把鸡舍的灯泡换成蓝色(鸡对蓝色是失盲的，所以在晚上的时候我们是可以看到它们，但是雏雉是看不到我们)，这样就可以大大的避免对雏雉群造成惊群了。

(8)千万不要盲目地增加免疫的次数,有些养殖户在养殖的时间就听说雏雉的疾病多,所以就很怕,所以在养殖的过程中就给雏雉增加免疫的次数,特别是新城疫病,每隔几天就给雏雉接种一次,同时死苗和活苗都用,严重扰乱了鸡体的免疫机理的应答,结果反而会出现反效果,让疾病在鸡群中更加流行开来,那样就很难治疗了,造成的损失就大了。

(9)在给雏雉接种疫苗的期间,一定要做好雏雉的卫生管理工作,包括保持雏雉鸡舍空气的新鲜,不要有氨气和贼风,在饮水中适量地添加电解质和维生素,特别是维生素A、维生素B、维生素C,这些对增加雏雉体质和预防疫病都有很好的作用。

(10)疫苗在使用前要仔细检查,发现疫苗瓶破裂,瓶盖松开、没有或瓶签不清,内容物混有杂质,变色等异常性状时不能使用。

(11)免疫用具须经煮沸消毒15~20分钟,注射针头最好每百只鸡换一支。

(12)疫苗稀释后应在规定的时间内接种完,尽可能缩短从稀释到进入鸡体的时间。稀释后的疫苗要放置在适宜的条件下,稀释后超期限或用不完的疫苗要废弃。

(13)如果疫苗采用饮服或气雾免疫接种方法时,应使用清洁干净的饮用水,水中不含任何消毒剂或其他化学药品,盛水的容器应清洁干净,无消毒剂或杂物残留。水的pH值最好为中性。饮服疫苗前,鸡群应限制饮水1~2小时,然后同时投放含疫苗的饮水,且饮水器充足,在1小时内保证每只鸡都有充足的饮水机会,并将含疫苗的饮水食完。

五、鸡尸体的处理

在鸡生长过程中，由于各种原因使鸡死亡的情况时有发生。在正常情况下，鸡的死亡率每月为1%～2%。这些死鸡若不加处理或处理不当，尸体能很快分解腐败，散发臭气。特别应该注意的是患传染病死亡的鸡，其病原微生物会污染大气、水源和土壤，造成疾病的传播与蔓延。因此，每次进入鸡舍检查鸡群时，应准备好塑料袋，发现死鸡及时检起，装入塑料袋密封拿出鸡舍。再回鸡舍时，要到消毒走廊进行彻底的消毒。

1. 高温处理法

将鸡尸放入特设的高温锅（5个大气压、150℃）内熬煮，达到彻底消毒的目的。鸡场也可用普通大锅，经100℃的高温熬煮处理。此法可保留一部分有价值的产品，使死鸡饲料化，但要注意熬煮的温度和时间必须达到消毒的要求。

2. 土埋法

这是利用土壤的自净作用使死鸡无害化。此法虽简单但并不理想，因其无害化过程很缓慢，某些病原微生物能长期生存，条件掌握不好就会污染土壤和地下水，造成二次污染，因此对土质的要求是决不能选用沙质土。采用土埋法必须遵守卫生防疫要求，即尸坑应远离畜禽场、畜鸡舍、居民点和水源，地势要高燥；掩埋深度不小于2米；必要时尸坑内四周应用水泥板等不透水材料砌严；鸡尸四周应洒上消毒药剂；尸坑四周最好设栅栏并作上标记。较大的尸坑盖板上还可预留几个孔道，套上PVC管，以便不断向坑内投放鸡尸。

3. 堆肥法

鸡尸因体积较小，可以与粪便的堆肥处理同时进行，这是一种需氧性堆肥法。死鸡与鸡粪进行混合堆肥处理时，一般按1份(重量)死鸡配2份鸡粪和0.1份秸秆的比例较为合适，这些成分要按一定规律分层码放。在发酵室的水泥地面上，先铺上30厘米厚的鸡粪，然后加上一层厚约20厘米厚的秸秆，然后再按死鸡、鸡粪、秸秆的规律逐层堆放，死鸡层还要加适量的水，最后要在顶部加上双层鸡粪。堆肥前，有时还要把鸡尸再分成小块，以便在堆制过程中更加彻底地得到分解。需要注意的是，因患传染病死亡的鸡尸一般不用此法处理，以保证防疫上的安全。

4. 饲料化处理

如能在彻底杀死病原菌的前提下，对死鸡作饲料化处理，则可获得优质的蛋白质饲料。

第二节　常见病的防治

及时而准确的疾病诊断是预防、控制和治疗疾病的重要前提和环节，要达到快速而准确的诊断，需要具备全面而丰富的疾病防治和饲养管理知识，运用各种诊断方法，进行综合分析。禽类疾病的诊断方法有多种，而实际生产中最常用的是临床检查技术、病理学诊断技术和实验室诊断技术。各种禽类疾病的发生都有其自身的特点，只要抓住这些疾病的特点，运用恰当的诊断方法就可以对疾病做出正确的诊断。

一、鸡病的判断

1. 群体检查

群体性是禽类的生物学特性之一，禽类的饲养管理性必须联系这个特性进行。在集约化饲养的情况下，难于每天观察了解每只鸡的生长发育和健康状况，只能仔细观察群鸡的状况，判断其生长和健康是否正常，饲养与管理条件是否相适应，发现问题及时纠正，特别是日常的仔细观察，有利于在鸡群疫病刚出现或未出现之前发现，采取适当的措施，控制疫病的发展，使鸡群尽早恢复健康。

观察鸡群一般选择在早上天亮后不久和傍晚或晚间进行。鸡群经一晚休息后，早上是采食、饮水、交配、运动等最活跃的时候，较容易观察到鸡群的异常情况。晚上鸡群安静状态，除可以静听鸡群呼吸音外，还有利于捉鸡检查。

观察鸡群时饲养或技术人员应缓慢接近鸡群，待鸡群无惊恐，恢复正常活动时进行。

观察鸡群可从以下几方面进行：

(1)观察鸡群活动：正常的鸡群给人以精神活泼的感觉，站立走动有力，羽毛整洁有光泽，两眼有神，采食、饮水、交配活动较频繁，鸡群在舍内分布均匀。若山鸡的精神沉郁低下，眼无神，羽毛蓬松，鸣叫声音不正常，呼吸困难或哮喘，不爱活动，独自缩颈呆立或伏卧，常甩头发出“咯咯”声等都属生病的征兆。

(2)观察鸡群排泄的粪便状况：山鸡的粪便呈螺旋状，颜色为灰黄褐色。粪便过干或过稀均属病状，若过干呈颗粒状、便秘，是缺饮水或热症；若粪便稀软，带残渣食物，也许是食积消化不良;粪便发出酸臭味,并带黏液状,是胃炎或伤寒;粪便伴有红丝状黏液,可能是球虫病或出血性肠炎。

(3)记录检查鸡群每天采食和饮水情况:一般情况下,山鸡群在生长期内随着日龄的增长,采食量与日俱增,种鸡的采食量相对较稳定,如发现无气候、管理、饲料变化等异常情况,鸡群采食量下降,或饮水量下降,或突然增加时,应考虑疫病发生的可能。

(4)在鸡群安静时,特别是晚间,静静地听鸡群呼吸、鸣叫音,正常鸡群叫声明亮,晚间休息时无响声。如雏雉保温不足,鸡群鸣叫不休;如温度过高,则尖叫不止。如发生新城疫病,鸡群呼吸时发出"咯咯"声;如听到失利的喉头喘鸣音,则是传染性喉气管炎的表现;如发生传染性支气管炎,亦可听到特殊的呼吸音。

2. 个体检查

全群观察后,挑出有异常变化的典型病鸡,作个体检查。

(1)体温检查:山鸡正常体温 40.5～42℃,如果超出此体温为发烧,一般都属于患急性传染病。需要测量山鸡体温时,可用兽用温度计插入山鸡的肛门内,待 3～5 分钟后即可测出体温正常与否。

(2)眼睛的检查:健康鸡的眼大而有神,周围干净,瞳孔圆形,反应灵敏,虹膜边界清晰。病鸡眼怕光流泪,结膜发炎,结膜囊内有豆腐渣样物,角膜穿孔失明,眼睑常被眼眵黏住,眼边有颗粒状小痂块,眼部肿胀,眼白色混浊、失明,瞳孔变成椭圆形、梨子形、圆锯形,或边缘不齐,虹膜灰白色。

(3)口鼻的检查:健康鸡的口腔和鼻孔干净利索,无分泌物和饲料附着。病鸡可能出现口、鼻有大量黏液,经常晃头,

呼吸急促、困难，喘息、咳出血色的缓液等症状。

(4)羽毛和姿势检查：正常时，鸡羽毛整洁、光滑、发亮，排列均匀。有病时羽毛变脆、易脱落，竖立、松乱，翅膀、尾巴下垂，易被污染。正常鸡站卧自然，行动自如，无异常动作。病鸡则出现步态不稳，运动不协调，转圈行走或头颈歪向一侧或向后背等症状。

(5)呼吸检查：正常鸡的呼吸平稳自然，没有特殊的状态。病鸡应注意观察鸡的呼吸状态，是否有呼吸音，是否咳嗽、打喷嚏等。

(6)嗉囊检查：用手指触摸嗉囊内容物的数量及其性质。嗉内食物不多，常见于发生疾病或饲料适口性不好。内容物稀软，积液、积气，常见于慢性消化不良。单纯性嗉囊积液、积气是鸡高烧的表现或唾液腺神经麻痹的缘故。嗉囊阻塞时，内容物多而硬，弹性小。过度膨大或下垂，是嗉囊神经麻痹或嗉囊本身机能失调引起的。嗉囊空虚，是重病末期的象征。

(7)皮肤触摸检查：从头颈部、体躯和腹下等部位的羽毛用手逆翻，查检皮肤色泽及有无坏死、溃疡、结痂、肿胀、外伤等。正常皮肤松而薄，易与肌肉分离，表面光滑。若皮肤增厚、粗糙有鳞屑，两小腿鳞片翘起，脚部肿大，外部像有一层石灰质，多见于鸡疥癣病或鸡膝螨病；皮肤上有大小不一、数量不等的硬结，常见于马立克病；皮肤表面出现大小数量不等、凹凸不平的黑褐色结痂，多见于皮肤性禽痘；皮下组织水肿，如呈胶冻样者，常见于食盐中毒，如内有暗紫色液体，则常见于维生素 E 的缺乏症。

(8)腹部检查：用手触摸腹下部，检查腹部温度，软硬等。腹部异常膨大而下垂，有高热、痛感，是卵黄性腹膜炎的初期；

触摸有波动感，用注射器穿刺可抽出多量淡黄色或深灰色并带有腥臭味的浑浊液体，则是卵黄性腹膜炎中后期的表现。如腹部发凉、干燥而无弹性，常见于白痢、体内寄生虫病。

(9)腿部和脚掌的检查：鸡腿负荷较重，患病时变化也较明显。病鸡腿部弯曲，膝关节肿胀变形，有擦伤，不能站立，或者拖着一条腿走路，多见于锰和胆碱缺乏症。膝关节肿大或变长，骨质变软，常见于佝偻病，跖骨显著增厚粗大、骨质坚硬，常见于白血病等。腿麻痹、无痛感、两腿呈"劈叉"姿势，可见于鸡马立克病。病初跛行，大腿易骨折，可见于葡萄球菌感染。足趾向内卷曲，不能伸张，不能行走，多见于核黄素缺乏症。观察掌枕和爪枕的大小及周围组织有无创伤、化脓等。

3. 鸡病的病理剖检处理

对外观检查不能确认的鸡只，要通过剖检时所观察到的特征性病理变化，结合流行特点和临床症状，常可迅速做出疾病的初步诊断，有利于及时采取有效的防治措施。

(1)病理剖检的准备

①剖检地点的选择：鸡场最好建立尸体剖检室，剖检室设置在生产区和生活区的下风方向和地势较低的地方，并与生产区和生活区保持一定距离；若养鸡场无剖检室，剖检尸体时选择在比较偏僻的地方进行，要远离生产区、生活区、公路、水源等，以免剖检后，尸体的粪便、血污、内脏、杂物等污染水源、河流，或由于车来人往等传播病原，造成疫病扩散。

②剖检器械的准备：对于鸡剖检，一般有剪刀和镊子即可工作。另外可根据需要准备骨剪、肠剪、手术刀、搪瓷盆、标本皿、广口瓶、消毒注射器、针头、培养皿等，以便收集各种组织标本。

③剖检防护用具的准备：工作服、胶靴、一次性医用手套或橡胶手套、脸盆或塑料小水桶、消毒剂、肥皂、毛巾、水桶、脸盆、消毒剂等。

④尸体处理设施的准备：对剖检后的尸体应进行焚烧或深埋，对剖检场所和用具进行彻底全面的消毒。剖检室的污水和废弃物必须经过消毒处理后方可排放。

（2）病理剖检的注意事项

①在进行病理剖检时，如果怀疑待检的鸡已感染的疾病可能对人有接触传染时（如禽流感等），必须采取严格的卫生预防措施。剖检人员在剖检前换上工作服、胶靴、配戴优质的橡胶手套、帽子、口罩等，在条件许可的条件下最好戴上面具，以防吸入病禽的组织或粪便形成的尘埃等。

②在进行剖检时应注意所剖检的病（死）鸡应在鸡群中具有代表性。

③剖检前应当用消毒药液将病鸡的尸体和剖检的台面完全浸湿。

④剖检过程应遵循从无菌到有菌的程序，对未经仔细检查且粘连的组织，不可随意切断，更不可将腹腔内的管状器官（如肠道）切断，造成其他器官的污染，给病原分离带来困难。

⑤剖检人员应认真地检查病变，切忌草率行事。如需进一步检查病原和病理变化，应取病料送检。

⑥在剖检中，如剖检人员不慎割破自己的皮肤，应立即停止工作，先用清水洗净，挤出污血，涂上药物，用纱布包扎或贴上创口贴；如剖检的液体溅入眼中时，应先用清水洗净，再用20％的硼酸眼药水冲洗。

⑦剖检后，所用的工作服、剖检的用具要清洗干净，消毒

后保存。剖检人员应用肥皂或洗衣粉洗手，洗脸，并用75%的酒精消毒手部，再用清水洗净。

(3)病理剖检的程序：病理剖检一般遵循由外向内，先无菌后污染，先健部后患部的原则，按顺序，分器官逐步完成。

①活鸡应首先放血处死、死鸡能放出血的尽量放血，检查并记录患鸡外表情况，如皮肤、羽毛、口腔、眼睛、鼻孔、泄殖腔等有无异常。

②用消毒液将禽尸羽毛沾湿或浸湿，避免羽毛、尘屑飞扬，然后将鸡尸放在解剖盘中或塑料布上。

③用刀或剪把腹壁和两侧大腿间的疏松皮肤纵向切开，剪断连接处的肌膜，两手将两股骨向外压，使股关节脱臼，卧位平稳。

④将龙骨末端后方皮肤横行切断，提起皮肤向前方剥离并翻置于头颈部，使整个胸部至颈部皮下组织和肌肉充分暴露，观察皮下、胸肌、腿肌等处有无病变，如有无出血、水肿，脂肪是否发黄，以及血管有无淤血或出血等。

⑤皮下及肌肉检查完之后，在胸骨末端与肛门之间作一切线，切开腹壁，再顺胸骨的两边剪开体腔，以剪刀就肋骨的中点，由后向前将肋骨、胸肌、锁骨全部剪断，然后将胸部翻向头部，使体腔器官完全暴露。然后观察各脏器的位置、颜色、有无畸形，浆膜的情况如有无渗出物和粘连，体腔有无积水、渗出物或出血。接着剪断腺胃前的食管，拉出胃肠道、肝和脾，剪断与体腔的联系，即可摘出肝、脾、生殖器官、心、肺和肾等进行观察。若要采取病料进行微生物学检查，一定要用无菌方法打开体腔，并用无菌法采取需要的病料(肠道病料的采集应放到最后)后再分别进行各脏器的检查。

⑥将鸡尸的位置倒转，使头朝向剖检者。

Ⅰ.剪开嘴的上下连合，伸进口腔和咽喉，直至食管和食道膨大部，检查整个上部消化道。再从喉头剪开整个气管和两侧支气管。观察后鼻孔、腭裂及喉口有无分泌物堵塞；口腔内有无伪膜或结节；再检查咽、食道和喉、气管黏膜的颜色，有无充血、出血、黏液和渗出物。

Ⅱ.在腺胃前剪断食道，提起胃肠，剪断肠系膜，分离胃肠直至肛门切断直肠。提起肝和脾，剪断与周围的联系。其他如心脏、肾脏、呼吸系统和生殖系统等可在原位检查。

Ⅲ.检查心包和心脏时，要观察心包内容物的数量和颜色、心冠脂肪的性状、心内外膜及心肌有无出血等。患新城疫和霍乱时，心内外膜常有数量不等的出血点。

Ⅳ.检查肾脏和输尿管时，要注意肾脏体积、颜色和质地。要观察输尿管的粗细和内容物。

Ⅴ.检查生殖系统时，要注意卵巢和卵泡的大小、性状、颜色以及输卵管有无破损、黏膜状态和内容物的性质等。如果是公鸡时，应注意睾丸的大小、形状和颜色。

Ⅵ.检查呼吸系统时要注意肺的颜色、质地和气囊的厚度和色泽(必要时，可插入胶皮管将气囊吹起来观察)。当鸡患慢性呼吸道疾病时，除喉头、气管内含有混浊的黏液，黏膜表面附着有灰白色干酪样物，以及不同程度的肺炎变化外，气囊壁往往增厚混浊，甚至出现黄色干酪样渗出物。

Ⅶ.检查腔上囊(法氏囊)时，首先在直肠靠近肛门处的背侧细心剥离出腔上囊，然后观察其变化。如果腔上囊肿大、壁增厚、质地软、腔内分泌物增多，则可能是法氏囊炎。如果4～20周龄的鸡，腔上囊呈弥漫性增生或萎缩，可疑为马立克病。

Ⅷ. 检查神经系统时，应重点检查坐骨神经、臂神经丛和脑。首先分离大腿部的肌肉，暴露坐骨神经，观察有无肿胀和结节形成。然后翻转尸体，剥离背部肩关节周围的皮肤和肌肉，检查深部臂神经丛性状。必要时，可打开颅腔，摘出脑组织检查。

Ⅸ. 检查肝脏和脾脏时，要注意颜色、大小、形状、质地以及切面结构。

Ⅹ. 根据需要，还可对鸡的神经器官如脑、关节囊等进行剖检。脑的剖检可先切开头顶部皮肤，从两眼内角之间横行剪断颧骨，再从两侧剪开顶骨、枕骨，掀除脑盖，暴露大、小脑，检查脑膜以及脑髓的情况。

(4)病理材料的采集：有条件作实验室检查的可自己进行检查，若无可送到当地的动物检疫部门进行检疫（如畜牧部门、防疫部门等）。

①病理材料的采集：送检时，应送整个新鲜病死鸡或病重的鸡，要求送检材料具有代表性，并有一定的数量；送检为病理组织学检验时，应及时采集病料并固定，以免腐败和自溶而影响诊断；送检毒物学检查的材料，要求盛放材料的容器要清洁，无化学杂质，不能放入防腐消毒剂。送检的材料应包括肝脏、胃、肠内容物，怀疑中毒的饲料样品，也可送检整个鸡的尸体；送检细菌学、病毒学检查的材料，最好送检具有代表性的整个新鲜病死鸡或病重鸡到有条件的单位由专业技术人员进行病料的采集。

②病理材料的送检：将整个鸡的尸体放入塑料袋中送检；固定好的病理材料可放入广口瓶中送检；毒物学检验材料应由专人保管、送检，并同时提供剖检材料，提出可疑毒物等情

况;送检材料要有详细的说明,包括送检单位、地址、鸡的品种、性别、日龄、病料的种类、数量、保存及固定的方法、死亡日期、送检日期、检验目的、送检人的姓名。并附临床病例的情况说明(发病时间、临床症状、死亡情况、产蛋情况、免疫及用药情况等)。

二、给药方法

药物种类繁多,有些药物需要通过固定的途径进入机体才能发挥作用。另外,一些药物,不同的给药途径,可以发挥不同的药理作用。因此,喂药时应根据具体情况选择不同的给药方法。

1. 群体给药法

(1)饮水给药法:即将药物溶解于水中,让鸡自由饮水的同时将药液饮入体内。对易溶于水的药物,可直接将药物加入水中混合均匀即可。对难溶于水中的药物,可将药物加入少量水中加热,搅拌或加助溶剂,待其达到一定程度的溶解或全溶后,再混入全量饮水中,也可将其做悬液再混入饮水中。

(2)混饲给药:是鸡疾病防治经常使用的方法,将药物混合在饲料中搅拌均匀即可。但少量药物很难和大量的饲料混合均匀,可先将药物和一种饲料或一定量的配合饲料混合均匀,然后再和较大量的饲料混合搅拌,逐级增大混合的饲料量,直至最后混合搅拌均匀。

(3)气雾给药:是通过呼吸道吸入或作用于皮肤黏膜的一种给药法。由于鸡肺泡面积很大,并有丰富的毛细血管,用此法给药时,药物吸收快,药效出现迅速,不仅能起到局部作用,也能经肺部吸收后呈现全身作用。

2. 个体给药法

(1)口服法:指经人工从口投药,药物口服后经胃、肠道吸收而作用于全身或停留在胃、肠道发挥局部作用。对片剂、丸剂、粉剂,用左手食指伸入鸡的舌基部将舌拉出并与拇指配合固定在下腭上,右手将药物投入。对液体药液,用左手拇指和食指抓住冠和头部皮肤,使向后倒,当喙张开时,即用右手将药液滴入,令其咽下,反复进行,直到服完。也可用鸡的输导管,套上玻璃注射器,将喙拨开插入导管,将注射器中的药液推入食道。

(2)肌内注射法:常用于预防接种或药物治疗。肌肉注射部位有翼根内侧肌肉、胸部肌肉及腿部外侧肌肉,尤以胸部肌肉为常用注射部位。

(3)气管内注入法:多用于寄生虫治疗时的用药。左手抓住鸡的双翅提取,使其头朝前方,右手持注射器,在鸡的右侧颈部旁,靠近右侧翅膀基部约1厘米处进针,针刺方向可由上向下直刺,也可向前下方斜刺,进针0.5～1厘米,即可推入药液。

(4)食道膨大部注入法:当鸡张喙困难,且急需用药时可采用此法。注射时,左手拿双翅并提举,使头朝前方,右手持注射器,在鸡的食道膨大部向前下方斜刺入针头,进针深度为0.5～1厘米左右,进针后推入药液即可。

3. 鸡用药注意事项

(1)应根据每种药物的适应证合理地选择药物,并根据所患疾病和所选药物自身的特点选用不同的给药方法。

(2)用药时用量应适当、疗程应充足、途径应正确。本着高效、方便、经济的原则,科学地用药。

(3)应充分利用联合用药的有利作用，避免各种配伍禁忌和不良反应的发生。

(4)应注意可能产生的机体耐药性和病原体抗药性，并通过药敏试验、轮换用药等手段加以克服。

(5)注意预防药物残留和蓄积中毒。长期使用的药物，应按疗程间隔使用，某些易引起残留的药物在鸡宰前15～20天内不宜使用，以免影响产品质量和危害人体健康。

(6)饮水给药，应确保药物完全溶解于水后再投喂，并应保证每个鸡都能饮到；拌料给药，应确保饲料的搅拌均匀。否则不仅影响效果，而且可能造成中毒。

(7)在使用药物期间，应注意观察鸡群的反应性。有良好效果的应坚持使用；应用后出现不良反应的，应立即停止用药；使用效果不佳的，应从适应证、耐药性、剂量、给药途径、病因诊断是否正确等多方面仔细分析原因，及时调整方案。

三、常见疾病的治疗与预防

1. 新城疫

新城疫又称亚洲鸡瘟，是由鸡新城疫病毒感染引起的急性高度接触性的烈性传染病。因山鸡生长期长，高日龄时慢性新城疫时有发生。

【发病特点】病毒存在于病禽的所有组织器官、体液、分泌物和排泄物中，以脑、脾、肺含毒量最高，以骨髓含毒时间最长。

山鸡对本病的感染率高，20～140日龄最易感染，任何季节均可发生，尤以春秋两季最为流行，中国环颈雉较河北亚种山鸡易感。在自然流行中典型的新城疫常呈急性败血症，死亡率可达90%以上；非典型的病例，则不呈现典型症状，死亡率低。本病的传染来源是病山鸡及带毒山鸡，主要传染途径是呼吸道、眼结膜、皮肤损伤、消化道和卵等。鼠类和昆虫也是传播媒介。

【症状】自然感染的潜伏期一般为3～5天。根据毒株毒力的不同和病程的长短，可分为最急性、急性和亚急性或慢性三种。最急性常看不到明显症状，突然发病死亡；急性的表现为体温升高，食欲较差，精神不好，离群呆立，缩颈，闭目，冠、肉髯呈紫色，呼吸困难，甩头，发出“咕咕”或“咯咯”声。将病鸡倒提时从口腔中流出大量淡黄酸臭黏性液体，嗉囊积液，粪便稀薄，呈黄绿色，有时带血；慢性的表现为神经症状，跛行、转圈、后退，一肢或两肢瘫痪，有的共济失调，常伏地转圈，病程较长。

【病理变化】典型新城疫腺胃、肠道及卵巢有明显的出血点，尤其食道及腺胃接头处，黏膜上有出血点及血斑，这是本病特有症状。其他病变有气管充血、出血，肺淤血，心冠点状出血，肾充血。慢性病变，仅表现为肠道呈卡他性炎症或盲肠呈轻度溃疡。

【诊断】仅根据临床症状和肉眼病理变化做出确诊比较困难，但当鸡群出现以呼吸困难为特征，下痢，粪呈黄白或绿色，有“咕咕”或“咯咯”喘鸣音，发病急，死亡率高，抗生素治疗无效，个别耐过的病鸡出现特殊的神经症状时，应怀疑是本病。实验室可应用血细胞凝集抑制试验、中和试验、荧光抗体技术等方法确诊。

【治疗】山鸡群一旦发生本病，应采取紧急措施，封锁鸡场，紧急消毒，防止疫情扩大。通常分为2～3群，即出现症状

的为发病群，与病禽接触过的但尚未出现症状的为可疑群，其他为假定健康群。此时应立即用疫苗进行紧急接种。接种顺序是：假定健康群→可疑群→发病群。另外，应做好对病山鸡和死山鸡的无害处理，最好就地高温处理。被污染的羽毛、垫草、粪便应深埋或焚烧。最后一个病例处理后 2 周，通过严格的终末消毒后，方可解除封锁。

根据近几年的经验总结，推荐以下紧急接种措施。

(1)种鸡、蛋鸡、雏雉

①新威灵 2 倍量＋新城疫核酸 A 液＋生理盐水 0.15 毫升/只混合后胸肌注射，待 24 小时后饮用新城疫核酸 B 液：新威灵为嗜肠道型毒株，接种后呼吸道症状反应轻微，并可在接种 3～4 天后使抗体效价得到迅速的提升。新城疫核酸可快速消除新城疫症状。但 A 液通过饮水途径或不和疫苗联合使用时效果很差。

②Lasota 点眼：在胸肌接种的同时，用 Lasota 点眼，使免疫更确实。

③连续饮用赐能素或富特 5 天：可快速诱导机体产生抗体，提高抗体效价。

④坚持带鸡喷雾消毒：疫苗接种 3 天后，每天用好易洁消毒液进行带鸡喷雾消毒。

⑤做好封锁隔离：要做好发病鸡舍的隔离工作，禁止发病鸡舍人员窜动，对周边鸡舍采取新城疫加强免疫接种措施，并连续饮用富特口服液。在疫病流行过后观察 1 个月再无新病例出现，且进行最后一次彻底消毒后才解除封锁。

(2)商品山鸡发生非典型新城疫时，可应用抗毒灵口服液进行治疗；并针对呼吸道症状使用泰龙进行对症治疗，能取得较好的效果。

【预防】

(1)最有效的防治措施是给山鸡注射新城疫疫苗,常用的是新城疫Ⅰ、Ⅱ系疫苗两种。山鸡雏在7～10日龄时用鸡新城疫Ⅱ系疫苗滴鼻滴眼,疫苗1∶10倍稀释,用1毫升的注射器往雏雉鼻孔和眼内滴稀释疫苗2滴即可。育成年山鸡在90～120日龄时,注射鸡新城疫Ⅰ疫苗,按1∶3000倍稀释,剂量0.5毫升。成年山鸡则在春、秋两次用鸡新城疫Ⅰ疫苗肌内注射接种,按1∶1000倍稀释,每只公山鸡注射0.7毫升,母山鸡为0.5毫升,能起到良好的免疫效果。

(2)搞好鸡舍环境卫生,地面、用具等定期消毒,减少传染媒介,切断传染途径。

(3)不在市场买进新山鸡,防止带进病毒。并建立鸡出场(舍)不再返回的制度。

(4)一旦发生新城疫,病山鸡要坚决隔离淘汰,死鸡深埋。对全群没有临床症状的山鸡,马上做预防接种。通常在接种1周后,疫情就能得到控制,新病例就会减少或停止。

2. 马立克病

禽类马立克病是由鸡疱疹病毒引起的一种最常见的淋巴细胞增生性疾病,死亡率可达30%～80%,对养禽业造成了严重威胁,是我国主要的禽病之一。

【发病特点】山鸡可感染本病,幼禽易感。病山鸡脱落的皮屑、羽毛是主要传染源,山鸡发病后5个月排出病毒。本病潜伏期长,可达数十天,病程长,外部症状不明显。马立克病毒具有高度传染力,可直接或间接传播,也可通过呼吸道或消化道接触性感染。病禽本身带毒和排毒。饲养密度越大,感

染率越高。发病率可受病毒株系、感染途径、性别和年龄等多种因素影响，母山鸡的易感性明显高于公山鸡。

【症状】本病潜伏期不易确定，自然感染山鸡一般于感染后3周即可发病。

根据病变发生部位及临床表现，将本病分为4个类型，即神经型、内脏型、眼型及皮肤型。前两型较多见，有时也混合发生。神经型病山鸡主要症状是运动障碍，先是一只或两只脚发生不全麻痹，步态不稳，相继出现麻痹而不能站立。有的表现为一只脚伸向前方，另一只脚伸向后方的特征性劈叉姿势。同时可能因臂神经丛发生病变而翅膀下垂。当眼型病山鸡眼球虹膜受损伤时，虹膜的正常色素消失，呈同心环状或弥漫性灰白色，又称"灰眼病"进一步发展会导致失明。内脏型病山鸡可出现厌食、进行性消瘦、贫血及下痢等。多数病山鸡最终因饥饿、脱水或消瘦而死亡。

【病理变化】

(1)神经型病毒侵害外周神经后可出现神经水肿淋巴细胞和浆细胞浸润，甚至会发生淋巴样细胞大量增生肿瘤性病变。神经肿粗2～3倍，甚至更大，外观呈灰白或黄白色。经常侵害坐骨神经、腰椎神经、臂神经、迷走神经等处。

(2)内脏型表现内脏器官发生淋巴瘤样增生病变。组织中的细胞成分是由弥散性增生的中、小淋巴细胞及成淋巴细胞和马立克病细胞所组成。不同内脏器官上的肿瘤形式往往不同。

(3)皮肤型主要是毛囊部位小淋巴细胞浸润，或形成淋巴瘤性病变。病变部毛囊肿胀，形成小结节。肿瘤破溃结痂，若有细菌感染则形成溃疡。

(4)眼型虹膜及眼肌淋巴细胞浸润。另外,在眼前房可能有颗粒性或无定形的物质存在。

【诊断】根据本病各型的特征症状、剖检变化及发病年龄进行初步诊断,确诊需进行实验室检查。

【治疗】本病目前尚无有效的药物治疗方法,一旦出现症状,淘汰病禽,建立健康山鸡群是较好的办法。

【预防】

(1)坚持自繁自养,防止因购入鸡苗的同时将病毒带入鸡舍。采用全进全出的饲养制度,防止不同日龄的鸡混养于同一鸡舍。

(2)雏雉与成年鸡分开饲养,严格隔离。

(3)平时应加强饲养管理,以增强体质和抗病能力。

(4)注意清洁卫生和进行定期消毒制度。

(5)种蛋、孵化室、育雏室要严格消毒,雏禽出壳后要严格隔离饲养,避免雏禽过早地接触马立克病强毒,可提高免疫效果,特别是前3周更为重要。

(6)引种时应避免从马立克病群中引进。

(7)目前除了采用火鸡疱疹病毒疫苗(Ⅲ型)外,常使用双价(Ⅱ和Ⅲ型)疫苗进行接种。调查中发现介绍,用美国进口马立克病疫苗预防接种,效果很好。每瓶疫苗用200毫升溶液稀释后,立即对初生雏雉进行皮下注射,每只山鸡0.2毫升,可供1000只山鸡使用。

(8)一旦发生本病,在感染的场地清除所有的山鸡,将鸡舍清洁消毒后,空置数周后再引进新雏雉。一旦开始育雏,中途不得补充新山鸡。

3. 传染性法氏囊病

山鸡传染性法氏囊病是由传染性法氏囊病毒引起的一种急性、接触传染性疾病。

【发病特点】雏雉群突然大批发病，2～3 天内可波及 60%～70%的雏雉，发病后 3～4 天死亡达到高峰，7～8 天后死亡停止。病毒主要随病雏粪便排出，污染饲料、饮水和环境，使同群鸡经消化道、呼吸道和眼结膜等感染；各种用具、人员及昆虫也可以携带病毒，扩散传播；本病还可经蛋传递。

【症状】发病的雏雉精神不振，食欲减少或废食，沉郁嗜睡，头缩眼闭，拱背，羽毛松乱，两翅下垂，步态不稳，肛门周围羽毛粘有乳白色的粪便，体温 43.2～43.8℃，两三天时间波及全群，死亡率很高。耐过雏雉贫血消瘦，生长缓慢。

【病理变化】皮下、腿肌、胸肌有明显的点状和条状出血，腺胃乳头水肿，肠黏膜出血。法氏囊水肿、出血，体积增大 2～3 倍，囊内充满黄、白色胶样物质，有个别囊体内壁布满出血斑，肝脏和脾脏肿大。

【诊断】可根据流行特点、临床表现及病理剖检中的特征病变做出诊断。在本病发生过程中及其相邻山鸡常有新城疫的发生，在诊断中要十分注意，以免误诊造成更大损失。

【治疗】

(1)传染性法氏囊病高免血清注射液，3～7 周龄鸡，每只肌注 0.4 毫升；大鸡酌加剂量；成鸡注射 0.6 毫升，注射一次即可，疗效显著。

(2)传染性法氏囊病高免蛋黄注射液，每千克体重 1 毫升肌内注射，有较好的治疗作用。

(3)复方炔酮，0.5 千克鸡每天 1 片，1 千克的鸡每天 2

片，口服，连用2～3天。

(4)丙酸睾丸酮，3～7周龄的鸡每只肌内注射5毫克，只注射1次。

(5)速效管囊散，每千克体重0.25克，混于饲料中或直接口服，服药后8小时即可见效，连喂3天。治愈率较高。

(6)盐酸吗啉胍(每片0.1克)8片，拌料1千克，板蓝根冲剂15克，溶于饮水中，供半日饮用。

【预防】

(1)采用全进全出的饲养体制，全价饲料。鸡舍换气良好，温度、湿度适宜，消除各种应激条件，提高鸡体免疫应答能力。对60日龄内的雏雉最好实行隔离封闭饲养，杜绝传染来源。

(2)严格卫生管理，加强消毒净化措施。进鸡前鸡舍(包括周围环境)用消毒液喷洒→清扫→高压水冲洗→消毒液喷洒(几种消毒剂交替使用2～3遍)→干燥→甲醛熏蒸→封闭1～2周后换气再进鸡。饲养鸡期间，定期进行带鸡气雾消毒，可采用0.3%次氯酸钠或过氧乙酸等，按每立方米30～50毫升气雾消毒。

(3)预防接种是预防鸡传染性法氏囊病的一种有效措施。无母源抗体或低母源抗体的雏雉，出生后用弱毒疫苗或用1/3～1/2中等毒力疫苗进行免疫，滴鼻、点眼2滴(约0.05毫升)，肌内注射0.2毫升，饮水按需要量稀释，2～3周时，用中等毒力疫苗加强免疫。有母源抗体的雏雉，14～21日龄用弱毒疫苗或中等毒力疫苗首次免疫，必要时2～3周后加强免疫一次。种山鸡则在10～12周龄用中等毒力疫苗免疫一次，18～20周龄用灭活苗注射免疫。

4. 禽霍乱

由家禽巴氏杆菌引起的一种急性、败血性传染病，会给雉群带来毁灭性的灾害。此病具有发病快、发病率高、死亡率高的特点，对成年山鸡所造成的危害仅次于新城疫。

【发病特点】本病原菌广泛分布在自然界中，也普遍存在于健康动物的上呼吸道黏膜，当饲养管理和兽医卫生不良时，由于寒冷、闷热、气候剧变、潮湿、拥挤，笼舍通风不良，阴雨连绵，营养缺乏，饲料突变，长途运输等诱因，使机体抵抗力降低，发生内源性感染。病山鸡的排泄物、分泌物内的病菌污染饲料、饮水、用具和外界环境，经消化道传染，通过飞沫经呼吸道传染为外源性感染。本病无明显的季节性，以春秋季多发。

【症状】一般情况下，感染该病后约2～5天才发病。

(1)最急型：最急性的霍乱常无症状表现。雉群看来都很正常，白天吃食饮水都很好，第二天清晨却都死在舍内。有的病雉突然倒地，双翅扑动几下，“啪啪”几声便抽搐而死。

(2)急性型：急性的霍乱症状较明显，主要表现为精神沉郁，背弓，少食或不食，常有剧烈腹泻，粪便为黄绿色或灰白色。呼吸困难，鼻腔内有黏性分泌物，口流涎。病雉饮水量大增。病程一般为1～3天。

(3)慢性型：慢性霍乱多为急性病雉转变而来，病雉不断消瘦，精神沉郁，贫血，食欲减退。病雉呼吸道症状特别明显，鼻窦肿大，鼻分泌物多，具有特殊臭味。喉部分泌物积累，发出湿性啰音。

【病理变化】

(1)最急性病雉死亡后，尸体外表多无明显变化，内脏特征性病变为心外膜间的小的出血点，肝脏的少数针尖大小的灰白色坏死点。

(2)急性病雉内脏变化较明显，一般可见肠胃黏膜、腹腔黏膜、浆膜和脂肪组织上有大量出血点和坏死斑，尤以十二指肠更明显。肝的颜色变为绿色、棕色或紫黑色，质脆或肿大，像煮熟的一样，肝表面可见灰色或白色针尖状、粟米状的坏死灶，有的呈现点状出血。心脏外膜有出血点或出血斑、心包积水、心冠状沟脂肪组织和内膜有出血点或出血斑。肺部间有气肿和出血点。脾脏肿大、充血或有坏死点。肾脏和卵巢可能充血或出血。其中，心冠部和肝脏表面的病变为霍乱的特征性病变。

(3)慢性型肉垂肿胀坏死，切开时内有凝固的干酪样纤维素块，组织发生坏死干枯。病变部位的皮肤形成黑褐色的痂，甚至继发坏疽。肺可见慢性坏死性肺炎。

【诊断】根据流行病学、临床症状和剖检变化，可做出初步诊断，确诊必须做细菌学和生物学试验。

【治疗】

(1)在饲料中加入0.5%～1%的磺胺二甲基嘧啶粉剂，连用3～4天，停药2天，再服用3～4天；也可以在每1000毫升饮水中，加1克药，溶解后连续饮用3～4天。

(2)在饲料中加入0.1%的土霉素，连续服用7天。

(3)在饲料中加入0.1%的氯霉素，连用5天，接着改用喹乙醇，按0.04%浓度拌料，连用3天。使用喹乙醇时，要严格控制剂量和疗程，拌料要均匀。

(4)肌内注射水剂青霉素或链霉素，每只鸡每次注射2万～5万国际单位，每天2次，连用2～3天，进行治疗。或在大群鸡患病时，采用青霉素饮水，每只鸡每天5000～10000国际单

位,饮用1～3天为宜。

(5)采用喹乙醇进行治疗,按每千克体重20～30毫克口服,每日1次,连续服用3～5天;或拌在饲料内投喂,一天1次,连用3天,效果较好。

【预防】

(1)经常做好笼舍的清洁卫生工作。对病山鸡污染的环境、用具等进行彻底消毒,可用10%石灰乳、3%～5%来苏儿,15%漂白粉。病山鸡尸体及粪便应无害深埋处理。

(2)注射"禽霍乱疫苗"。90～120日龄可接种禽霍乱蜂胶菌苗疫苗,成年山鸡于春、秋两季分别接种一次。

(3)病死的山鸡要深埋或焚烧处理。

5. 禽流感

禽流感又称欧洲鸡瘟或真性鸡瘟(应注意与新城疫病毒引起的亚洲鸡瘟相区别),是由A型流感病毒引起的一种急性、高度接触性和致病性传染病。该病毒不仅血清型多,而且自然界中带毒动物多、毒株易变异,为禽流感病的防治增加了难度。在目前已知的100多个禽流感毒株中绝大多数是低致病力毒株,具有高致病力毒株主要集中在H5、H7两个亚型,H9亚型的致病力和毒力也较强,但低于前两型。山鸡等野生禽类均能感染。

【发病特点】

(1)病毒主要通过水平传播,但其他多种途径也可传播,如消化道、呼吸道、眼结膜及皮肤损伤等途径传播,呼吸道、消化道是感染的主要途经。人工感染通常包括鼻内、气管、结膜、皮下、肌肉、静脉内、口腔、气囊、腹腔、泄殖腔及气溶胶等。

(2)任何季节和任何日龄的鸡群都可发生。各种年龄、品种和性别的禽群均可感染发病，以产蛋禽易发。一年四季均可发生，但多暴发于冬季、春季，尤其是秋冬和冬春交界气候变化大的时间，大风对此病传播有促进作用。

(3)发病率和死亡率受多种因素影响，既与种类及易感性有关，又与毒株的毒力有关，还与年龄、性别、环境因素、饲养条件及并发病有关。

(4)疫苗效果不确定。疫苗毒株血清型多，与野毒株不一致，免疫抑制病的普遍存在，免疫应答差，并发感染严重及疫苗的质量问题等使疫苗效果不确定。

(5)临床症状复杂。混合感染、并发感染导致病重、诊断困难、影响愈后。

【症状】潜伏期1～3日，症状复杂多样，与病毒毒力，机体抵抗力有关。

(1)最急性型：多无出现明显症状，突然死亡。

(2)急性型：精神不振，食欲减少，闭眼昏睡，头、面部浮肿，眼结膜充血、流泪、鸡冠、肉髯肿胀黑紫色，出血坏死，鼻孔流黏液或带血分泌物，咳嗽摇头，气喘，呼吸困难。脚鳞呈蓝紫色，下痢排绿色粪便，两翼张开，出现抽搐等神经症状，死亡率达60%～75%。有的毒株对产蛋鸡群、育成鸡，一般不表现临床症状，发病鸡群产蛋率下降20%～60%。

【病理变化】鸡发生高致病性禽流感，其病理剖检可见气管黏膜充血、水肿、气管中有多量浆液性或干酪样渗出物。气囊壁增厚，混浊，有时见有纤维素性或干酪样渗出物。消化道表现为嗉囊中积有大量液体，腺胃壁水肿、乳头肿胀、出血、肠道黏膜为卡他性出血性炎症。卵泡变形坏死、萎缩或破裂，形成卵黄性腹膜炎，输卵管黏膜发炎，输卵管内见有大量黏稠状

脓样渗出物。其他脏器肝、脾、肾、心、肺多呈淤血状态，或有坏死灶形成。

【诊断】根据禽流感的流行情况、症状和剖检变化可做出初步诊断，但要确诊需做病原分离鉴定和血清学试验。血清学检查是诊断禽流感的特异性方法。

【治疗】

(1)使用禽流感特效药“禽泰克”预防或早期治疗(100 千克水加 100～200 克)。

(2)肌注禽流感高免蛋黄抗体，大鸡 2 毫升，中鸡 1.5 毫升，雏雉 1 毫升，隔天再注射 1 次。

(3)适当使用抗感染、抗应激药物：如普利健(50 千克水加 250 克)。

【预防】发生本病时要严格执行封锁、隔离、消毒、焚烧发病鸡群和尸体等综合防治措施。

(1)加强对禽流感流行的综合控制措施：不从疫区或疫病流行情况不明的地区引种。控制外来人员和车辆进入养鸡场，确需进入则必须消毒；不混养家畜、家禽；保持饮水卫生；粪尿污物无害化处理(家禽粪便和垫料堆积发酵或焚烧，堆积发酵不少于 20 天)；做好全面消毒工作。流行季节每天可用过氧乙酸、次氯酸钠等开展 1～2 次带鸡消毒和环境消毒，平时每 2～3 天带鸡消毒 1 次；病死禽要进行无害化处理，不能在市场流通。

(2)增强机体的抵抗力：尽可能减少鸡的应激反应，在饮水或饲料中增加维生素 C 和维生素 E，提高鸡抗应激能力。饲料应新鲜、全价。提供适宜的温度、湿度、密度、光照；加强鸡舍通风换气，保持舍内空气新鲜；勤清粪便和打扫鸡舍及环境，保持生产环境清洁；做好大肠杆菌、新城疫、霉形体等病的预防工作。

(3)免疫接种：某一地区流行的禽流感只有一个血清型，接种单价疫苗是可行的，这样可有利于准确监控疫情。当发生区域不明确血清型时，可采用多价疫苗免疫。疫苗免疫后的保护期一般可达 6 个月，但为了保持可靠的免疫效果，通常每三个月应加强免疫一次。免疫程序为首免 5～15 日龄，每只 0.3 毫升，颈部皮下注射；二免 50～60 日龄，每只 0.5 毫升；三免开产前进行，每只 0.5 毫升；产蛋中期(40～45 周龄)可进行四免。

6. 传染性喉气管炎

传染性喉气管炎是由喉气管炎病毒引起的一种急性呼吸道传染病。

【发病特点】在自然条件下成年山鸡的症状较为典型。病山鸡和康复后带毒山鸡是主要的传染源，有 1%～2%的康复山鸡可带毒，时间可长达 1～2 年。被污染的山鸡舍和用具是重要的传播媒介，种蛋也可传播发病。本病在山鸡群中流行较快，感染率可高达 90%以上。死亡率较低，一般 10%～20%，个别可高达 70%。轻微型发展较慢，发病率常在 5%左右。山鸡群拥挤，房舍通风不良，饲养管理不善，卫生条件差及维生素 A 缺乏等都可诱发和促使本病发生。

【症状】自然感染的潜伏期为 2～12 天。急性感染的严重病例发病突然，传播迅速，发病率可达 90%～100%。特征性症状是呼吸困难，可见伸颈张嘴喘的特殊姿势，鼻孔流出分泌物，有湿性呼吸啰音和咳嗽，咳出的分泌物带血。病山鸡精神沉郁，临床发病后 2～3 天开始死亡，死亡率因毒株毒力不同

差别较大，鸡的年龄、品种、环境状况对死亡率都有影响。慢性感染则症状较轻，一般见不到咳血。主要表现为轻微咳嗽、啰音和流泪，鼻孔流出浆液性分泌物，眼结膜肿胀；有时见到眼睑粘连、失明。死亡率一般较低。

【病理变化】可见眼结膜充血，部分山鸡眼内有豆腐渣样物；鼻腔、口腔、喉头充满带血的黏液，喉头严重出血，有的发生黏膜变性、坏死；常覆盖有黄白色干酪样物，气管黏膜充血、出血，个别气管内有栓状物，淡黄色，肺淤血。

【诊断】本病常呈地方性流行。如出现典型症状和病变，不难做出初步诊断；若鸡的日龄较小，便容易与其他呼吸道病相混淆。应从病毒分离和血清学检查进行最后确诊。

【治疗】本病目前尚无有效药物治疗，可进行对症治疗，来缓解呼吸困难的症状。

发病时要实行紧急封锁、隔离、消毒。发病山鸡可用高免血清进行治疗，能制止在 44 小时前感染的山鸡出现症状。可用土霉素（800 毫克/千克饲料）连喂 5～7 天；链霉素（雏雉 2 千～3 千单位，中雏 3 千～5 千单位，大雏 5 万～10 万单位，成年山鸡 10 万～20 万单位）饮水，连用 3～5 天；泰乐菌素（1000 毫升饮水中加 4～6 克）连用 3～5 天，防止混合感染。

【预防】

（1）从未发生过本病的鸡场可不接种疫苗，主要依靠加强饲养管理，提高鸡群健康水平和抗病能力。

（2）执行全进全出的饲养制度，严防病鸡的引入等措施。

（3）为防止鸡慢性呼吸道疾病，可在饮水中添加泰乐霉素或链霉素等药物，以防止细菌并发感染。或用中药制剂在病初给药可明显减缓呼吸道的炎症，达到缩短病程、减少死亡的目的。

(4)鸡场发病后可考虑将本病的疫苗接种纳入免疫程序。用鸡传染性喉气管炎弱毒苗给鸡群免疫,首免在50日龄左右,二免在首免后6周进行。免疫可用滴鼻、点眼或饮水方法。目前的弱毒苗因毒力较强接种后鸡群有一定的反应,轻者出现结膜炎和鼻炎,严重者可引起呼吸困难,甚至部分山鸡死亡,与自然病例相似,故应用时严格按说明书规定执行。国内生产的另一种疫苗是传染性喉气管炎、禽痘二联苗,也有较好的防治效果。

7. 鸡白痢

白痢病是由白痢沙门杆菌引起的一种急性败血性传染病,雏雉对其抵抗力很弱,出壳后3～4天就可发病,传播快,死亡率高,是山鸡群中危害最大的疾病之一。

【发病特点】本病雏雉最易感,初生3～4天就可发病,传播快,死亡率高。患病雏雉和带菌雏雉是本病的主要传染源。本病常通过粪便及产蛋发生污染及传染,带菌的母山鸡产的蛋内有白痢杆菌存在,可使雏雉患先天性白痢。被污染的饲料、饮水及孵化器均可成为传染源,促使白痢传播延续,不能根绝。

本病一年四季均可发生,环境不卫生,粪便堆积,潮湿、拥挤,突然更换饲料,气候恶劣,长途运输等都可促使本病发生。

【症状】带菌蛋孵化时,孵化期内死亡或出壳1～2天死亡,症状不明显;2～3周发病鸡呈现精神委顿、下痢,排出白色、浆糊状的稀粪,有时干结成石灰样附在肛门周围,俗称糊屁股,排粪时发出"吱吱"的尖叫声;青年山鸡发病日龄在50～120日龄之间,多见于50～80日龄,病鸡表现为拉稀、排出黄

色、黄白色或绿色粪便；成年山鸡不表现明显症状，成为隐性带菌者，母鸡出现“垂腹”现象。

【病理变化】雏雉急性死亡的病变不明显。病期较长的病例，可以看到肝肿大、充血，有特殊红砖条纹状出血；脾肿大；肠壁有明显的出血点，尤其十二指肠出血严重，小肠、盲肠上均有灰色坏死灶。将病死物剥离，可见肠壁下陷成溃疡灶，泄殖腔内有白色恶臭稀粪。卵黄吸收很慢，卵黄内容物变成淡黄色，呈干酪样。

【诊断】根据流行特点、病雏的临床症状和病理变化，即可做出初步诊断。确诊需自脏器中分离出鸡白痢沙门杆菌。成年鸡没有明显的临床症状，需借助血清学方法，以发现鸡群中的阳性鸡。

【治疗】沙门杆菌对各种抗生素，特别是土霉素、氯霉素、卡那霉素和呋喃唑酮都有很高的敏感性，可酌情选用。发生本病后，可用氯霉素按0.3%～0.5%加入饲料中连喂5～7天；饲料中拌入0.01%～0.03%呋喃唑酮或0.04%土霉素喂服3～5天；0.4%磺胺咪、磺胺嘧啶拌入饲料喂食，均有良好效果。

【预防】预防本病最有效的方法是切断传播途径。

(1)净化各山鸡群，引种时一定要检疫，阳性的淘汰。

(2)加强孵化场的卫生消毒，孵化前，要对孵化器进行福尔马林熏蒸消毒，种蛋用1%硫酸锌液消毒，减少因孵化而感染得病的可能性。

(3)加强山鸡群的卫生管理，对育雏室、育雏器要经常消毒，育雏期应特别留意防止沙门杆菌感染，并要保持适宜的温、湿度，通风干燥，饲养密度要合适，供应清洁饮水等，防止其他动物进出禽舍。

(4)饲料中定期加入0.2%的土霉素，一般连服3天，可以收到防病效果。

8. 伤寒和副伤寒病

伤寒是由伤寒沙门菌所引起的败血性传染病，主要危害6月龄以下的山鸡，也会引起雏雉发病。副伤寒是由多种沙门菌引起的，其中以鼠伤寒沙门菌最常见。伤寒、副伤寒病病菌的抵抗力不强，常用的消毒方法即能杀灭。副伤寒病的流行、症状等与伤寒病十分相似，其特征是下痢和各种器官的灶状坏死。

【发病特点】所有家禽都易感，并能相互传染。雏禽更敏感，常于出壳后2周内发病，4～5日龄和10～12日龄出现死亡高峰。成禽多呈慢性或隐性感染。各种家畜及鼠类等也可感染并成为带菌者，也会传染给人类，当人吃了感染沙门菌禽类的肉和蛋时，可引起中毒，甚至发生死亡，所以本病的防治对于公共卫生也具有重要意义。病原除种蛋垂直传播外，病菌污染孵化器、栏舍、饮水、饲料等也是传播的重要途径。

【临床症状】潜伏期为12～18小时。孵出几天的雏雉感染后，往往不显症状而突然死亡。7周龄内病雏雉，多数表现集堆、不食、嗜睡、拉水样稀便、肛门粘有粪便、有时出现结膜炎和关节炎。成年山鸡多无明显症状，偶尔有减食、下痢等，有时出现精神沉郁，两翅下垂，羽毛松乱等症状。

【病理变化】伤寒病急性病例肝、肾肿大，暗红色。亚急性和慢性病例肝肿大，青铜色。脾脏肿大，表面有出血点，肝和心肌有灰白色栗粒状坏死灶。小肠黏膜弥漫性出血，慢性病例盲肠内有土黄色栓塞物，肠浆膜面有黄色油脂样物附着。

雏雉感染见心包膜出血，脾轻度肿大，肺及肠呈卡他性炎症。成年鸡感染后，卵巢和卵黄都与鸡白痢相似。

副伤寒最急性病例，没有任何症状和病变而突然死亡。急性和亚急性病例卵黄凝固，肝、脾脏充血肿大，有条纹状或针尖状出血点和坏死灶。肺、肾充血，心包炎和心包粘连，出血性肠炎，盲肠内有干酪样物。

【诊断】根据临床症状、病理变化及山鸡群过去的发病史，可以做出初步诊断，确诊取决于病原的分离和鉴定。

【治疗】用磺胺二甲基嘧啶治疗，能有效地减少死亡。用呋喃唑酮治疗也有效，其用量和用法与鸡白痢相同。每只鸡每日以氯霉素 200 毫克内服，或每千克饲料含 2.6～5.2 克氯霉素，对初发病的鸡有很好的疗效。

【预防】伤寒或副伤寒的传播途径主要有卵源感染、污染的饲料和山鸡舍感染，所以实行孵化室和笼舍彻底消毒，种蛋孵化前清洗或熏蒸消毒，选用无污染饲料，喂饲颗粒饲料，加强饲养管理等是防止本病发生的根本措施。

9. 禽痘

禽痘是由禽痘病毒引起的一种接触性传染病，雏雉和育成鸡多发且较严重。病鸡是主要的传染源，由于蚊虫叮咬可传播本病，本病以夏秋蚊虫多的季节多发。

【发病特点】禽痘分布广泛，几乎所有养鸡的地方都有禽痘病发生，并且一年四季均可发病，尤其以春、秋两季和蚊蝇活跃的季节最易流行，在鸡群高密度饲养条件下，拥挤、通风不良、阴暗、潮湿、体表寄生虫、维生素缺乏和饲养管理粗放，可使鸡群病情加重，如伴随葡萄球菌、传染性鼻炎、慢性呼吸道疾病，可造成大批鸡死亡，特别是规模较大的养殖场(户)，一旦禽痘爆发，就难以控制。

【症状】潜伏期 3～7 天，临床上分为皮肤型、黏膜型和混合型。

(1)皮肤型：皮肤型在体表无毛的部位，如脸部、眼皮出现一种疣肉状结节，眼睑内充满干酪样渗出物。禽痘痂呈褐色、干燥、粗糙，突出于皮肤表面。单纯皮肤型症状轻微，如病变范围扩大，表现精神沉郁、食欲不佳，体温升高。病程 15～40 天。

(2)黏膜型：表现在口腔、咽喉黏膜发生痘痂，初期有黄白色圆形、突起的斑点，逐渐扩展成白喉样假膜。脱落或剥离后，则遗留有稍下陷的溃疡，有假膜时山鸡张口呼吸，常摇头或短咳，发出异常声音，最后因窒息而死亡。

(3)混合型：表现在无毛的皮肤上出现痘痂的同时，又可在口腔、咽喉发生白喉样假膜。病情较严重，死亡率也较高。

【病理变化】皮肤型症的病变如临床症状所见。在山鸡皮肤上可见白色小病灶、坏死性症痂及痂皮脱落的痂痕等不同阶段的病理变化。黏膜型禽痘可见口腔、咽喉部甚至气管黏膜上出现溃疡，表面覆有纤维素性坏死性伪膜。重者还可见到支气管、肺部的病变。

【诊断】根据皮肤、口腔、喉、气管黏膜出现典型的痘疹，即可做出诊断。

【治疗】

(1)大群鸡用吗啉胍按照 1‰的量拌料，连用 3～5 日，为防继发感染，饲料内应加入 0.2%土霉素，配以中药禽痘散(龙胆草 90 克，板蓝根 60 克，升麻 50 克，野菊花 80 克，甘草 20 克，加工成粉末，每日成鸡 2 克/只，均匀拌料，分上下午集中

喂服)，一般连用3～5日即愈。

(2)对于病重鸡，皮肤型可用镊子剥离痘痂，伤口涂抹碘酊或紫药水；白喉型可用镊子将黏膜假膜剥离取出，然后再撒上少许“喉症散”或“六神丸”粉或冰硼散，每日1次，连用3日即可。

(3)对于痘斑长在眼睑上，造成眼睑粘连，眼睛流泪的鸡可以采用注射治疗的方法给予个别治疗，用法为青霉素1支(40万单位)，链霉素1支(10万单位)，病毒唑1支，地塞米松1支，混匀后肌注，40日龄以下注射10只鸡，40日龄以上注射5～7只鸡。一般连续注射3～5次，即可痊愈。

【预防】

(1)预防接种：禽痘的预防最可靠方法是接种疫苗。目前应用的禽痘疫苗安全有效，适用于雏雉和不同年龄的鸡，临用时将疫苗稀释50倍，用专用刺痘针，在鸡的翅膀内侧无血管处皮下，每只鸡刺一下。通常接种后第4日接种部位出现肿起的痘疹，第9日形成痘斑，否则，免疫失败，须重新接种。一般在25日龄左右和80日龄左右各刺种一次，可取得良好的预防效果。

在接种工作中，要注意以下几点：接种疫苗必须用于健康鸡群；同一天免疫所有鸡，若用于紧急接种，应从离发病鸡群最远的鸡群开始，直至发病群；使用疫苗要充分摇匀，且一次用完；在秋季或夏秋之际进的雏雉免疫应该提前到15日内，其他季节可以推迟到30～40日龄；工作完成后，要消毒双手并处理(燃烧或煮沸)残液。

(2)消灭和减少蚊蝇等吸血昆虫危害：消除鸡舍周围的杂草，填平臭水沟和污水池，并经常喷洒杀蚊剂消灭蚊蝇等吸血昆虫;对鸡舍门窗、通风排气孔安装纱窗门帘,并用杀虫剂喷洒纱窗门帘防止蚊蝇进入鸡舍,减少吸血昆虫传播禽痘。

(3)改善鸡群饲养环境:规模养鸡场(户)应尽量降低鸡的饲养密度,保持鸡舍通风换气良好;加强卫生消毒,每批鸡出笼后应将栏舍内可移物全面清除,并彻底打扫干净,再用常规消毒药剂喷洒消毒,饲养用具用沸水蒸煮消毒。遇高温高湿季节,应加强鸡舍内通风和吸湿防潮,以保护易感鸡群。同时要加强鸡群饲养,保持日粮营养全面,增强鸡群的抗病能力。

(4)防止禽痘疫情传入:除平时做好鸡群的卫生防疫外,对引进的鸡群,必须事先做好禽痘疫苗的免疫接种,鸡群引进后要经过隔离饲养观察,证明无病后方可合群。一旦发生禽痘,应及时隔离病鸡,对重症者及时淘汰,对死亡和淘汰的病鸡及时进行深埋或焚烧等无害化处理,对鸡舍、运动场和一切用具进行严格消毒。对病状轻、经治疗转归的鸡群应在完全康复后两个月方可合群,同时对易感鸡群进行紧急免疫接种,以防禽痘疫情扩散。

10. 大肠杆菌病

大肠杆菌病是由大肠埃希氏菌的某些血清型引起的一种细菌性传染病,常给山鸡养殖业造成较大的经济损失,是目前危害禽业重要的细菌性疾病之一。

【发病特点】带菌山鸡是主要的传染源,带菌山鸡通过粪便等分泌物,将病菌排出体外,污染饲料、饮水、垫草等来传播本病。此外本病常自发感染,山鸡的正常机体内就有大肠杆菌存在,当机体抵抗力降低,肠道菌群失调等诱发因素存在时,大肠杆菌即可迅速繁殖,毒力不断增强,从而引起动物发病。被本菌污染的饲料、饮水、垫草可通过消化道而使雉雏发

病。本病无明显季节性，但山鸡雏常于气候多变季节多发，特别是30日龄感染高，且常呈慢性经过。本病的暴发流行与饲养管理、卫生等因素有关。

【症状】大肠杆菌感染情况不同，出现的病情就不同。

(1)气囊炎：多发病于5～12周龄的雏雉，6～9周龄为发病高峰。病雉精神沉郁，呼吸困难、咳嗽，有湿啰音，常并发心包炎、肝周炎、腹膜炎等。

(2)脐炎：主要发生在新生雏，一般是由大肠杆菌与其他病菌混合感染造成的。感染的情况有两种，一种是种蛋带菌，使胚胎的卵黄囊发炎或雏雉残余卵黄囊及脐带有炎症；另一种是孵化末期温度偏高，出雏提前，脐带断痕愈合不良引起感染。病雏腹部膨大，脐孔不闭合，周围皮肤呈褐色，有刺激性恶臭气味，卵黄吸收不良，有时继发腹膜炎。病雏3～5天死亡。

(3)急性败血症：病鸡体温升高，精神萎靡，采食锐减，饮水增多，有的腹泻，排泄绿白色或黄色稀便，有的死前出现仰头、扭头等神经症状。

(4)眼炎：多发于大肠杆菌败血症后期。患病侧眼睑封闭，肿大突出，眼内积聚脓液或干酪样物。去掉干酪样物，可见眼角膜变成白色、不透明，表面有黄色米粒大坏死灶。

【病理变化】病鸡腹腔液增多，腹腔内各器官表面附着多量黄白色渗出物，致使各器官粘连。特征性病变是肝脏呈绿色和胸肌充血，有时可见肝脏表面有小的白色病灶区。盲肠、直肠和回肠的浆膜上见有土黄色脓肿或肉芽结节，肠粘连不能分离。

【诊断】本病常缺乏特征性表现，其剖检变化与鸡白痢、伤寒、副伤寒、慢性呼吸道病、病毒性关节炎、葡萄球菌感染、新城疫、禽霍乱、马立克病等不易区别，因而根据流行特点、临床症状及剖检变化进行综合分析，只能做出初步诊断，最后确诊需进行实验室检查。

【治疗】

(1)用于表现肠炎症状的大肠杆菌的药物

①肠炎先锋，集中饮水，每瓶兑水100～150千克水，连用3～5天。

②肠毒康，集中饮水，每瓶兑水150千克水，连用3～5天。

③大肠杆菌灭，集中饮水，每瓶兑水200千克水，连用3～5天。

④丁胺卡那霉素7.5毫克/千克肌内注射，每天2次，连用3天。

以上药物任选一种配合黄芪多糖或黄芪维他使用。

(2)用于顽固性耐药大肠杆菌、严重的败血症或其他细菌混合感染的药物

①杆菌头孢，集中饮水，每瓶兑水100～200千克水，连用3天。

②头孢先锋，集中饮水，每瓶兑水150千克水，连用3～5天。

③杆菌先锋，全天饮水，每瓶兑水150千克，连用3～5天。

以上药物任选一种配合黄芪多糖或黄芪维他使用。

(3)用于大肠杆菌引起的卵黄性腹膜炎、输卵管炎的药物

①卵炎康，集中饮水，每瓶兑水150千克水，连用3～

5 天。

②杆菌头孢，集中饮水，每瓶兑水 100～200 千克水，连用 3 天。

③头孢先锋，集中饮水，每瓶兑水 150 千克水，连用 3～5 天。

④杆菌先锋，集中饮水，每瓶兑水 150 千克，连用 3～5 天。

以上药物任选一种，连续使用 3～5 天，之后配合以下药物使用，疗效更佳。

①超强肽维素，全天饮水，每瓶兑水 1000 千克水，连用 3～5 天。

②黄芪维他，全天饮水，每瓶兑水 2500 千克水，连用 3～5 天。

③东方增蛋散，全天拌料，每袋拌料 500 千克，连用 5～7 天。

【预防】

(1)优化环境

①选好场址和隔离饲养，生产区与生活区及经营管理区分开，饲料加工、种鸡、育雏、育成鸡场及孵化厅分开。

②科学饲养管理：禽舍温度、湿度、密度、光照、饲料和管理均应按规定要求进行。

(2)加强消毒工作

①种蛋，孵化厅及禽舍内外环境要搞好清洁卫生，并按消毒程序进行消毒，以减少种蛋、孵化和雏雉感染大肠杆菌及其传播。

②防止水源和饲料污染：可使用颗粒饲料，饮水中应加酸

化剂（如唬利灵）或消毒剂，如含氯或含碘等消毒剂；采用乳头饮水器饮水，水槽、料槽每天应清洗消毒。

③灭鼠、驱虫。

④禽舍带鸡消毒有降尘、杀菌、降温及中和有害气体的作用。

(3)加强种鸡管理

①及时淘汰处理病鸡。

②进行定期预防性投药和做好病毒病、细菌病免疫。

③采精、输精严格消毒，每鸡使用一个消毒的输精管。

(4)提高禽体免疫力和抗病力

①疫苗免疫：可采用多价灭活佐剂苗。一般免疫程序为7～15日龄，25～35日龄，120～140日龄各1次。

②使用免疫促进剂：如维生素E 300×10^{-6}，左旋咪唑 200×10^{-6}。维生素C按0.2%～0.5%拌饲或饮水；维生素A 1.6万～2万单位/千克饲料拌饲；电解多维按0.1%～0.2%饮水连用3～5天；亿妙灵可以用于细菌或细菌病毒混合感染的治疗，提高疫苗接种免疫效果，对抗免疫抑制和协同抗生素的治疗。使用时预防用2000倍液，治疗用1000倍，加水稀释，每天1次，1小时内饮完，连用3天（预防）及5天（治疗）。

③搞好其他常见病毒病的免疫。

④控制好支原体、传染性鼻炎等细菌病，可做好疫苗免疫和药物预防。

11. 曲霉菌病

曲霉菌病是由真菌引起的一种多种禽类均易感染的传染病，特别是雏雉，往往呈急性群发，可造成大批死亡。

【发病特点】所有禽类和其他动物都易感。主要传染源是

被污染的饲料和垫草。一年四季均可发生,但多发生于温度低、阴雨连绵的梅雨季节。尤其是雏雉1～15日龄最易感染、发病率较高,可造成大批死亡,一般发病鸡死亡率占10%～30%,30～70日龄的鸡也常发病,但死亡较少,成年鸡不易感染。本病的传播途径是由于雏雉吃了发霉饲料和吸入了霉菌孢子,经消化道和呼吸道感染。

【临床症状】自然感染的潜伏期为2～7天。1～20日龄雏雉多呈急性经过,青年鸡和成年鸡为慢性经过。病雏精神不振,两翅下垂,对外界反应淡漠,随后可见到呼吸困难,常伸脖张口吸气,有气管啰音,有时连续打喷嚏,呈现腹式呼吸。冠和肉髯颜色发绀,后期发生腹泻,最后窒息死亡。有的病例有神经症状,头向背仰,运动失调。病程约一周,若采取的措施不力,死亡率可达50%以上。

【病理变化】主要病变在肺和气囊。肺脏肿大,有粟粒大至豆粒大的灰白色或灰黄色真菌结节,触之柔软有弹性,似橡皮样,切开后呈轮层状同心圆结构,中心为干酪样物,内含大量菌丝体。孢子在气囊膜萌发引起炎症,气囊膜呈点状和局灶性混浊、增厚,散在有黄白色真菌结节。肝、脾、肾、卵巢等处也可见到数量不等的圆形,稍突起,中心凹陷,中间绿色,边缘白色,表面呈绒毛状的真菌斑块。

【诊断】根据本病的流行特点,临床症状、剖检变化,综合分析饲料、垫草、舍内环境病原菌存在情况,可以做出初步诊断。进一步确诊可进行实验室检查。

【治疗】确诊为本病后,对发病禽群,针对发病原因,立即更换垫料或停喂和更换霉变饲料,清扫和消毒禽舍。

在饲料中加入制霉菌素,剂量为每吨饲料加50万单位,连喂3日，隔2日后重复一次，或每只雉雏0.5万单位，每日2次，连用2～3日。用1∶3000硫酸铜溶液或1∶5000碘化钾溶液，自由饮用5天。

【预防】

(1)防止曲霉菌对山鸡侵害，主要是注意平时不喂发霉饲料，舍内保持干燥，清洁通风，垫草要经常翻晒，不要用发霉的垫料，避免饲槽和饮水器下面因过度潮湿而引起霉菌大量繁殖生长。

(2)必要时可在饲料中添加制霉菌素或噻唑苯咪唑等药物，以抑制霉菌生长。生产中有用户在雏雉10～15日龄饮0.1%泰农溶液，对预防后来霉形体的发生，有较好效果。

(3)对发病山鸡群要及时治疗或淘汰，对污染的饲料或垫料进行晾晒消毒或彻底毁掉。

12. 大理石脾病

该病是一种腺病毒引起的山鸡接触性传染病。

【发病特点】该病流行周期为1～2年，多见于3～8月龄生长山鸡，死亡率5%～15%。死亡率的高低与饲养环境有关。经消化道感染，山鸡因采食污染饲料和饮水被传染。

【临床症状】该病的潜伏期6～8天。急性发病，山鸡往往生长健壮而突然死亡，无任何症状。一般可见病山鸡呼吸加快，消化机能紊乱，随后精神委顿，肺功能衰竭死亡。病程1～3周。

【病理变化】特征性病变为脾脏肿大约3倍，呈大理石样斑驳状外观。肺部充血与水肿，肝脏肿大，肝、肺、脾脏布满小坏死灶。用显微镜检查坏死区附近网状细胞内见核内包涵体，腺胃可见集合的淋巴细胞。

【诊断】根据临床症状和剖检变化，可做出初步诊断。

【治疗】无特效化学治疗药物。发病后可用山鸡或火鸡出血性肠炎血清颈背皮下注射，0.5 毫升/只，同时用呋喃唑酮等抗菌药控制继发病。

【预防】加强饲养管理，注意环境卫生，供给新鲜饲料、饮水有助于防病。口服火鸡出血性肠炎疫苗有预防作用。

13. 球虫病

球虫病是由艾美尔属的各种球虫寄生于禽类肠道引起的疾病，对雏雉危害极大，死亡率高，是禽业生产中的常见多发病，在潮湿闷热的季节发病严重。

【发病特点】该病多在温暖多雨季节流行，尤其是营养不良，卫生条件差，拥挤、潮湿的禽舍，最易发病。以 3 个月以内的雏雉最易感。

【临床症状】急性型多见于雏雉，病程为数天至 2～3 周，感染后 4～5 天开始下痢，排黄褐色稀便，肛门周围的羽毛也常被粪便所污染。病雉精神沉郁，羽毛松乱，不爱活动，食欲减退，生长停滞。盲肠球虫感染时，粪便呈棕红色，以后变成血便。慢性多见于 2～4 月龄青年雉，病程为数周至数月，病山鸡逐渐消瘦，产蛋量下降，有间歇性下痢，死亡率较低。部分成年山鸡感染球虫后，可出现典型的角弓反张等神经症状。

【病理变化】主要病变在肠道，肠道病变部位和程度与球虫种类有关。盲肠球虫病主要是两侧盲肠显著肿大，比正常大几倍，外观呈暗红色，质地比正常坚硬，切开肠管可见肠壁增厚发炎，内容物充满鲜红血液或血块。患小肠球虫病病变多发生在小肠前段，肠管肿大，肠壁发炎增厚，浆膜呈红色，并有白点，肠内容物有血块和稀便。

【诊断】根据临床症状和剖检变化，不难做出初步诊断。从粪便中镜检出球虫卵囊即可确诊。

【治疗】

(1)球痢灵，按饲料量的0.02%～0.04%投服，以3～5天为一疗程。

(2)三字球虫粉(磺胺氯吡嗪钠)治疗量饮水按0.1%浓度，混料按0.2%比例，连用3天。同时对细菌性疾病也有效。

(3)克球粉(可爱丹)用量用法同球痢灵。

(4)氯苯胍，按饲料量的0.0033%投服，以3～5天为一疗程。

(5)盐霉素(沙利诺麦新)剂量为70毫克/千克，拌饲料中，连用5天。

(6)青霉素每天每只雏雉按4000单位计算，溶于水中饮服，连用3天。

(7)马杜拉霉素(加福)预防量为5毫克/千克，长期应用。

【预防】

(1)鸡舍要每天打扫，保持清洁干燥。水槽、食槽等用具都应定期彻底清扫冲洗，墙壁、地面也要使用30%生石灰水进行消毒，饲养管理人员出入鸡舍应更换鞋子，避免鸡舍之间互相感染，从而减少球虫卵囊的发育，这对控制球虫病的发生具有重要意义。

(2)通常球虫卵囊随粪便排出后，在一定条件下需1～3天才能发育成有感染性的孢子卵囊，因此，鸡场中的粪便要在当天或次日打扫清除，并运到远处进行堆积发酵处理，利用发酵产生的热和氨气杀死卵囊，防止饲料和饮水被污染。

(3)要坚持幼鸡与成鸡分开饲养。另外，对于不同批次的

雏雉也要严禁混养，最好实行全进全出制以切断传染源。在饲养期间，每天注意雏雉吃食、饮水、精神、排便等情况，有病及时隔离治疗，或淘汰病重者。

(4)初期往往看不到血粪，等到大量的血粪出现时，病情已经严重。因此，在血粪出现之前，能判断球虫病即将发生就显得特别重要。球虫病出现的前1～2天采食量明显增多，一部分鸡排的粪便水分偏多，少量鸡伴有巧克力色的粪便。脱落的羽毛比正常多，出现这些现象时就要开始用药。

(5)采用交替使用或联合使用数种抗球虫药，以防球虫对化学合成药产生抗药性。种鸡投药时要特别注意，有些球虫药对种鸡产蛋有影响，要慎重使用。

14. 蛔虫病

蛔虫病是山鸡的一种最常见的寄生虫病，感染率高，对雏雉危害性很大，严重感染时常发生大批死亡。

【发病特点】蛔虫卵是流行传播的传染源。成熟的雌虫在鸡的肠道内产卵，卵随粪便排出体外，污染环境、饲料、饮水等，在适宜的条件下，经过1～2周时间卵发育成小幼虫，具备感染能力，这时的虫卵称感染性虫卵。健康鸡吞食了被这种虫卵污染了的饲料、饮水、污物，就会感染蛔虫病。

【临床症状】雉雏感染蛔虫后生长发育不良，精神委靡，行动迟缓，不爱活动，翅膀下垂，羽毛松乱。当大量蛔虫进入十二指肠时，可引起急性出血性肠炎。成年山鸡对蛔虫感染有抵抗力，仅少数在山鸡体内寄生。

【病理变化】病鸡宰杀时血液十分稀薄，十二指肠、空肠、回肠甚至肌胃中均可见到大小不等的蛔虫，严重者可把肠道堵塞。

【诊断】根据临床症状，剖检时发现蛔虫即可确诊。

【治疗】用药一般在傍晚时进行，次日早上把排出的虫体、粪便清理干净，防止鸡再啄食虫体又重新感染。

(1)驱蛔灵：每千克体重0.3克，1次性口服。

(2)左旋咪唑：每千克体重10～15毫克，1次性口服。

(3)驱虫净：每千克体重10毫克，1次性口服。

(4)抗蠕敏：每千克体重25毫克，1次性口服。

(5)驱虫灵：每千克体重10～25毫克，1次性口服。

(6)丙硫苯咪唑：每千克体重10毫克，混饲喂药。

【预防】

(1)防治本病的关键是搞好鸡舍环境卫生，及时清理积粪和垫料，堆积发酵。

(2)大力提倡与实行网上饲养，使鸡脱离地面，减少接触粪便、污物的机会，可有效预防蛔虫病的发生。

(3)不同年龄的鸡要分开饲养，每年对山鸡群进行1～2次驱虫。

15. 绦虫病

绦虫病是由赖利属的多种绦虫寄生于鸡的十二指肠中引起的一类寄生虫病，常见的赖利绦虫有棘沟赖利绦虫、四角赖利绦虫和有轮赖利绦虫等三种。在山鸡养殖过程中绦虫病也是比较常见的一种疾病。

【发病特点】山鸡啄食含有似囊尾蚴的中间宿主而感染。被病山鸡污染的笼舍和运动场，是绦虫病的传染来源。

【临床症状】绦虫病所引起的临床症状，决定于感染虫体的数量，机体抵抗力的大小和饲养条件。成年山鸡的症状不明显；雏雉在严重感染时，可有明显症状，如生长发育受阻，食

欲减退,消瘦,羽毛松乱,贫血,下痢等;重病者,可于1～2星期后死亡。

【病理变化】十二指肠发炎,黏膜肥厚,肠腔内有多量黏液,恶臭,黏膜贫血,黄染。感染棘沟赖利绦虫时,肠壁上可见结核样结节,结节中央有米粒大小的凹陷,结节内可找到虫体或填满黄褐色干酪样物质,或形成疣状溃疡。肠腔中可发现乳白色分节的虫体。虫体前部节片细小,后部的节片较宽。

【诊断】在粪便中可找到白色米粒样的孕卵节片,在夏季气温高时,可见节片向粪便周围蠕动,取此类孕节镜检,可发现大量虫卵。对部分重病鸡可作剖检诊断,剪开肠道,在充足的光线下,可发现白色带状的虫体或散在的节片。如把肠道放在一个较大的带黑底的水盘中,虫体就更易辨认。

【治疗】

(1)硫双二氯酚100～200毫克/千克饲料,拌入饲料中喂服,4天后再喂服一次。

(2)丙硫苯咪唑20毫克/千克饲料,拌入饮料中一次喂服。

(3)氯硝柳胺100～150毫克/千克饲料,拌入饮料中一次喂服。

(4)甲苯咪唑30毫克/千克饲料,拌入饲料中一次喂服。

(5)氢溴酸槟榔素以3毫克/升配成0.1%水溶液喂服。

【预防】对鸡绦虫病的防治应采取综合性措施。

(1)定期驱虫:在流行地区或鸡场,应定期给雏雉驱虫。丙硫苯咪唑对赖利绦虫等有效,剂量按15毫克/千克体重,小群鸡驱虫可制成药丸逐一投喂,大群鸡则可混料一次投服。

(2)消灭中间宿主:鸡舍、运动场中的污物、杂物要彻底清理，保持平整干燥，防止或减少中间宿主的滋生和隐藏。

(3)及时清理粪便：每天清除鸡粪，进行堆沤，通过生物热灭杀虫卵。

16. 羽虱

羽虱是一类虫体很小的昆虫，长约0.5～0.6毫米，似芝麻粒大，寄生于禽的体表或附于羽毛、绒毛上，严重影响禽群健康和生产性能，常造成很大的经济损失。

【发病特点】山鸡羽虱的传播方式主要是直接接触。秋冬季羽虱繁殖旺盛，羽毛浓密，同时山鸡拥挤在一起，是传播的最佳季节。山鸡羽虱不会主动离开山鸡体，但常有少量羽毛等散落到山鸡舍，从而间接传播。

【临床症状】山鸡感染后表现为脱毛，皮肤损伤，不安，体重减轻，消瘦和贫血。对幼禽影响生长发育，母禽产蛋率下降。

【诊断】在禽皮肤和羽毛上查见虱或虱卵确诊。

【治疗】

(1)烟雾法：用25%的敌虫聚酯通用油剂，按每立方米鸡舍空间0.01毫升的剂量，用带有烟雾发生装置的喷雾器喷烟，喷烟后密闭鸡舍2～3小时。

(2)喷雾法：将25%的敌虫聚酯通用油剂作为原液，用水配制成0.1%的乳剂，直接喷洒于鸡体。

(3)药浴法：用25%的溴氰聚酯加水配制成4000倍液，将药液盛放于水缸或大锅内，先浸透鸡体，再捏住鸡嘴浸一下鸡头，然后捋去羽毛上的药液，置于干燥处晾干鸡体；也可用2%洗衣粉水溶液涂洗全身。

(4)沙浴法：阿维菌素1%粉剂10克，拌入20～30千克沙

中，任鸡自行沙浴。

值得注意的是，上述四种方法无论采用哪种方法，要想达到理想的灭虱效果，彻底杀灭鸡羽虱，最好是鸡体、鸡舍、产蛋箱等同时用药。同时，最好间隔 10 天再用药 1 次，这样便可彻底地杀灭鸡羽虱。

【预防】

(1)为了控制鸡羽虱的传播，必须对鸡舍、鸡笼、饲喂、饮水用具及环境进行彻底消毒。

(2)对新引进的鸡群，要加强隔离检查和灭虱处理，可用5%的氯化钠、0.5%的敌百虫、1%的除虫菊酯、0.05%的蝇毒灵等。

17. 滴虫病

滴虫是一种原虫病，在山鸡群中可广泛感染，对山鸡危害极大。

【发病特点】主要的传染方式是通过寄生在盲肠内的异刺线虫的卵而传播的，主要经消化道感染。病山鸡排出的粪便中含有多量携带原虫的异刺线虫卵，污染饲料、饮水和运动场地，被健康山鸡啄食后感染。饲养管理不当，卫生条件差及维生素缺乏，往往是本病发生的诱因。

【临床症状】病山鸡精神委顿，食欲减退或不食，羽毛蓬松，两翅下垂，低头缩颈，怕冷，嗜睡，眼半闭，行动缓慢，步态蹒跚，腹泻，拉黄色或黄绿色带泡沫状的稀粪，有些拉血样或砖红色粪便，酷似球虫病，部分病鸡鸡冠、髯部发绀，呈暗黑色，因而有“黑头病”之称。发病 5 天后开始死亡。

【诊断】根据临床症状和肝及盲肠的病变可初步诊断。确诊需检查虫卵。

【治疗】

(1)呋喃唑酮，在粉料中混合0.04%的药物，连喂7天，效果良好。

(2)用0.05%灭滴灵拌饲喂，同时饮水中加入0.05%维生素C和1%葡萄糖，连喂3～5天，停药3天，再喂一个疗程，即可较好地控制该病。

(3)酚噻嗪0.01%～0.02%混料或饮水，连用3～5天。

【预防】定期驱除体内异刺线虫，是预防本病的重要措施。搞好科学饲养管理，提高机体抗病能力，定期消毒，搞好卫生，切断传播媒介。

18. 一氧化碳中毒

一氧化碳中毒是由于禽类吸入一氧化碳气体所引起的以血液中形成多量碳氧血红蛋白所造成的全身组织缺氧为主要特征的中毒性疾病。

【发病特点】鸡舍往往有烧煤保温史，由于暖炕裂缝，或烟囱堵塞、倒烟、门窗紧闭、通风不良等原因，都能导致一氧化碳不能及时排出，引起中毒，一般多为慢性。

【临床症状】

(1)轻度中毒的山鸡体内碳氧血红蛋白达到30%，病雉呈现流泪、呕吐、咳嗽、心动疾速、呼吸困难。此时，如能让其呼吸新鲜空气，不经任何治疗即可得到康复。如若环境空气未彻底改善，则转入亚急性或慢性中毒，病雉羽毛蓬松，精神委顿，生长缓慢，容易诱发上呼吸道和其他群发病。

(2)重度中毒的山鸡其体内碳氧血红蛋白可达50%。病雉不安，不久即转入呆立或瘫痪、昏睡，呼吸困难，头向后伸，死前发生痉挛和惊厥。若不及时救治，则导致呼吸和心脏麻

痹死亡。

【病理变化】尸体剖检可见血管和各脏器内的血液呈鲜红色，脏器表面有小出血点。若病程长慢性中毒者，则其心、肝、脾等器官体积增大，有时可发现心肌纤维坏死，大脑有组织学改变。

【诊断】根据接触一氧化碳的病史、临床上群发症状和病理变化即可诊断。如能化验病雉血液内的碳氧血红蛋白则更有助于本病的确诊。

【治疗】发现鸡群中毒后，应立即打开鸡舍门窗或通风设备进行通风换气，同时还要尽量保证鸡舍的温度，饲养人员也要做好自身防护。病鸡吸入新鲜空气后，轻度中毒鸡可自行逐渐康复。对于中毒较严重的鸡皮下注射糖盐水及强心剂，有一定的疗效。为防止继发感染可应用抗生素类药物给全群鸡饲喂。

【预防】鸡舍和育雏室采用烧煤取暖时应通风换气，保证室内空气流通，经常检查取暖设施。防止烟筒堵塞、倒烟、漏烟；舍内要有通风换气设备并定期检查。

19. 食盐中毒

食盐是禽类代谢过程中不可缺少的营养物质之一，但食用过量可引起中毒。由于禽类对食盐比较敏感，严重者可引起大批死亡。

【发病特点】主要是饲料中食盐添加量过多，或采食了含盐多的鱼粉、肉粉，或在饮水中添加了食盐以及过度限制了饮水等因素。当日粮中食盐量超过3%，饮水中含盐量超过0.5%或每千克体重一次吃入食盐超过4克时都可以引起食盐中毒。

【临床症状】山鸡发生食盐中毒，其症状的轻重，取决于摄取食盐量的多少。当吃入过量的食盐，首先消化道发生刺激性炎症，病山鸡食欲不振，表现不安，并发生腹泻，有强烈的渴欲症状，极度兴奋，继而出现病山鸡精神沉郁，运动失调，两脚无力甚至瘫痪等神经症状，最后，因虚脱而死。

【病理变化】病变主要发生在消化道。嗉囊充满黏性液体，黏膜脱落，腺胃黏膜充血，表面形成假膜，小肠发生急性卡他性肠炎或出血性肠炎。有时可见皮下组织水肿、肺水肿、腹腔和心包积水。肝脏有出血斑点，脑膜血管显著充血扩张。

【诊断】根据临床症状、病理特征与食盐增加史，必要时可测定饲料食盐含量。

【治疗】立即停止饲喂原有饲料，供给充足的切碎的嫩青菜叶，给予充足的5%葡萄糖水和5%醋酸溶液饮水(第1天要少量多次)，连用3天；对出现神经症状，病情较重的采用人工灌服5%葡萄糖水，每小时1次，每次1～2毫升。待鸡群趋于正常后用0.2%肾肿解毒药全群饮水，同时在日粮中添加适量的多种维生素，连用3～5天。2天后病情得到有效控制，3天鸡群趋于正常。

【预防】

(1)严格控制食盐进量，在饲料中必须搅拌均匀。盐粒应粉细，保证供足水并且不间断。

(2)发现可疑食盐中毒时，首先要立即停用可疑的饲料和饮水，并送有关部门检验，改换新鲜的饮用水和饲料。

(3)给病鸡应间断地逐渐增加饮用水，否则，一次大量饮水可促进食盐吸收扩散，反而使症状加剧或会导致组织严重水肿，尤其脑水肿往往预后不良。

20. 黄曲霉毒素中毒

黄曲霉毒素是黄曲霉菌的代谢产物，广泛存在于各种发霉变质的饲料中，对畜禽和人类都有很强的毒性，禽类对黄曲霉毒素比较敏感，中毒后以急性或慢性肝中毒、全身性出血、腹水、消化机能障碍和神经症状为特征。

【发病特点】由于采食了被黄曲霉菌或寄生曲霉等污染的含有毒素的玉米、花生粕、豆粕、棉籽饼、麸皮、混合料和配合料等而引起。黄曲霉菌广泛存在于自然界，在温暖潮湿的环境中最易生长繁殖，产生黄曲霉毒素。特别是2～6周龄的雏雉最为敏感。

【临床症状】

（1）雏雉：表现精神沉郁，食欲不振，消瘦，鸡冠苍白，虚弱，凄叫，拉淡绿色稀粪，有时带血。腿软不能站立，翅下垂。

（2）育成雉：精神沉郁，不愿运动，消瘦，小腿或爪部有出血斑点。

（3）成年雉：耐受性稍高，病情和缓，产蛋减少或开产期推迟，个别呈极度消瘦的恶病质而死亡。

【病理变化】

（1）急性中毒：肝脏充血、肿大、出血及坏死，色淡呈黄白色，胆囊充盈。肝细胞弥漫脂肪变性，变成空泡状，肝小叶周围胆管上皮增生形成条索状。肾苍白肿大。胸部皮下、肌肉有时出血，肠道出血。

（2）慢性中毒：常见肝硬变，体积缩小，颜色发黄，并呈白色点状或结节状病灶，肝细胞大部分消失，大量纤维组织和胆管增生，伴有腹水；心包积水；胃和嗉囊有溃疡；肠道充血、出血。

【诊断】根据有食入霉败变质饲料的病史、临床症状、特征性剖检变化，结合血液化验和检测饲料发霉情况，可做出初步诊断。确诊则需对饲料用荧光反应法进行黄曲霉毒素测定。

【治疗】发现鸡群有中毒症状后，立即对可疑饲料和饮水进行更换。对本病目前尚无特效药物，对鸡群只能采取对症治疗，如给鸡饮用5%葡萄糖水，有一定的保肝解毒作用。灌服高锰酸钾水，破坏消化道内毒素，以减少吸收。同时对鸡群加强饲养管理，有利于鸡的康复。

【预防】

(1)饲料防霉：严格控制温度、湿度，注意通风，防止雨淋。为防止饲粮发霉，可用福尔马林对饲料进行熏蒸消毒；为防止饲料发霉，可在饲料中加入防酶剂，如在饲料中加入0.3%丙酸钠或丙酸钙，也可用克霉或抗霉素等。

(2)染毒饲料去毒：可采用水洗法，用0.1%的漂白粉水溶液浸泡4～6小时，再用清水浸洗多次，直至浸泡水无色为宜。

21. 磺胺类药物中毒

磺胺类药物在禽病防治工作中，也是经常应用的一类抗菌药，如果应用不当可引起急性或慢性中毒。

【发病特点】磺胺类药物是防治家禽传染病和某些寄生虫病的一类最常用的合成化学药物。用药剂量过大，或连续使用超过7天，即可造成中毒。据报道，给鸡饲喂含0.5%磺胺二甲基嘧啶或磺胺甲基嘧啶的饲料8天，可引起鸡脾出血性梗死和肿胀，饲喂至第11天即开始死亡。复方敌菌净在饲料中添加至0.036%，第6天即引起死亡。维生素K缺乏可促发本病。复方新诺明混饲用量超过3倍以上，即可造成雏雉严重的肾肿。

【临床症状】病山鸡急性磺胺类药物中毒的主要症状表现为不食、腹泻、兴奋不安、痉挛和麻痹等。慢性中毒患雉表现为精神沉郁，全身虚弱，食欲减少，口渴，腹泻，肉髯、鸡冠苍白，羽毛松乱；生长发育不良；有的病鸡头部肿大呈蓝紫色；成年山鸡产蛋量急剧下降，蛋壳变薄且粗糙，褐壳蛋褪色；重病山鸡出现贫血，黄疸，血液凝固时间延长。

【病理变化】剖检可见皮下、胸肌和腿部肌肉有片状或条状出血，肌肉色泽淡黄。腺胃薄膜和肌胃角质膜下出血，肝脏肿大，有淤血点或有坏死点。脾脏肿大，有出血斑点。心肌呈刷状或条纹状出血。肺部充血或有水肿。

【诊断】根据用药史、临床中毒症状和病理剖检变化，结合实验室化验（肝或肾中磺胺类药物含量超过 20 毫克/千克时），可做出诊断。

【治疗】一旦发现中毒症状，应立即停药，供应充足的加 1%～5%的小苏打水，每千克饲料中加维生素 C 0.2 克、维生素 K 35 毫克，连用 1～2 周。也可使用百毒解，以 0.5%～1%的浓度饮水，连用 3～5 天。对于中毒不很严重的鸡都有一定的疗效。

【预防】

(1)用药量不宜超过标准，连续用药 1 个疗程不宜超过 5 天。疗效不明显时，应更换其他抗菌药物。

(2)雏雉阶段和蛋鸡阶段，尽量不用磺胺类药物。如果应用，也应与等量的碳酸氢钠粉剂合用，这样有利于磺胺类药物从肾中排出，防止机体中毒。

22. 呋喃类药物中毒

呋喃类药物有呋喃唑酮（即痢特灵）、呋喃西林、呋喃妥因和呋吗唑酮等，尤以呋喃西林的毒性最大，由于价格便宜，使用效果较好，被广泛用于鸡白痢、鸡伤寒、副伤寒和球虫等病。但呋喃类药物毒性较强，鸡特别是雏雉对其敏感，使用不当，易发生中毒。

【发病特点】用药剂量过大或连续用药时间过长、药物在饲料中搅拌不均匀等均可引起中毒。呋喃唑酮的预防剂量(拌料)为0.01%，连用不超过15天；治疗剂量为0.02%，连用不超过7天。据报道，饲料中添加量为0.04%，连用12～14天，即可引起鸡中毒；添加量为0.06%，4～5天即可中毒；添加量为0.08%，3～4天即可中毒。

【临床症状】

(1)急性中毒：病雉初期精神沉郁，羽毛松乱，两翅下垂，缩头呆立，站立不稳，减食或不食。继而出现典型的神经症状，兴奋不安、转圈、鸣叫、倒地后两腿伸直做游泳姿势、角弓反张，抽搐而死。也有呈昏睡状态，最后昏迷而死。

(2)慢性中毒：呈现腹水症的特征。腹部膨大，按压有波动感。

【病理变化】

(1)急性中毒：口腔、消化道黏膜及其内容物均呈黄染。肠黏膜充血、出血。肠道浆膜呈黄褐色。心肌变性、发硬、心脏扩张。肝脏肿大呈淡黄色。

(2)慢性中毒：腹腔充满淡黄色的液体，肝脏硬、表面凹凸不平，心包积液，心扩张。

【诊断】根据有过量或连续应用呋喃类药物的病史、典型的神经症状及剖检变化即可诊断。

【治疗】立即停喂呋喃唑酮和含呋喃唑酮的饲料。给鸡群

饮用5%葡萄糖水，维生素C粉，每10克加水50千克；维生素B_1，每只鸡每天25毫克，维生素B_{12}针剂，每100只鸡15毫升，让鸡自由饮水，病情严重者用滴管灌服。连续治疗3天。对慢性中毒引起腹水症者，可试用腹水净、腹水消等药物。

【预防】使用呋喃类药物应严格控制剂量，饮水时浓度只应是拌料的一半，因为禽的采食量比饮水量少1倍。呋喃西林水溶性差，不可饮水投药。

23. 高锰酸钾中毒

高锰酸钾是禽类常用的消毒药，一般用法是溶解在饮水中喂给，如果剂量掌握不当，浓度过高，极易造成禽类急性中毒而死亡。

【发病特点】由于饮用的高锰酸钾溶液浓度过高，而引起中毒。当在饮水中浓度达到0.03%时对消化道黏膜就有一定腐蚀性，浓度为0.1%时，可引起明显中毒。成年山鸡口服高锰酸钾的致死量为1.95克。其作用除损伤黏膜外，还损害肾、心和神经系统。

【临床症状】口、舌及咽部黏膜发紫、水肿，呼吸困难，流涎，白色稀便，头颈伸展，横卧于地。严重者常于1天内死亡。

【病理变化】剖检中毒死亡的鸡体，可见消化道黏膜，特别是嗉囊黏膜，有严重的出血和溃烂。

【诊断】中毒鸡群有饮服高锰酸钾浓度过高史。观察到病山鸡呼吸困难，腹泻，甚至突然死亡；剖检可见口、舌和咽部黏膜变红紫色和水肿，嗉囊、胃肠有腐蚀和出血现象，即可做出诊断。

【治疗】山鸡中毒后，立即停用高锰酸钾溶液，并喂服大量清水，这对早期中毒有一定的解毒作用；也可用浓度为3%的双氧水10毫升加水100毫升，喂服洗胃或用牛奶洗胃。此外，喂服蛋清也可解毒。

【预防】

(1)给山鸡饮水消毒时，只能用0.01%～0.02%的高锰酸钾溶液，不宜超过0.03%。消毒黏膜、洗涤伤口时，也可用0.01%～0.02%的高锰酸钾溶液。消毒皮肤，宜用0.1%浓度。

(2)用高锰酸钾饮水消毒时，要待其全部溶解后再饮用。

24. 有机磷中毒

有机磷农药，是我国目前应用最广泛的一类高效杀虫剂，对禽、畜、人都有毒性作用。引起动物中毒的，主要有敌敌畏、敌百虫、对硫磷、乐果和马拉硫磷等。

【发病特点】由于对农药管理或使用不当，致使山鸡中毒。如用有机磷农药在禽舍杀灭蚊、蝇或投放毒鼠药饵，被山鸡吸入；饮水或饲料被农药污染；防治禽类寄生虫时药物使用不当；其他意外事故等。

【临床症状】急性中毒时，表现为食欲下降或停止，流泪或流涎，瞳孔缩小，呼吸困难；可视黏膜暗红，精神沉郁，颤抖，排粪频繁。后期卧地，抽搐、昏迷，最后死于衰竭。

【病理变化】由消化道食入者常呈急性经过，消化道内容物有一种特殊的蒜臭味，胃肠黏膜充血、肿胀，易脱落。肺充血水肿，肝、脾肿大，肾肿胀，被膜易剥离。心脏点状出血，皮下、肌肉有出血点。病程长者有坏死性肠炎。

【诊断】根据病史，有与农药接触或误食被农药污染的饲料等情况。发病鸡口流涎量多而且症状明显，瞳孔明显缩小，肌肉震颤痉挛等。胃内容物有异味，一般可初步诊断。必要时进行实验室诊断，做有机磷定性试验。

【治疗】发现中毒病例，消除病因，采取对症疗法。

(1)一般急救措施：清除毒源。经皮肤接触染毒的，可用肥皂水或2%碳酸氢钠溶液冲洗(敌百虫中毒不可用碱性药液冲洗)。经消化道染毒的，可试用1%硫酸铜内服催吐或切开嗉囊排除含毒内容物。

(2)特效药物解毒：常用的有双复磷或双解磷，成禽肌内注射40～60毫克/千克；同时配合1%硫酸阿托品每只肌内注射0.1～0.2毫升。

(3)支持疗法：电解多维和5%葡萄糖溶液饮水。

【预防】在用有机磷农药杀灭鸡舍或鸡体表寄生虫及蚊蝇时，必须注意使用剂量，勿使农药污染饲料和饮水。

25. 啄癖症

山鸡有食羽、啄趾、食卵、啄肛等癖。这种山鸡啄癖一年四季均可发生。一旦发生，在山鸡群中传播很快，互相攻击和啄食，受害山鸡轻则皮肤外伤，重则鲜血淋漓，甚至死亡。

【发病特点】啄癖发生的原因很复杂，主要包括环境、日粮和疾病等因素。

(1)环境因素：舍内通风不良、有害气体浓度过高，光照太强或光线不适，禽舍湿度、温度过高，家禽下痢时易引发啄肛癖。光色不适也易引起啄癖，灯光过亮或黄光、青光下易引起啄羽、啄肛和斗殴。

(2)日粮因素：日粮中蛋白质含量偏低，日粮氨基酸不平衡而引发啄羽、啄蛋；维生素B_{12}缺乏时会影响雏雉的生长发育，使其生长减慢、羽毛生长不良，引起啄毛或自食羽毛；生物素不足时会影响内分泌腺的分泌活动，引起脚上发生皮炎，头部、眼睑、嘴角表皮质角化而诱发啄癖；烟酸缺乏能引起皮炎与趾骨短粗而诱发啄癖。维生素D影响钙磷的吸收，缺乏时会引起脱肛；日粮矿物质元素不足或不平衡，尤其是食盐不足造成家禽喜食带咸性的血迹时，若某鸡受外伤或母鸡产蛋、肛门括约肌暴露在外时，其他鸡就会啄食，形成啄肛癖。硫含量不足等均可引起啄羽、啄肛、异食等恶癖；粗纤维缺乏时，鸡肠蠕动不充分，易引起啄羽、啄肛等恶习。

(3)疾病因素：大肠杆菌、白痢等可引起啄羽、啄肛；鸡患慢性肠炎，营养吸收差时会引起互啄；母鸡输卵管或泄殖腔外翻也会引起啄癖；当鸡发生消化不良或患球虫病时，肛门周围羽毛被污物粘连也可引起啄羽；体表创伤、出血或有炎症等均可诱发啄癖。鸡体表有羽虱、刺皮螨、疥癣虫等寄生虫时，寄生虫刺激皮肤，引起自啄，有时自啄造成外伤出血，引发其他鸡追啄。

【临床症状】据啄食对象的不同啄癖可分为啄羽癖、啄趾癖、啄肛癖、啄蛋癖及啄食其他异物的异食癖等。

(1)啄羽癖：啄羽有自啄和互啄之分，自啄是维生素、微量元素及饲料钙磷比例失调引起的。互啄是几只鸡围攻一只鸡啄。本病冬季和早春多发，一旦发生会广泛传开。严重被啄者肛门羽毛、尾羽、背羽被全部啄光，其皮肤裸露。

(2)啄肉癖：各年龄的山鸡均可发生。鸡互啄羽毛或啄脱落的羽毛，被啄鸡皮肉暴露，出血后，发展为啄肉癖，有的鸡因被啄穿肚子，啄出内脏而死。

(3)啄肛癖：育雏期时最易发生，特别是雏雉发生白痢病时，能招致少数或一群鸡争啄，常有鸡因直肠、内脏被啄出而死。另外，产蛋鸡在产蛋或交配，泄殖腔外翻时也会被其他母鸡啄食，造成出血、脱肛甚至死亡。

(4)啄蛋癖:产蛋旺季种山鸡容易发生啄蛋癖。啄蛋癖主要发生于产蛋鸡群,尤其是高产鸡群。饲料缺钙或蛋白质含量不足,造成鸡产软壳蛋,软壳蛋被踩破或蛋在巢内及地面被碰破后引发啄食。

(5)啄趾癖:雏雉易发。啄趾癖多见于雏雉脚部被外寄生虫侵袭时,阳光直射下,脚趾血管极像小虫也会引起鸡群互啄脚趾,引起出血和跛行,有的鸡甚至脚趾被啄光。

(6)异食癖:患各种营养不良时,鸡常啄食一种不能消化的东西,如石灰、粪便、稻草等。鸡消化食物时需要砂粒,如果缺乏,也常引发啄异物癖。

【诊断】根据临床表现即可诊断。

【治疗】发生啄癖时,立即将被啄的山鸡隔离饲养,受伤局部进行消毒处理。对被啄伤的山鸡可按配方拌料:氯化铝 1 克,硫酸铁 1 克,硫酸锰 8 克,碘化钾 0.5 克,研末均匀拌入料中,可供成鸡 1000 只,雏雉 2000 只一日的喂量,或用啄肛灵拌料连喂 3 天为一疗程,隔天后再喂一疗程,即可痊愈。

【预防】防治本病时,应以预防为主,首先应了解发生同类相残的原因并加以排除,进而根据诊断出的病因,采取相应的防治措施。

(1)断喙或戴眼镜:实行断喙是防止啄蛋及其他啄癖的有效手段。雏雉 14～16 日龄断喙 1 次,第 8～9 周龄进行修喙。不实行断喙的可戴鸡眼镜,一般在 7 周龄便可配戴,一直戴到出售时为止。凡留作种用的,至 16 周龄时用截断器将鼻环除掉,再装上成年的雉用鼻环。此环不影响采食和饮水等正常活动。

(2)控制密度:山鸡生长发育快,活动量大,必需有足够的活动场地,舍内设栖架,以增加活动空间。

(3)强弱分群饲养:以防以大欺小、以强欺弱,造成雏雉、弱雉被啄伤后而形成啄癖。

(4)光照控制:也是发生啄癖的原因之一,育成鸡光照每天应控制在9小时以内,开产后逐渐延长到16~18小时,若突然增加,则易引起啄癖,光线不易太强,每平方米2~3瓦为宜。

(5)保持鸡群稳定:山鸡有集群生活特性,如突然加进新来的山鸡,常易引起打斗,特别是繁殖季节,产生惊群,诱发啄癖并影响产蛋。因此不要轻易补加公山鸡。

(6)添加青绿饲料:用高能量低纤维日粮能量喂山鸡,不但易产生啄癖,而且啄癖严重,在日粮中适当增加纤维含量,或每天喂些嫩草、菜叶等,可减轻啄癖的严重程度,若在饲料中添加2%~3%的羽毛粉效果更佳。

(7)挂松枝:调查中发现运动场上挂松枝,诱引鸡群啄食,即可防病又可防止啄癖的发生。

(8)清除鸡舍尖锐物体:舍内铁丝网破损或有其他尖锐物品易引起鸡体创伤,有创伤的鸡容易被啄。因此要正常注意修理铁丝网和清除尖锐物品。被啄伤的山鸡要及时隔离治疗,康复后再合群饲养。

(9)设置障碍物:在运动场或栏内用纤维布帘或打结成球状,便于山鸡活动时啄玩,以分散其注意力。还可用树枝、草把设置障碍使其活动时有隐藏处,可收到良好的效果。

(10)勤捡种蛋:每天至少捡蛋两次,产在运动场上的蛋更应及时收取,减少山鸡对种蛋的接触机会,防止啄蛋癖。

(11)定期驱虫:对于体表与体内的寄生虫应定期用药驱除,以防止啄羽。

第七章　山鸡产品的销售及屠宰加工

经过4～5个月的饲养，母山鸡体重可达1～1.2千克，公山鸡可达1.4～1.5千克，此时正为初冬，山鸡体内已有脂肪贮积，而且体重不再增加，每天采食的饲料均用于维持自身需要和御寒，此时宰杀肉味鲜美，所以山鸡销售、加工季节多在冬季进行，最好为初冬。但我国最佳的销售季节为元旦、春节前后，而出口山鸡不受季节限制。

第一节　山鸡的活体销售

活体山鸡销售全国虽然没有统一的上市规定，但活山鸡销售时要求至少养殖3～4个月，羽毛已长齐，颈项已现出完整白圈，皮下脂肪良好，发育完善，美丽鲜艳。公山鸡活重1.3千克以上，母山鸡体重1千克以上的健康山鸡。活山鸡中由于互相啄斗造成的无尾山鸡，多做降级销售。

销售前要选择健壮、体况良好、合乎标准要求的山鸡。然后与卫生检疫部门取得联系，进行禽只检疫和办理有关手续。

销售人员应携带检疫证、身份证和《野生动物驯养繁殖许可证》、《野生动物经营许可证》以及有关的行车手续。

销售时如短途运输，无需饲料。但运输时间超过1天，就应备饲料。饲料数量多少，根据运输时间长短和山鸡数量而定，一般为每只每天需50克饲料。

第二节　商品山鸡蛋的贮藏与运输

山鸡在人工饲养条件下，河北亚种山鸡4月中旬开始产蛋，5、6、7月份是产蛋旺期，占年产蛋量的80%～85%，8月初后产蛋量逐渐下降，9月份产蛋基本结束，每只年可产蛋平均为26～30枚。中国环颈雉用灯光控制的方法饲养，一般多在每年的3月中旬开始产蛋，每年有2个产蛋期，每期产蛋30～40枚，一只母山鸡全年可产蛋70～80枚，甚至高达100枚以上。

一、商品山鸡蛋的贮藏

山鸡产蛋季节比较集中，为了保证常年供应，就必须进行贮藏保鲜处理。因此，用于贮藏的山鸡蛋，必须选择蛋壳清洁完整、无破损的鲜蛋。

目前，商品山鸡蛋常用的贮藏方法有冷藏法、涂膜法、石灰水贮藏法等。

1. 冷藏法

即利用适当的低温抑制微生物的生长繁殖，延缓蛋内容物自身的代谢，达到减少重量损耗，长时间保持蛋的新鲜度的目的。

冷藏库温度以0℃左右为宜，可降至－2℃，但不能使温度经常波动，相对湿度以80%～85%为宜。

鲜蛋入库前，库内应先消毒和通风。消毒方法可用漂白

粉液(次氯酸)喷雾消毒和高锰酸钾甲醛法熏蒸消毒。经整理挑选的鸡蛋应整齐排列,大头朝上,在容器中排好,送入冷藏库前必须在2～3℃环境中预冷2天,使蛋温逐渐降低,防止水蒸气在蛋表面凝结成水珠,给真菌生长创造适宜环境。同样原理,出库时则应使蛋逐渐升温,以防止出现“汗蛋”。冷藏开始后,应注意保持和监测库内温、湿度,定期透视抽查,每月翻蛋1次,防止蛋黄黏附在蛋壳上。保存良好的鸡蛋,可贮存5～6个月。

2. 涂膜法

常温涂膜保鲜法是在鲜蛋表面均匀地涂上一层有效薄膜,以堵塞蛋壳气孔,阻止微生物的侵入,减少蛋内水分和二氧化碳的挥发,延缓鲜蛋内的生化反应速度,达到较长时间保持鲜蛋品质和营养价值的方法,是目前较好的禽蛋保鲜方法。一般多采用油质性涂膜剂,如液体石蜡、植物油、矿物油、凡士林等。此外还有聚乙烯醇、聚苯乙烯、聚乙酰甘油一酯、白油、虫胶、聚乙烯、气溶胶、硅脂膏等涂膜剂。据试验研究,用石蜡或凡士林加热溶化后,涂在蛋壳表面,室温下可保存8个月。鲜蛋涂膜的方法,有浸渍法、喷雾法和手搓法3种。但无论哪种方法,涂膜剂必须对鲜蛋进行消毒,消除蛋壳上已存在的微生物。此外要注意鲜蛋的质量,蛋越新鲜,涂膜保鲜效果越好。

(1)聚乙烯醇涂膜法

①严格选蛋:鲜蛋在涂膜前应经过照验检查,剔除各种次劣蛋,尤其是旺季收购的商品蛋,应严格把好照验关。

②配料:适宜涂膜的聚乙烯醇浓度为5%。配制比例是100千克水加5千克聚乙烯醇。方法是先将聚乙烯醇放入冷

水中浸泡2小时左右，再用铝桶或铁桶盛装浸泡过的聚乙烯醇，并放入沸水锅中，间接加热到聚乙烯醇全部溶化为止，取出冷却后便可使用。若用量较大时，为节省时间，可以先配制高浓度的聚乙烯醇。按上述方法浸泡和溶解，需用时再稀释使用。

③涂膜：将已照验的鲜蛋放入涂膜溶液中浸一下，或用柔软的毛刷边沾溶液边涂鲜蛋外壳。但涂膜必须均匀，蛋不露白。涂膜后摊开晾干，再装箱存放。在晾干过程中，要注意上下翻动，以防止相互粘连。

④注意事项：贮藏期内，要求每20天左右翻动一次。装蛋入箱或入篓时，应排列整齐，大头朝上，小头朝下，以防止日久蛋黄黏壳发生变质；对沾污不洁的蛋，特别是市购商品蛋，在涂膜前应注意做好杀菌消毒工作。防止发生霉蛋；经涂膜保鲜的鲜蛋，必须放置在阴凉干燥、通气良好的库内，经常检查湿温度的变化，相对湿度控制为70%～80%。因为温度高低直接影响蛋的品质，而湿度高低同蛋内水分蒸发和干耗失重有关。

(2)液体石蜡涂膜法

①选蛋：采用涂膜保鲜的蛋必须新鲜，并经光照检验，剔去次劣蛋。夏季最好是产后1周以内的蛋，春秋季最好是产后10天内的蛋。

②涂膜：先将少量液体石蜡油放入碗或盆中，用右手蘸取少许于左手心中，双手相搓，黏满双手，然后把蛋在手心中两手相搓，快速旋转，使液蜡均匀微量涂满蛋壳。涂抹时，不必涂得太多，也不可涂得太少。

③入库管理：将涂膜后的蛋放入蛋箱或蛋篓内贮存。放

蛋装箱时，要放平放稳，以防贮存时移位破损，把码好蛋的箱或篓放入库房内，保持库房内通风良好，库温控制在25℃以下，相对湿度70%～80%。如遇气温过高或阴雨潮湿的天气，可用塑料膜制成帐子覆盖，帐中的涂膜蛋箱（篓）可叠几层，但层间要有间隔，排列整齐，并留有人行通道，以便定期抽查。如果在最上一层蛋箱上放置吸潮剂更好。入库管理时注意温湿度，定期观察，不要轻易翻动蛋箱。一般20天左右检查1次。

④注意事项：涂膜保存鲜蛋除严格按以上环节操作外，还应注意以下几个问题：一是放置的吸潮剂，若发现有结块、潮湿现象，应搅拌碾碎后，烘干再用，或者更换吸潮剂；二是掌握气温在25℃以下时保鲜，炎热的夏季气温在32℃以上时，要密切注意蛋的变化，防止变质；三是鲜蛋涂膜前要进行杀菌消毒；四是注意及时出库，保证涂膜的效果。

（3）凡士林涂膜法

①涂膜剂配制：凡士林500克，硼酸10克。此用量可涂1500枚左右鲜蛋。配制时取市售医用凡士林（黄白均可），与硼酸混合后，置于铝锅内加温熔解，并搅拌均匀，冷却至常温后即可使用。

②涂膜：取配制好的凡士林涂剂少许（1克左右）于手心中，左右手掌相搓，然后拿蛋于手心中逐个涂膜，做到均匀薄层涂饰，涂膜一个放好一个于蛋箱（篓）内。

③注意事项：涂膜前蛋须经过照验和杀菌消毒。冬季气温低，涂膜最好在室温下进行。涂膜后的蛋应放在通气的格子木箱或竹篓内，上下层蛋之间不必用垫草或草纸铺垫。贮蛋库通风换气条件要良好。

(4)蔗糖脂肪酸酯保鲜法：先将鲜蛋装入篓(筐)内，再将盛蛋篓(筐)置于1%蔗糖脂肪酸酯溶液内，浸泡2秒钟，然后取出晾干，置库房内敞开贮存，不必翻蛋，适当开窗通风。在室温25℃以下时，可保藏6个月，在气温30℃以上时，也可贮藏2个月。

3. 石灰水贮藏法

此法贮存的原理是生石灰(氧化钙)加水后变为熟石灰(氢氧化钙)，这种石灰水呈碱性，一般细菌不能在石灰水内繁殖。又因石灰水可以吸收蛋内呼出的二氧化碳，生成不溶性的碳酸钙微粒沉积于蛋壳表面，将蛋壳的气孔堵塞，使蛋的呼吸作用减弱，阻止外界细菌侵入蛋内。此法贮存鲜蛋3～4个月不致变质。用100千克水加入20千克生石灰，搅拌数次后，静放沉淀，待溶液澄清，温度下降到10℃以下倒入缸中，将鲜蛋放进去，溶液要超过蛋面20～25厘米。这种保存法，蛋略残留一点石灰味，以煎炒食为好。

4. 粮食贮藏法

粮食贮藏法用于少量山鸡蛋的贮藏，它主要是通过粮食来隔绝空气，加之粮食呼吸产生的二氧化碳，降低山鸡蛋周围氧的浓度以达到贮藏的目的。

贮藏时用高粱米、小米或豆类放入缸或箱内，铺一层粮，放一层蛋，蛋一般可保存6个月以上。

二、鲜蛋的包装与运输

1. 鲜蛋的包装

鲜蛋的包装材料应当坚固耐用，经济方便，可以采用木箱、纸箱、塑料箱、蛋托和与之配套用的蛋盒。

(1)普通木箱和纸箱包装鲜蛋:木箱和纸箱每箱以包装鲜蛋 300～500 枚为宜。包装所用的填充物,可用切短的麦秆、稻草或锯末屑、谷糠等,但必须干燥、清洁、无异味,切不可用潮湿和霉变的填充物。包装时先在箱底铺上一层 5～6 厘米厚的填充物,箱子的四个角要稍厚些,然后放上一层蛋,蛋的长轴方向应当一致,排列整齐,不得横竖乱放。在蛋上再铺一层 2～3 厘米的填充物,再放一层蛋。这样一层填充物一层蛋直至将箱装满,最后一层应铺 5～6 厘米厚的填充物后加盖。木箱盖应当用钉子钉牢固,纸箱则应将箱盖盖严,并用绳子包扎结实。最后注明品名、重量并贴上"请勿倒置"、"小心轻放"的标志。

(2)利用蛋托和蛋箱包装鲜蛋:蛋托是一种专用蛋盘,将蛋放在其中,蛋的小头朝下,大头朝上,呈倒立状态。每蛋一格,每盘 30 枚。蛋托可以重叠堆放而不致将蛋压破。蛋箱是蛋托配套使用的纸箱或塑料箱。利用此法包装鲜蛋能节省时间,便于计数,破损率小,蛋托和蛋箱可以经消毒后重复使用。

(3)利用礼品盒(笼)包装:可以向制箱厂定制山鸡蛋礼品盒(图 7-1)。

2. 鲜蛋的运输

在运输过程中应尽量做到缩短运输时间,减少中转。根据不同的距离和交通状况选用不同的运输工具,做到快、稳、轻。"快"就是尽可能减少运输中的时间;"稳"就是减少震动,选择平稳的交通工具;"轻"就是装卸时要轻拿轻放。

此外还要注意蛋箱要防止日晒雨淋;冬季要注意保暖防冻,夏季要预防受热变质;凡装运过农药、氨水、煤油及其他有毒和有特殊气味的车、船,应经过消毒、清洗后没有异味时方

图 7-1　山鸡蛋礼品盒

可运输。

第三节　山鸡的屠宰与加工

山鸡主要以全羽冷冻鸡和白条鸡及分割肉的形式出口。

一、屠宰前的准备

1. 屠宰山鸡的准备

待宰的山鸡必须是健康无传染病的，并经过集中育肥，体重达到品种标准的公、母山鸡。

为避免药物在山鸡肉里残留，在山鸡出售前 20～30 天停喂一切药物，对于磺胺类药物要在出售前 45～60 天停止使用。出栏前 1 周不喂鱼粉。

2. 环境准备

屠宰加工场周围不能有污染源，场内地面必须为水泥地

面，墙壁也要平整，以便于清洗消毒。保证周围环境安静，让山鸡充分休息，便于放血。

3. 设备和用具准备

屠宰加工前要维修和完善加工设备和用具。如人工屠宰加工应将屠宰场地、设备及用具准备齐全。如用机械化或半机械化屠宰加工，应检修设备，配齐零部件，并试车运行，达到正常状态。

每次加工前后必须将所用器具彻底清洗、消毒。

4. 各类产品包装用品及存放场地的准备

屠宰加工的过程是分别采集各类产品的过程，因此对每类产品的包装用品应有足够的准备，并要确定存放场地。每类产品需用什么包装、需用多少、场地大小，要根据屠宰规模、数量和产品出售的时间而定。如屠宰规模大、数量多、短时间难以销出，就需较多的包装和较大的场地。

5. 人员准备

场内的加工人员事先一定要去防疫部门进行身体检查，证明身体健康、无传染性疾病，而且有健康证者方可进场工作。每次进场工作前先通过消毒室彻底消毒，工作时穿上消毒干净的工作服。

6. 鸡只准备

为了避免损伤，降低商品等级，捉鸡、装卸时动作要轻，防止撞伤、压伤；运输途中要稳，避免笼子撞伤、划伤山鸡的皮肤，造成皮下淤血，影响外观皮色，降低销售价格。

(1)宰前检验：对成群的活山鸡，一般是施行大群观察后再逐只进行检查。利用看、触、听、嗅等方法进行检验，根据精神状态，有无缩颈垂翅、羽毛松乱，闭目独立，发呆和呼吸困难或急促，来确定山鸡的健康情况，发现病山鸡或可疑患有传染疾病的应单独急宰，依据宰后检验结果，分别处理。对被传染病污染的场地、设备、用具等要施行清扫、洗刷和消毒。不允许宰杀的病山鸡，应及时作焚烧或深埋处理。

(2)宰前休息：活山鸡在运达后至宰杀前，应当给予12～24小时的休息，有利于宰杀时充分放血，降低肌肉中的乳酸含量，保证肉品质量。候宰的场地应防热、防晒、防雨、防冻，保持空气流通和环境安静。在管理中应避免剧烈运动、过度拥挤、抽打，防止滑跌、挤压、啄斗，以保证休息，提高胴体品质。

(3)停食：宰杀前应停食24～36小时，只供给充足的饮水，既能放血完全，防止肉质腐败，也能避免消化道的内容物污染肉质，保证屠体品质；同时又可节省饲料，降低饲养成本，减少劳力消耗。

二、屠宰加工

目前山鸡的屠宰加工多为手工或半机械操作，采用均断“三管”法和口腔刺杀法，外形美观，完整，放血比较完全，表面无刀痕。

(一)全羽冻鸡的加工

全羽冷冻山鸡要求尾羽完整，背羽无脱落、清洁，雉体健康、膘情适度。为保证雉体外观，一般用口腔宰杀法，以便于贮藏。

1. 口腔刺杀

将山鸡头部向下斜并固定，拉开喙壳，将刀尖伸入口腔达

第二颈椎（即颚裂的后方），切断颈静脉和桥状静脉的联合处，然后收刀通过颚裂用力将刀尖斜刺延脑，以破坏神经中枢，促其早死，减少挣扎，这样，可使肌肉松弛，放血快而净，不易污染，羽毛易于脱落，有利拔毛。

2. 放血

屠体一般要求放血时间为6～8分钟。

3. 整理

宰杀后的山鸡应在僵硬前梳理好羽毛，整形后按公母配对放入包装盒内，盒上标明“口腔宰杀”，然后放入－20～－25℃的贮藏库中贮藏待销。

（二）白条山鸡及分割肉的加工

白条山鸡主要用于出口，要求胴体丰满，腿围粗，屠体皮下有一定的脂肪膘度，无伤痕、青斑、红紫斑、皮肤完整，表面无羽毛及羽锥残留。半净膛重，公山鸡为1.2千克以上、母山鸡为1千克以上；全净膛重，公山鸡不低于1千克、母山鸡不低于0.8千克。

1. 固定山鸡

将准备屠宰的山鸡倒悬于固定好的鸡脚钩上，避免屠宰时山鸡乱动。

2. 宰杀

白条山鸡常用的宰杀方法一般有两种，即均断“三管”法和口腔刺杀法。

（1）切断“三管”法：切断“三管”法即用刀从颈下喉部割断三管（血管、气管、食管），要求从山鸡的下颚部下刀切割，刀口不宜过深、过大和外露。此法虽不见刀口，外观整齐，但是技术比较复杂，不易掌握，一旦放血不良会使颈部淤血。

(2)口腔刺杀法：同全羽冷冻山鸡口腔刺杀法。

3. 放血

山鸡一般要求放血时间为6～8分钟，以免放血不良使山鸡体发红。

4. 羽毛拔取

山鸡脱羽有干拔法和湿拔法两种，尾羽及用于制成羽毛扇、羽毛画、玩具等工艺品等羽毛必须采用干拔法。

干拔时为了不破坏皮肤，每次拔的羽毛不能过多，尤其是尾羽一次只能拔一根。干拔时按部位将同类大小的羽毛分别放置于不同的收集器物中。

5. 浸烫

浸烫要在山鸡完全停止呼吸而体温又没有完全散失时进行。山鸡的浸烫水温一般为65～68℃(注意水温不能过高，浸烫时间不能过久，否则，烫得过熟，肌蛋白凝固，皮肤韧性变小，褪毛时容易破皮，并且脂肪溶解而从毛孔渗出，表皮呈暗灰色，带有油光，成为次品；如果水温过低，浸烫时间过短，烫得不透，造成"生烫"而拔毛困难，甚至连皮拔下，损坏山鸡胴体外观)，在这个范围内，日龄小的山鸡温度要低些。

水温的掌握，简便的方法是把手先在冷水中浸一下，然后伸进热水中，感觉水烫而皮肤没有刺激即可。手工宰杀时，将沸水和冷水按3∶2掺和即可，也可将宰好的山鸡先用冷水淋湿，再在沸水中浸烫。

将宰杀后的山鸡投于热水中，用木棒搅拌，30秒钟后，试拔腹部羽毛和翅羽，如果容易脱落则可取出脱羽。

6. 脱羽

有脱毛机的可以把山鸡直接投入脱毛机中进行脱羽，没有脱毛机的要进行手工脱羽。

手工脱羽时要根据羽毛的性质、特点和分布的位置依序进行：翅上羽片长而根深，首先要用手拔除；背毛因皮紧，拔时皮肤容易受损，可用手推脱；胸脯毛松软，弹性大，可用手抓除；尾羽硬而根深，且尾部富含脂肪，容易滑动，要用手指拔除；颈部比较松软，容易破皮，要用手握住颈，略带转动，逆毛倒搓。脱毛完成后，须除去山鸡的脚皮和喙壳，以保持山鸡体全身洁白干净。

7. 清洗整理

退大羽后的屠体，应用毛钳拔出残余的针羽、绒羽等细毛。拔羽缸或桶内的水要清洁、流动、盛满并不断外溢，以流去浮在上面的羽毛。脱毛后的屠体用清水冲洗，除去血迹及其他杂物。

8. 掏嗉囊

沿喉管剪开颈皮，不划伤肌肉，长约 5 厘米，在喉头部位拉断气管和食道，用中指将嗉囊完整掏出。防止饲料污染胴体。嗉囊破损率控制在 2%。

9. 净膛

山鸡净膛有全净膛、半净膛和满膛之分。全净膛则将内脏全部取出；半净膛只将大小肠拉出，肝、心、胃（除净）等仍留在膛内；满膛是其内脏仍全部留在体内。

(1)净膛前须先去除粪污：用两掌托住山鸡体背部，使其腹部朝上，并以两指用力按捺其下腹部向下推挤，即可将粪污从肛门排出体外。

(2)去除淤血和血污:一手握住山鸡头颈,另一手用力将其口腔、喉部或耳侧部的淤血挤出,再抓住头在水中上下左右摆动以洗净血污,同时把山鸡的喙壳和舌衣拉出。

(3)净膛切口:切口可采用腋下开口和腹部开口两种方法。

①腋下开口,需从左下肋窝处切开长约3厘米的切口,再顺翅割开一个月牙形的口,总长度为6～7厘米即可。

②腹部开口,需用刀尖或剪刀从肛门正中稍稍切开长度为3厘米的刀口,以便食指和中指可以伸入拉肠,也有切口长5～6厘米的,以便五指均能伸入,这要视加工需要而定。

(4)净膛

①全净膛:即扒出除肺、肾外的全部内脏。

腋下开口的全净膛,其操作程序一般是先使山鸡体腹部朝上,右手控制山鸡体,左手压住小腹,并以小指、无名指、中指用力向上推挤,使内脏脱离尾部的油脂,便于取出内脏;随即左手控制山鸡体,右手中指和食指从翼下刀口处伸入,先用食指插入胸膛,抠住心脏拉出,接着拉食管,同时将与肌胃周围相连的盘腱和薄膜划开,然后轻轻一拉,就能把内脏全部取出。

腹下开口的全净膛,一般是以右手的四个指头侧着伸入肛门处刀口,触到心脏,同时向上一转把周围的薄膜划开,再手掌向上,四指抓牢心脏,把内脏全部拉出。

②半净膛:即从肛门的刀口处,只拉出肠和胆囊,其他内脏仍留在山鸡体内。操作时让山鸡体仰卧,用左手控制鸡体,以右手的食指和中指从肛门刀口处伸入腹腔,夹住肠壁与胆囊连接处的下端,再向左弯转,抠牢肠管,将肠子连同胆囊一

齐拉出。

③满膛：即山鸡宰杀后，其内脏仍全部留在体内。

开膛扒内脏时，如果拉断肠管或弄破胆囊，应继续清除出全部肠管并用水冲洗，不使肠内污物或胆汁留在腹内，污染山鸡体。此外，开膛后的山鸡腹腔内会有残留血污，应用水冲洗去除。

日本在山鸡屠体净膛后迅速用漂白粉消毒液消毒处理。

10. 冲洗

用清水多次冲洗鸡体内外，水量要充足并有一定压力。机械或工具上的污染物，必须用带压水冲洗干净。

11. 白条山鸡的肉用性能测定

(1)活重：指屠宰前停饲 12 小时后的重量，以克为单位。

(2)屠体重：指宰杀放血去羽后的重量(湿拔法需沥干水)。

(3)半净膛重：屠体重去气管、食道、嗉囊、肠、脾、胰和生殖器官，保留心、肺、肝(去胆)、肾、腺胃、肌胃(除去内容物及角质膜)和腹脂(包括腹部板油及肌胃周围的脂肪)的重量。

(4)全净膛重：半净膛重去心、肝、腺胃、肌胃、腹脂及头脚后的重量。

(5)屠宰率(%)：屠体重/活重×100。

(6)半净膛重(%)：半净膛重/屠体重×100。

(7)全净膛重(%)：全净膛重/屠体重×100。

12. 分割

如果要以分割肉形式出售，需对山鸡胴体进行分割，分割时将头、颈、翅、胸腹部、腿、爪分割下来。目的是为了满足不同人口味的要求及加工的需要。具体方法是在跗关节、肩关节、第14颈椎处、髋关节等部位下刀，割下爪、翅、颈、腿。

13. 冷却

山鸡宰杀后，胴体的温度仍为38℃左右，如此高的温度，有利于酶和微生物的活动，容易使肉腐败变味，因此要将屠体迅速冷却。

一般采用空气冷却法或冷水冷却法，即把屠体放在1～2℃的冷却室或冷水中，数小时后使屠体温度降至2～3℃。

14. 包装

接触肉产品的塑料薄膜，不得含有影响人体健康的有害物质；产品内外包装应清洁、卫生，图案和包装字体清晰，凡发霉、潮湿、异味、破裂、脱色、搭色和字体不清不得使用；箱内产品排列整齐，图案端正，封口牢固，无血水；包装箱应坚固、整洁、干燥。

15. 冷藏

将包装的胴体或分割肉在1～3℃下预冷24小时，然后放入冷冻室冻至肉的深层温度为－25～－28℃，再放在0℃的冷藏室内贮藏。也可将经过处理的胴体或分割肉贮藏在－30～－33℃的条件下，贮藏时间可达1年。

产品进入冷藏库，应分规格、生产日期、批号，分批堆放，做到先进先出；冷藏库的产品须经质检部门检验合格后方可出库。产品不准进行二次冻结。

16. 运输

运输时应使用符合食品卫生要求的冷藏车（船）或保温车。成品运输时，不得与有毒、有害、有气味的物品混放。

第四节　山鸡标本的制作

公山鸡的羽毛艳丽，具有观赏价值，用其皮张制作标本（图 7-2），既可以提供给教学、科研和展览用，还可以作为家居装饰品、办公摆设，不仅拓宽了产品的销售渠道，还能增加养殖利润。

图 7-2　山鸡标本

1. 用具准备

钳子、镊子、手术刀、针线、8 号铁丝、扎丝、义眼。

2. 配好防腐药液

樟脑∶肥皂∶三氧化二砷∶水按 1∶4∶5∶8 比例配制防腐剂，具体做法是把肥皂切成片放入水中浸泡几小时，再将水加热使肥皂融化后放入三氧化二砷和樟脑，搅拌均匀后加少许甘油调匀，冷却成糊状后方可使用。

3. 放血

选择的公山鸡必须羽毛整齐漂亮，翼羽和尾羽不能有缺损和折断，体态优美，喙、脚颜色正常。

制作标本的公山鸡必须采用口腔刺杀法，放血后以棉花塞住口腔和肛门，以免血液、唾液和粪便污染羽毛。

4. 剥皮

(1)剥离胴体

①胸部剥离法：首先将山鸡仰卧于桌上，用拇指和食指沿山鸡胸腹中间线将羽毛向两边分开，用刀片沿分开山鸡羽毛的裸露方向划破皮层。刀口的长度一般为山鸡身长的一半，以能够顺利剥出胴体为限。然后沿刀口处向两边肋部、喉部褪剥，在褪剥时要小心分离皮肤与皮肤下的结缔组织，防止将皮肤划破。剥离到头部时，先将食管、气管分出不要割断；然后理出颈椎并切断，轻轻用力抽出颈椎；用手抓住颈椎和身体相连的一头，然后向背部和胸腹部剥离。在翼的基部，即肱骨近躯体一端将前肢剥至裸露一半时将翅剪断，使两翅脱离躯干；腿部皮肤较坚韧，应用手捏住胫部的肌肉向下用力慢慢的拉扯，将腿部剥出，剥至胫部与跗蹠交接处切断；剥到尾部时要注意不要划破肠子，将躯体剥至尾综骨时切断，切除尾脂腺，保留尾综骨但要清理脂肪部分即告剥离工作完成。

②背部剥离法：若要将山鸡标本制作成飞翔状，胸部剥离就能看到胸部开刀的缝合线，影响了人们的视觉效果，这样就需要背部剥离。背部剥离先将山鸡俯卧于剥离台上，用手分开背部羽毛，然后沿羽毛分开的裸体处，从两翅间开始向尾部划破皮肤。小心将破口向两边剥离，在冀根处将两翼切断，然后向颈部方向剥离，剥离出颈部后以中间切断，注意不要切断气管和食管。拎住和躯体连接的颈部将山鸡提起，并向尾部方向剥离，在尾部和尾综骨处切断，并剥除多余的脂肪即为剥

离完成。

(2)剥离头部:用一手抓住与头部连接的颈部,另一手将颈部皮肤向喙部方向慢慢拉扯。在剥至耳部时,可将头部和耳部的连接处用刀片切开。在剥至眼睛时,要小心不要割破眼眶,也可以先剥去眼球,眼部松弛后再除去眼眶周围的筋膜。在剥至颏下时,拉住舌骨连同气管一起拔出。在剥至枕骨时,从枕骨大孔处剪断,并剔除多余的脂肪,即为完成头部的剥离工作。

(3)剥离残翼:在制作标本时,往往有收翼和展翼之分,而收翼和展翼体现在翼的剥离上有很大区别,因此应根据制作标本时的不同姿态,安排双翼的不同剥离方法。

①收翼的剥离法:用一手抓住肱部,另一手慢慢地向翼尖方向环状剥离。山鸡的次级飞羽着生在尺骨上,剥离时用指甲压住,顺着骨骼方向用力,将羽根附着的尺骨剥离下来。

②展翼的剥离法:山鸡在制作成展翼标本时,为了体现真实感,其次级飞羽不能从着生的尺骨上直接剥下来,否则次级飞羽就会松弛下垂失去效果。在具体剥离时,可从翼的外部剖开,开口选择在翼的腹面桡骨与尺骨之间的位置。拨开羽毛,从剖口处剔除肌肉和筋腱,不用剥离尺骨,即可完成。

(4)剥离残足:在山鸡的足底部用刀切入,用摄子从切口处挑出数根白色筋腱,在切口处将筋位切去。

5. 标本的防腐

将剥下的皮外翻,除去残留在皮肤上的脂肪和结缔组织,然后用毛刷蘸取防腐剂直接涂抹在皮张内侧,而对于翼、腿等涂抹不便的地方,一般采用苯酚酒精饱和溶液(苯酚10%,甘油20%,酒精20%,水50%)涂抹防腐。涂抹之后有些防腐药剂仍达不到的地方，可选用注射器吸取苯酚酒精饱和溶液直接注射。

6. 皮张还原

皮张经防腐处理后，部分羽毛在皮张包裹中，这样就需要恢复到剥离前的状态。

在皮张的恢复过程中，先用手摸住羽部的趾爪，切不可直接强拉尾翼，然后将趾爪向尾部方向慢慢拉扯，腿部便可复位。尾部的复位是将手指抵住尾综骨向外翻，待翻出后抓住尾羽轻轻一抖即可复位；翼的复位基本上和腿部复位相同；头部的复位可先将皮肤向上翻转使喙的尖端从头部羽毛中露出，并用手紧紧捏住，再慢慢将头部抽出。

7. 支架的制作

山鸡被剥离以后只剩下一张很薄的皮和残存的部分骨骼，这就需要有人工制作的支架来支撑，使其呈现出各种姿态。制作的支架应具备三方面的原则：即可塑性要强、重量要轻和结构尽量简单。根据支架的要求，一般采用铁丝凝结在一起，其端部分别插入头、尾、两腿和两翼。根据山鸡的姿态不同，制作的支架结构也不相同，一般分为收翼标本支架的制作和展翼标本支架的制作。

（1）收翼标本支架的制作：一般采用 8 号或 10 号铁丝制作一个十字架，交叉点要用铁丝或用电焊连接。十字架的横向长度应从山鸡头部到尾部的尾翼下面，竖向长度应从山鸡一只脚经腹部到另一只脚。然后将竖向长度向上折叠 45°角，留于 2.5 厘米再向后折叠和横向平行。注意十字架交叉点应是山鸡整个躯体的重心。

（2）展翼标本支架的制作：山鸡的展翼标本因为要求两翼

的双翅张开，因此需要在收翼标本制作的支架上部（相对应双翅）位置再设置连接一根铁丝。

8. 支架与皮张的连接

（1）支架与头部的连接：支架与山鸡头部连接的方法比较多，应根据制作标本的不同特点分别对待。

①鼻孔穿出法：将十字架的横向铁丝的一端由头内经枕孔穿过颅骨，在山鸡上喙的一侧从鼻孔穿出。等到标本制作成形后，再将露出鼻孔多余的铁丝剪断。此方法虽然简单操作也比较方便，但头部固定的不够牢固。

②插入上喙法：插入上喙法和鼻孔穿出法基本上相同，只是铁丝到达鼻孔时不要穿出，而是继续向前延伸，直接到喙的前端。不足之处是要对铁丝的长度进行准确测量，铁丝短了则头部不稳、易下垂等，而铁丝长了则有可能破坏山鸡的喙，因此难度比较大。

③颏下穿入法：颏下穿入法要求在头部还原前进行操作，将铁丝由颅骨的颏下部位穿入，通过颅腔时，在颅骨的顶部刺穿，穿出后向枕后弯曲，在穿入部位汇合，并绞合牢固，之后再将头部复原。此方法头部穿孔牢稳，但不足之处是先容扎后头部复原，操作起来比较麻烦。

（2）支架与腿部的连接：将十字架铁丝的一端穿过山鸡的左腿，另一端穿过山鸡的右腿。具体操作时，将铁丝沿着腿部的内侧，顺着胫骨后绿穿入蹠皮肤，从山鸡的足心穿出。在穿时最好能将两端磨尖利一点，一只手在腿和跗蹠的外面触摸铁丝进入的位置，并引导铁丝的穿扎方向；另一只手捏住铁丝，在前一只手的引导下，来回旋转刺入。

（3）支架与尾部的连接：支架与尾部的连接一般是通过尾

综骨来完成的。

①穿出尾综骨:将十字架横向铁丝的另一端在尾综骨的凹处中央插入并穿过。铁丝可保留长一些,并弯成“S”状,以便托住山鸡较长的尾翼。

②不穿出尾综骨:首先应测量好十字架横向的长度,然后在另一端制作一个叉形铁丝分线,将分叉直接插入尾综骨即可。

(4)支架与翼部的连接:将对应双翅的铁丝的一端穿入左翼,另一端穿入山鸡的右翼。具体操作时,将铁丝沿着肱骨向翼尖部的指腕骨方向穿,也可以从翼尖穿出,待固定好以后将露出部分剪去。

9. 填充假体

填充的材料一般有棉花、胶棉、棉纱、棕丝等,主要选择成本低、质量轻、弹性强、腐蚀性小的材料。同时要拌入保存剂(硼酸粉 130 克,樟脑粉 60 克,明矾粉 60 克,混合均匀)。

(1)头颈部的填充:填充时要将材料制成条状、薄片状,这样操作起来比较方便。头部的填充主要在枕部、颊部,填充时应用摄子一片一片地充填,送入前后要均匀,切勿使材料成团状填充。颈部的皮肤弹性比较大,因此在填充材料时要注意松紧适度。由于山鸡的颈部较长,还应注意整体颈部的顺畅,防止填充物打团,而使颈部膨出。

(2)翼部的填充:收翼的填充可以先在尺骨上缠一层材料,然后将尺骨拉至胸部位置,这样翼就会回收并靠近身躯两侧。把两边的尺骨对称地放在支架和背部材料层之间,并用手理顺羽毛,摆好姿势;展翼的填充主要是肱骨周围,即器的腹面。注意不要填充的太满,有丰翼的感觉就可以了。

(3)腿部的填充:腿部的填充一般在腿部皮肤复原之前进行,首先在胫骨上以材料缠绕成腿部肌肉的形状,然后再复原。注意腿部也要顺畅,防止材料打结。

(4)腹部的填充:腹部填充材料的要求是片状,然后一层一层地填入,可以填的实一些。注意在腿的背部和两侧与腹部连接处,要填的丰满一些,但一定要摆正两腿的位置,两腿的前移或后移都会造成重心不稳。

(5)胸部的填充:胸部填充的材料比较多,在填充时应一手触摸已填的位置薄厚,另一手确定材料添加多少。胸部填充可以丰满一些,但要流畅,两边要对称。注意留足缝合的位置。在填充工作告一段落以后,要将山鸡填充好的外观审视一下,有不满意的地方可及时调整,满意后再缝合。

10. 羽毛的梳理

一般梳理的过程先从头部开始,检查羽毛下的皮肤是否有皱折,羽毛是否有回卷等情况。发现有皱折的地方应补充填充物,使皱折部平顺,有羽毛回卷时要理顺。

11. 切口的缝合

切口的缝合没有太严格的要求,家庭用的针和线就可以。注意如果线细可用两股或多股,可防止将皮肤扯断。在切口缝合时先将线的一头打结,并固定在皮肤的一端,然后以针引线在切口两侧交替缝合,缝合线呈"之"字形,边缝合边将线拉紧,使切口合拢一起即可。注意切口的缝合处要有羽毛覆盖,整体羽毛应顺畅,最好能和活体时基本相同。

12. 姿态的调整

首先调整后肢关节的角度,使山鸡标本成正常的立姿或呈奔跑状。

13. 义眼的安装

义眼安装于眼眶的位置，用摄子拔起眼眶周围的皮肤，沿着义眼与眼眶间缓慢旋转一周，将义眼的外缘嵌入眼眶内。注意义眼直径应略大于眼眶。然后再调整一下瞳孔的位置，注意两眼的对称性。眼窝内宜用橡皮泥等可塑性较强的材料填充即可。

14. 固定、上色

用纱布或条状纸巾将标本裹紧定型，在除羽毛外的地方涂防腐剂，放置于通风干燥处，半个月后将纸巾拆除。最好将标本固定在根雕上。

最后在冠、肉垂、耳垂、胫、趾等部位涂上油画颜料，其颜色必须与山鸡品种的外貌颜色一致。

15. 保养

太阳光的紫外线，对标本的羽毛中的色素有分解和破坏作用，能使标本褪色，失去原有的光泽。因此，摆放标本的地方要防止阳光的直接照射，如果确需靠窗摆放，则应设置阳光遮挡物。另外每年至少一次防虫处理，防虫处理的方法一般采用熏蒸法。首先应封闭门窗，如果摆放标本的地方不严密，则应设置专门的熏蒸室。熏蒸的药物一般最常用的是高锰酸钾加甲醛的方法。按一间房 50 立方米计算，可用高锰酸钾 250 克，分入两个容器内，然后将甲醛 250 克，分别倒入盛有高锰酸钾的容器内，封闭门窗 24 小时即可。

在春季的梅雨季节、夏季的高湿季节以及秋季的雨水季节，由于高温、高湿的环境都会造成霉菌的滋生，而使标本发生霉变。因此，存放标本的环境最好是恒温，或存放在通风较好，温度正常、湿度较小的环境中。

第五节 副产品的综合利用

废弃物主要是指山鸡的粪便、各种污水以及屠宰后产生的羽毛等副产物。养殖场废弃物的处理是控制环境卫生的重要环节，也是保持和促进鸡场生态良性循环不可缺少的部分。废弃物的科学处理，不仅直接影响到山鸡场的卫生防疫，还能减少公害，改善生态环境，同时也可以收到很好的经济效益。

一、羽毛处理和利用

山鸡羽毛具有质地轻软、富有弹性、防潮保暖的特点，一般每只山鸡可产羽毛 130～200 克。除尾羽可加工成精美的工艺装饰品外，其他的羽毛也可制成羽扇、羽掸、羽毛画、羽毛花、羽毛笔、各种装饰品及羽毛垫，不宜做装饰的羽毛，还可加工成羽毛粉作饲料用。

1. 装饰羽毛的收集

装饰的羽毛除平时注意收集外，屠宰时将采用干拔法收集的羽毛除去杂质，在阳光充足、干净的地方晒干、分级，经防腐、防蛀处理后备用，贮藏时应注意通风。

2. 羽毛粉饲料的加工

对羽毛的饲料加工关键是破坏角蛋白稳定的空间结构，使之转变成能被畜禽所消化吸收的可溶性蛋白质。

(1)高温高压水煮法：将羽毛洗净、晾干，置于 120℃、450～500kPa 条件下用水煮 30 分钟，过滤、烘干后粉碎成粉。此法生产的产品质量好，试验证明，该产品的胃蛋酶消化率达 90％以上。

(2)酸水解法:其加工方法是将瓦罐中的6～10毫克/升盐酸加热至80～100℃,随即将已除杂的洁净羽毛迅速投入瓦罐内,盖严罐盖,升温至110～120℃,溶解2小时,使羽毛角蛋白的双硫键断裂,将羽毛蛋白分解成单个氨基酸分子,再将上述羽毛水解液抽入瓷缸中,徐徐加入9毫克/升氨水,并以45转/分钟的速度进行搅拌,使溶液pH中和至6.5～6.8。最后,在已中和的水解液中加入麸皮、血粉、米糠等吸附剂。当吸附剂含水率达50%左右时,用55～56℃的温度烘干,并粉碎成粉,即成产品。但加工过程会破坏一部分氨基酸,使粗蛋白含量减少。

二、粪便的利用

山鸡粪中与其他禽类一样富含有氯、磷、钾、粗蛋白等有机物质,不仅是上等的肥料,经过加工处理后也可作为反刍家畜、禽及鱼的饲料。

1. 用作肥料

山鸡粪中主要植物养分富含氮、磷、钾等主要植物成分。山鸡粪中其他一些重要微量元素的含量亦很丰富,作肥料也是世界各国传统上最常用的办法。在当今人们对绿色食品及有机食品的需求日益高涨的情况下,畜禽粪便将再度受到重视,成为宝贵的资源。

畜禽粪便在作肥料时,有未加任何处理就直接施用的,也有先经某种处理再施用的。前者节省设备、能源、劳力和成本,但易污染环境、传播病虫害,可能危害农作物且肥效差;后者反之。根据处理方法的不同可分物理学处理、生物学处理和化学处理三类。

(1)物理处理:该方法是比较简单的处理方法,主要是对山鸡粪进行脱水干燥处理。脱水干燥处理新鲜山鸡粪的主要成分是水,通过脱水干燥处理使其含水量降到15%以下。这样,一方面减少了山鸡粪的体积和重量,便于包装运输;另一方面,可以有效地抑制山鸡粪中微生物的活动,减少营养成分(特别是蛋白质)的损失。脱水干燥处理的主要方法有高温快速干燥、自然干燥法,养殖者可根据山鸡的养殖数量决定处理方式。

①高温快速干燥:采用以回转圆筒烘干炉为代表的高温快速干燥设备,可在短时间(10分钟左右)将含水率达70%的湿山鸡粪迅速干燥至含水仅10%~15%的山鸡粪加工品,采用的烘干温度依机器类型不同有所区别。在加热干燥过程中,还可做到彻底杀灭病原体,消除臭味。烘干设备的附属设备有除尘器,有的还有除臭设备。热空气从供平炉中出来后,经密闭管道进入除尘器,清除空气中夹杂的粉尘。然后,气体被送至二次燃烧炉,在500~550℃高温下作处理,最后才能把符合环保要求的气体排入大气中。

②自然干燥处理:将新鲜山鸡粪摊于水泥地面或塑料薄膜上,经自然风干后粉碎即可。

(2)生物学处理:山鸡粪的生物学处理就是利用各种微生物的生命活动来分解山鸡粪中的有机成分的方法。微生物处理主要是发酵处理,在发酵过程中形成的特殊理化环境也可基本杀灭山鸡粪中的病原体。

①在水泥地或铺有塑料膜的泥地上将山鸡粪堆成长条状,高不超过1.5~2米,宽度控制在1.5~3米,长度视场地大小和粪便多少而定。

②先较为疏松地堆一层，待堆温达 60～70℃，保持 3～5 天，或待堆温自然稍降后，将粪堆压实，在上面再疏松地堆加新鲜山鸡粪一层，如此层层堆积至 1.5～2 米为止，用泥浆或塑料薄膜密封。

③为保持堆肥质量，若含水率超过 75%最好中途翻堆；若含水率低于 65%最好泼点水。

④密封后经 2～3 个月（热季）或 2～6 个月（冷季）才能启用。

⑤为了使肥堆中有足够的氧，可在肥堆中竖插或横插若干通气管。经济发达国家采用堆肥法时，常用堆肥舍、堆肥槽、堆肥塔、堆肥盘等设施，优点是腐熟快、臭气少并可连续生产。当然也需要配备特定的搅拌和通气装置，成本相应提高。

(3)化学处理：即在山鸡粪中按比例如入化学物质，常用的化学物质有福尔马林、丙酸、乙酸、氢氧化钠、过磷酸钙、磷酸、尿素-甲醛聚合物等。化学处理法可使山鸡粪中的养分损失明显减少，而消化系数明显提高（提高最明显的是碳水化合物、半纤维素和细胞壁），增加动物对粪便饲料的进食量。化学处理杀灭山鸡粪中病原体极为有效。

2. 用作培养料

与畜禽粪便直接用作饲料相比，其饲用安全性较强，营养价值较高，但手续和设备复杂一些。作培养料有多种形式，如培养单细胞、培养蝇蛆、培养藻类、食用菌培养料、养蚯蚓和养虫等，为畜禽饲养业和水产养殖业提供了优质蛋白质饲料。

3. 用作生产沼气的原料

山鸡粪作为能源最常用的方法就是制作沼气。沼气是在厌氧环境中，有机物质在特殊的微生物作用下生成的混合气

体，其主要成分是甲烷，占60%～70%。沼气可用于场舍采暖和照明、职工做饭、供暖等，是一种优质生物能源。

三、垫料处理利用

在山鸡生产过程中，采用地面平养的需使用垫料，垫料多为锯木屑、稻草或其他秸秆。一般规律是冬季多垫，夏季少垫或不垫；阴雨天多垫，晴天少垫。一个生产周期结束后，清除的垫料实际上是山鸡粪与垫料的混合物。对这种混合物的处理有几种方法：

1. 窖贮或堆贮

肉用仔山鸡粪和垫料的混合物可以单独地发酵。为了使发酵作用良好，混合物的含水量应调至40%。混合物在堆贮的第4～8天，堆温达到最高峰，(可杀死多种致病菌)，保持若干天后，堆温逐渐下降与气温平衡。经过窖贮或堆贮后的山鸡粪与垫料混合物可以饲喂猪等动物。

2. 直接燃烧

在采用垫草平养时，由于清粪间隔较长，只要舍内通风良好且饮水器不漏水，那么收集到的山鸡粪垫料都比较干燥。如果山鸡粪垫料混合物的含水率在30%以下，就可以直接用作燃料来供热。据估算，一个较大型的养殖场，如能合理充分地利用本场生产的粪便垫料混合物作燃料，基本上就能满足本场的热能需要。当然，粪便垫料混合物的直接燃烧需要专门的燃烧装置，因此事先需要一定的投资。如果整场爆发某种传染病，此时的垫料必须用焚烧法进行处理。

3. 生产沼气

使用粪便垫料混合物作沼气原料，由于其中已含有较多的垫草（主要是一些植物组织），碳氮比较为合适，作为沼气原料使用起来十分方便。

4. 直接还田用作肥料

锯木屑、稻草或其他秸秆在使用前是碎料者可直接还田。

附录　山鸡饲养管理技术规程

(河北省地方标准　DB13/T 1096—2009)

本标准由河北省畜牧兽医局提出。

本标准起草单位:邯郸市畜牧水产局。

本标准主要起草人:苑丽杰、韩学伟、李广东、郑绍亮、张增平、李建军、王付平、王书秀。

1　范围

本标准规定了山鸡饲养场的环境和设施、引种、雏雉的饲养管理、山鸡的饲养、冬季管理和病死鸡处理。

本标准适用于山鸡的饲养和管理。

2　规范性引用文件

下列文件中的条款通过本标准的引用而成为本标准的条款。凡是注日期的引用文件,其随后所有的修改单(不包括勘误的内容)或修订版均不适用于本标准。然而,鼓励根据本标准达成协议的各方研究是否可使用这些文件的最新版本。凡是不注日期的引用文件,其最新版本适用于本标准。

GB13078　饲料卫生标准

GB16548　病害动物和病害动物产品生物安全处理规程

GB18596　畜禽养殖业污染物排放标准

NY/T388　畜禽场环境质量标准

NY/T682　畜禽场场区设计技术规范

NY5030　无公害食品　畜禽饲养兽药使用准则

NY5032　无公害食品　畜禽饲养饲料和饲料添加剂使用准则

NY5041　无公害食品　蛋鸡饲养兽医防疫准则

3　术语和定义

下列术语和定义适用于本标准。

3.1　山鸡

山鸡又名山鸡、七彩山鸡、环颈雉、山鸡。

3.2　雏雉

0～6 周龄的山鸡。

3.3　育成年山鸡

7～20 周龄的山鸡。

3.4　成年山鸡

21 周龄以后的山鸡。

4　场址选择

4.1　山鸡场区环境应符合 NY/T388 的要求。

4.2　场区布局符合 NY/T682 的要求。

5　引种

5.1　应从具有《种畜禽生产经营许可证》、《动物防疫合格证》的种禽场引种。

5.2　不应从疫区引种。

6 饲料要求

6.1 饲料卫生标准应符合 GB13078 的要求。

6.2 使用添加剂应符合《饲料和饲料添加剂管理条例》和 NY5032 的规定。

7 营养需要

不同生理阶段的山鸡营养需要参照表 1 的规定执行。

表 1 不同生理阶段的山鸡营养标准

项目	0～4 周龄	5～10 周龄	11～18 周龄	产前或 休产期	产蛋期
代谢能,MJ/kg	12.1	11.7	11.5	12.1	11.7
粗蛋白,%	25～28	20～25	16～20	15～17	20～24
赖氨酸,%	1.5	1.0	0.8	0.7	0.9
蛋氨酸+胱氨酸,%	1.1	0.95	0.75	0.6	0.6
亚油酸,%	1.0	1.0	1.0	1.0	1.0
钙,%	1.2	1.1	1.1	1.0	3.0
有效磷,%	0.65	0.6	0.55	0.45	0.45
食盐,%	0.35	0.35	0.35	0.35	0.35
碘,mg/kg	0.3	0.3	0.3	0.3	0.3
维生素 A,IU/kg	15000	8000	8000	8000	20000
维生素 D,IU/kg	2200	2200	2200	2200	4400
泛酸,mg/kg	11	10	10	10	16
烟酸,mg/kg	60	40	40	40	60
胆碱,mg/kg	1000	1000	1000	1000	1000

8 饲养管理的一般原则

8.1 参考不同生长发育阶段的营养需要，配制全价日粮。

8.2 日粮成分和数量要相对稳定，更换饲料要有不少于5天的过渡期。

8.3 供给充足、清洁的饮水。

8.4 每日清扫舍内外卫生，保持清洁干燥。

8.5 病死山鸡按照GB16548的规定处理；废弃物按照GB 18596的规定处理。

9 雏雉的饲养管理

9.1 育雏舍的搭建

9.1.1 屋顶结构为双落水式，檐高2～2.5米，宽6米，视育雏量定长度。

9.1.2 门窗应加防护网，网眼0.5厘米×0.5厘米。

9.1.3 顶部设保温隔热板。

9.1.4 墙上部和离地35厘米设通风窗。

9.1.5 地面为水泥地面。

9.2 准备工作

9.2.1 育雏时间

以自然条件为主的圈养山鸡春季育雏较好，河北中南部地区以3～10月份，北部地区以4下旬～9月下旬为宜。

9.2.2 育雏方式与设施

9.2.2.1 地面平养

在育雏舍地面上铺设5厘米厚垫料，把雏雉自由分散在

上面饲养;保持垫料松软干燥,并于育雏期结束后一次清除。垫料应选择吸水良好,没有霉变的原料,如麦秸、谷壳、锯末和短草等。

9.2.2.2 网上平养

在舍内用角铁、木棍、竹竿等搭起高50～60厘米的架子,上面铺上1.2厘米×1.2厘米的金属或硬塑料网,并隔成若干小栏。

9.2.2.3 立体笼养

育雏笼一般为3～4层重叠立体式,每层高33厘米。两层笼间设置承粪板,间隙5～7厘米。

9.2.2.4 水槽及料槽

每只雏雉需要的水槽及料槽的长度可参照表2的规定执行。

表2 雏雉需要的水槽及料槽的长度

周龄	饲槽长度(厘米/只)	水槽长度(厘米/只)
1～2	3	1
3～4	4	1.5
5～6	5	2

9.2.3 检修育雏舍

对育雏舍进行全面检修,严防穿堂风和漏雨。笼具、食槽、水槽等用具也要维修妥当,安装照明、供暖、通风设备。

9.2.4 消毒

9.2.4.1 进鸡前1周将鸡舍彻底清扫、清洗干净,再用消毒液全面喷洒。

9.2.4.2　笼具、食槽、水槽等用具用消毒液消毒后，在阳光下暴晒2天，然后放入鸡舍。

9.2.4.3　垫料在阳光下暴晒2天，然后放入鸡舍。

9.2.4.4　用福尔马林熏蒸法消毒。

9.2.4.5　消毒剂使用符合NY5030的规定。

9.2.5　预温

育雏舍在进雏前2～3天要进行加温。检查供热系统是否完好，要求舍内温度均衡，并能达到35～36℃。主要供温设备有育雏伞、红外线灯、火炉、烟道等。

9.3　饲养条件

9.3.1　温度

1～2日龄温度为35～36℃，1周龄为33℃，以后每周下降2～3℃，6周龄后过渡到自然温度。

9.3.2　湿度

1～10日龄相对湿度要求控制在70%左右，10日龄以后相对湿度在60%左右。

9.3.3　通风

在保证舍内温度的条件下，尽量保持空气新鲜。

9.3.4　光照

9.3.4.1　光照时间

1～3日龄20～24小时连续光照；4日龄起每周递减光照2～3小时，逐渐过渡到自然光照。

9.3.4.2　光照强度

2周龄前为20～30勒；2周龄后10～15勒。

9.4　饲养密度

雏雉的饲养密度可参照表3的规定执行。

表 3 雏雉的饲养密度

周龄	立体笼养(只/平方米)	平面育雏(只/平方米)
1	60	50
2	53	40
3	45	35
4	38	30
5	33	25
6	25	20

9.5 饮水和开食

9.5.1 饮水

雏雉进入育雏舍后及时供给充足的饮水,一周内饮水中加入多维葡萄糖。

9.5.2 开食

雏雉初次饮水 1～2 小时后开始喂料。开食料颗粒大小如小米粒,少喂勤添,前 3 天,间隔 2～3 小时喂 1 次。第 4 天起每只雏雉每天日粮饲喂量可参照表 4 的规定执行。

表 4 雏雉日粮饲喂量

日龄	日均食量(克/只)	饲喂次数
1～7	6.5	8
8～15	11.5	7
16～30	22	6
31～60	45	5～6

9.6 断喙

9.6.1 第一次在14～16日龄进行，第二次在7～8周龄转群时补断。断去上喙的1/2、下喙的1/3。

9.6.2 注意事项

雏雉免疫接种前后2天或鸡群健康状况不良时暂不断喙；断喙前后2天在饲料中添加多种维生素。

9.7 分群

随时挑出和淘汰有严重缺陷的雏雉，将发育迟缓、体弱雏雉单独饲养；根据日龄和体重适时分群，一般每群为150～300只。

10 育成年山鸡的饲养管理

10.1 育成鸡舍的搭建

屋顶结构双落水式或单落水式均可，鸡舍宽5米，檐高2～2.5米，分间，每间长5米，南侧设运动场，运动场面积和舍内面积比1∶(1～1.5)为宜，窗户面积占鸡舍面积的1/8，运动场安装网眼为2厘米×2厘米，与鸡舍同高的罩网，基部1米高处用铁网，上部及顶部用尼龙网或铁网；运动场设沙池或沙地面，并设栖架。

10.2 转群时间

一般3月底至4月中旬孵化的雏雉6～8周龄时转群，夏季孵出的雏雉于5～6周龄时转群。

10.3 育成方式与密度

10.3.1 平养

采用地面平养、网上平养，舍内门、窗均设网罩，以防山鸡外逃。从7周龄的15只/平方米，每周减少5只，至每4～6

只/平方米左右。地面平养在舍内地面铺设2～3厘米的厚垫料。

10.3.2 立体笼养

转群时20～25只/平方米，以后每两周密度减半，直至4～6只/平方米。不设运动场。

10.4 温度与湿度

舍内温度不低于17～18℃，不高于25℃，相对湿度55%～60%为宜。

10.5 饲喂量及饲喂次数

育成年山鸡的每只每天日粮饲喂量及饲喂次数可参照表5的规定执行。

表5 育成年山鸡日粮饲喂量

日龄	日均食量(克/只)	饲喂次数
61～90	68	4
91～120	74	3～4
121～210	72	3

11 成年山鸡的饲养管理

11.1 成年鸡舍的搭建

11.1.1 成年山鸡舍一般采用敞开式或棚架式，每栋宽8米，檐高2～2.5米。窗户面积占鸡舍面积的1/6以上，前设有运动场，是鸡舍面积的1.6～1.7倍。

11.1.2 在隐蔽处设产蛋箱或草窝，每3～4只母山鸡设1个。

11.2　舍内设置

11.2.1　设置栖架，每50～70只设一架，每只鸡所占栖架的长度为18～25厘米。

11.2.2　在鸡群活动范围内每50～80只鸡配置1个饮水器，内放清洁充足饮水，放于固定的地方。

11.3　日常管理

11.3.1　饲喂量及饲喂次数

成年山鸡的每只每天日粮饲喂量及饲喂次数可参照表6的规定执行。

表6　育成年山鸡日粮饲喂量

日龄	日均食量(克/只)	饲喂次数
211～390	92	3～4
391～540	72	3

11.3.2　鸡蛋收集

11.3.2.1　收蛋要勤，并及时捡回窝外蛋；发现破蛋要及时将蛋壳和内容物清理干净，防止山鸡尝到蛋的滋味，造成啄癖。

11.3.2.2　捡蛋时把破蛋、脏蛋、砂皮蛋、特大蛋、特小蛋单独存放。

12　消毒

12.1　鸡群的消毒

可采用带鸡喷雾消毒法，每周1～2次；发生疫病时要求每天喷雾消毒1次。

12.2　环境消毒

鸡棚舍周围每2～3周消毒1次；鸡场门口设消毒池，进入生产区设更衣室、消毒通道或消毒间，鸡棚舍门口设脚踏消毒池，定期更换消毒药品。

12.3　用具消毒

水槽(盘)、食槽要每天刷洗1次，运料车等每次进入生产区都要消毒。

12.4　人员消毒

饲养人员每次进入生产区进行消毒、更衣、换鞋。非工作人员禁止进入生产区。

13　疾病的防治

13.1　药物预防

13.1.1　兽药使用应符合NY5030的要求。

13.1.2　2～7日龄添加药物预防大肠杆菌病、沙门菌病、脐炎等，20～30日龄添加抗球虫药物。以后根据情况合理用药。

13.2　疫苗预防

养鸡场要根据本场和当地疫病的流行情况，适时调整免疫程度并严禁格执行。鸡群免疫应符合NY5041的要求。

14　预防兽害及自然灾害

14.1　加强管理，防止黄鼠狼、老鼠、蛇、鹰等对鸡群的伤害。

14.2　风雨冰雹过后要及时到鸡舍查看和寻找有无受伤鸡只并及时处理，检查防护网有无破损，及时修补。

15　档案记录

建立完整的生产记录档案，记录内容包括进雏时间、数量、来源、栋舍、耗料、防疫、消毒、用药、鸡群变动、产品销售等。所有记录应在鸡出栏后保存 2 年以上。

参　考　文　献

1. 熊家军,许青荣,李志华．美国七彩山鸡养殖技术．武汉:湖北科学技术出版社,2006
2. 葛明玉,赵伟刚,李淑芬．山鸡高效养殖技术一本通．北京:化学工业出版社,2010
3. 王祈,袁隆平,官春云．山鸡养殖技术．中国三峡出版社,2008
4. 王峰．山鸡饲养新技术．北京:科学技术文献出版社,1999
5. 熊家军．山鸡养殖新技术．武汉:湖北科学技术出版社,2011
6. 韩占兵,郭宏伟．山鸡规模养殖技术．北京:金盾出版社,2010
7. 周长海,毕金焱．山鸡养殖．北京:金盾出版社,2008
8. 何艳丽．怎样科学办好山鸡养殖场．北京:化学工业出版社,2012
9. 陆应林．怎样养山鸡赚钱多．南京:江苏科学技术出版社,2010
10. 耿爱莲,杨子森,岳鹏飞．山鸡．太原:山西科学技术出版社,2002

内 容 简 介

山鸡是集食用、药用、观赏于一体的名贵野味珍禽，其肉味鲜美，肉质细嫩，营养丰富，被誉为“野味之王”、“动物人参”。近年来山鸡销售价格一直比较稳定，成为众多养殖者选择的致富项目之一。

本书总结了我国近十几年来山鸡养殖的实践经验，收集了一些养殖山鸡的新技术、新方法，全面系统地介绍了我国养殖的山鸡品种、养殖场舍及其设备、营养与饲料、繁育技术、饲养管理、常见疾病治疗与预防、山鸡产品的销售及屠宰加工等内容，通俗易懂，实用性强，可使山鸡养殖的新手快速掌握养殖技术，老手提高饲养管理技术，亦可作为科研人员和农业院校师生的参考资料。